U0573063

生态民族学评论

（第一辑）

祁进玉　主编

社会科学文献出版社
SOCIAL SCIENCES ACADEMIC PRESS(CHINA)

本书获中央民族大学2018年中央高校建设世界一流大学（学科）和特色发展引导专项资金之民族学一流学科经费支持

目　录

·生态文明建设与社会发展·

·生物资源保护与可持续利用·

·环境、生态与地方性知识·

·会议简讯·

生态文明建设与社会发展

多样性演变

——中国西南的环境、历史和民族文化

尹绍亭（云南大学）

摘　要：中国西南地区是世界多样性富集区之一。多样性深刻地塑造了各地历史、环境和民族文化的走向及进程，而历史、环境和民族文化反过来又给予多样性以巨大影响，两者的互动，演绎了环境、历史、文化的复杂过程。本文从环境人类学、环境史的角度，论述了西南地区多样性内涵、多样性的生态意义、多样性衰变及其后果、多样性保护与生态文明，认为重视多样性及其演变研究，对于认识和理解自然和人类相互关系，对于认识理解民族文化的变迁，对于历史经验的总结和借鉴，对于当代生态文明建设和人类社会可持续发展，均具有积极意义。

关键词：多样性；中国西南；环境人类学；环境史；社会文化变迁

多样性及其演变，是世界各地环境史普遍存在的现象。多样性包括生态环境多样性、生态系统多样性、生物多样性、族群多样性、文化多样性等。多样性深刻地塑造了各地历史的走向和进程，而历史反过来又给予多样性以巨大影响，两者的互动，演绎了环境与历史的复杂过程。中国西南地区是世界上多样性最为富集的地区之一。重视多样性及其演变研究，对于认识和理解自然和人类相互关系，对于历史经验的总结和借鉴，对于当代生态文明建设和人类社会可持续发展，均具有积极意义。

一 西南地区的多样性

中国西南地区位于西南亚与东亚、东南亚与北亚的十字路口，是古代南亚恒河文明与东亚黄河文明和长江文明、东南亚雨林文明与海洋文明的交汇地。如此特殊的地域，有其突出的特征，多样性即为其显著特征之一。

中国西南的多样性表现于自然和人文的方方面面。

1. 生态环境和生态系统多样性

生态环境是纬度、地貌、气候、地质、生物等自然因素综合形成的复合生态系统。生态系统指在自然界的一定的空间内，生物与环境构成的统一整体，在这个统一整体中，生物与环境之间相互影响、相互制约，并在一定时期内处于相对稳定的动态平衡状态。西南地区位于中国地势第一级阶梯"世界屋脊"向第三级阶梯低地过渡地带，海拔高程从六七千米渐次降至不足百米，落差十分显著。区内分布有盆地、河谷、丘陵、草原、低中高山山地、纵横峡谷、高原雪山，地貌极其复杂。该区受印度洋西南季风和太平洋东南季风交叉控制，加之纬度地势等的综合作用，热带、亚热带、温带、寒带所有气候类型一应俱全。该区有"亚洲水塔"之称，境内水系发达，金沙江、澜沧江、怒江、珠江、岷江等大河纵横奔流，滇池、洱海、抚仙湖、泸沽湖等众多湖泊散布其间。特殊的自然地理条件，形成了形态各异、尺度大小的生态环境和生态系统。如云南从热带到高山冰缘荒漠等各类自然生态系统，共计 14 个植被型，38 个植被亚型，474 个群系，囊括了地球上除海洋和沙漠外的所有生态系统类型，是全国乃至世界生态系统最丰富的地区。① 在相当长的历史时期内，它们各具形态，生生不息，演绎着共生共荣的自然史。

2. 生物多样性

生物多样性又称物种歧异度，是指在一定时间和一定地区所有生物（动物、植物、微生物）物种及其遗传变异和生态系统的复杂性总称。它

① 杨质高：《云南为全国生态系统类型最丰富的省份》，《春城晚报》2018 年 5 月 23 日，A04。

包括遗传（基因）多样性、物种多样性、生态系统多样性和景观生物多样性四个层次。西南地区是世界生物多样性富集区。例如云南国土面积仅占全国的4.1%，各类群生物物种数均接近或超过全国的50%，是我国生物多样性最丰富的省份。[①] 被誉为“世界生物基因库”的世界文化自然遗产“三江并流”地，其面积占中国国土面积不到0.4%，却拥有全国20%以上的高等植物和25%的动物种数。又如被称为“植物王国”“动物王国”“绿色王国”的云南西双版纳，有高等植物4000~5000种，约占全国总数的1/6；有脊椎动物539种，鸟类和兽类种数分别占全国的1/3和1/4。[②] 清末至民国年间，西方传教士等在中国西南采集动植物标本数量之巨也颇能说明问题。1868~1870年，法国传教士谭微道到四川采集植物标本1577种带回巴黎植物园培育；传教士赖神甫在1882~1892年的约10年间曾为法国巴黎国立自然历史博物馆在大理洱海周边及邓川、宾川、鹤庆、剑川、丽江等地采集植物约20万号，含4000个种，其中2500个种是从未记录过的新种；英国海关官员韩尔礼自1882~1898年曾在西南多地海关任职，在宜昌、蒙自和思茅任职期间曾采集植物15万号，约5000种，送往欧美各国培育。[③]

3. 民族多样性

当代西南民族，按国家认定的类别，贵州有世居民族18个，四川有13个，广西壮族自治区有12个，云南有26个。追溯当代西南民族的来源，最早有氐羌、百濮、百越等几大古老族群，而后相继有汉、苗瑶、蒙古、回、满等族群进入，形成了集聚与杂居并存的分布局面。而无论是从族群“集聚”看，还是从“杂居”看，都存在“生态位”的划分和选择。从平面分布看，百越系的傣族、壮族、布依族、侗族等大都分布于较低纬度地带，氐羌系的白族、彝族、纳西族、傈僳族、景颇族、普米族等分布在该区中高纬度地带，同为氐羌系的藏族分布于该区纬度最高的地区。从垂直分布看，百越系的民族大都分布于海拔七八百米以下的盆地河谷地

① 杨质高：《云南为全国生态系统类型最丰富的省份》，《春城晚报》2018年5月23日，A04。

② 许建初等主编《中国西南生物资源管理的社会文化研究》，云南科技出版社，2001。

③ 曹津永：《近代西方视域下的西南环境与文化——金墩·奥德科考研究活动研究》，博士学位论文，南开大学历史学院，2017。

带；氐羌系和苗瑶民族以及汉族大都分布于海拔八九百米至两千米地带，藏族、珞巴族等则分布于两千米以上的高海拔地带。[①] 为什么会产生平面和垂直的交叉分布？适应性选择应该是主要原因。百越系族群发源于热带，对湿热环境较为适应；氐羌系族群、苗瑶族群以及汉族等发源于寒温带，通常喜欢选择纬度或海拔较高的凉爽地带生存，即使迁徙到低纬度地带，也大都居处山地而很少深入低地。族群垂直分布，不同族群居于不同的生态位，分散了人口压力，平衡了自然资源的分配和利用，很大程度上避免了为争夺资源而发生的矛盾和战争。中国西南乃至相邻的南亚和东南亚山地，被西方学者称为“左米亚”山地。斯科特著名的《逃避统治的艺术》一书，极力主张该区山地民族的迁移及其生活方式的选择均出于“逃避统治”的考量，即完全是“政治适应”的策略。[②] 斯科特的观点有其一定的依据，不过显然太过绝对。在笔者看来，更多的资料支持却聚焦于“生态适应”，这是较“政治适应”更为普遍的现象。

4. 文化多样性

文化的多样性源于族群多样性。在西南各民族中，不难发现迄今为止人类所创造的所有采集狩猎农耕畜牧类型、所有原始传统的交通方式、所有原始传统的聚落形态和民居建筑、所有原始和传统的食物加工方式、种类繁多异彩纷呈的原始和传统的民族服饰等。在进化论主导的时代，该区被认为存在着世界罕见的“前资本主义诸种社会形态”，因而被视为“社会发展的活化石”。其实该区众多族群及其支系大都具有自身独特的社会组织、制度和风俗习惯，传统的社会形态远远不止进化论所划分的原始社会、农奴社会、奴隶社会、封建社会几类。除社会形态之外，文化多样性还体现于各民族的宗教信仰、文字古籍、节庆祭祀、诗歌传说、歌舞戏剧、文学艺术等方面。

二　多样性长期保持的原因及其生态意义

西南地区以富集多样性著名。由此产生的问题是，该区为何能长期保

① 尹绍亭：《试论云南民族地理》，《地理研究》1989 年第 1 期。

② 〔美〕詹姆士·斯科特：《逃避统治的艺术：东南亚高地的无政府主义历史》，王晓毅译，生活·读书·新知三联书店，2016。

持多样性繁盛的状况？原因得从自然环境和族群及其文化中去寻找。

“蜀道之难难于上青天！”这是古人面对蜀地交通发出的感叹。在古代，蜀道之难实为西南交通的普遍状况。直至20世纪50年代，西南高山深谷里的交通，大多还是悬崖峭壁上开凿的天梯栈道、峡谷激流上架设的竹藤溜索吊桥。古代遍布崇山峻岭的茶马古道，是时下人们津津乐道的话题，其实它并不像人们想象的那般诗意浪漫。据笔者20世纪80年代在云南怒江傈僳族自治州贡山县的调查，仅该县境内每年翻越高黎贡山累死和坠崖的马匹就上千匹！昔日哪一条茶马路上不是白骨成堆、冤魂缭绕。交通屏障不仅是高山大河，还有极端气候的影响。康藏高原的严寒和缺氧，曾经使汉人数千年无缘于该区。横断山脉高地积雪时间长达半年以上，其间商旅绝迹。不久前多家媒体曾报道过四川凉山地区的一个“悬崖村”，村庄坐落在山崖之上，村庄没有与外界交通的道路，出入只能像猿猴一样攀爬悬崖绝壁，大人出行如此，孩子们每天到村外上学也如此，稍有不慎便会落入万丈深渊、粉身碎骨！当今尚且如此，古代状况之恶劣应更胜千百倍。众所周知，西南交通除了山川阻隔，“瘴疠”亦是一大障碍。“欲到夷方坝，先把老婆嫁”，这是昔日云南广为流传的俗话。据医务工作者在20世纪50年代的调查显示，西南地区的瘴疠或瘴气是以疟疾、鼠疫、天花、霍乱、流行性乙型脑炎、白喉、各类伤寒、回归热、痢疾、猩红热、流行性脑脊髓膜炎、麻疹、流行性感冒、传染性肝炎、脊髓前角灰质炎、百日咳、炭疽病、狂犬病、恙虫病钩端螺旋体病等为主的传染病。瘴疠不仅严重危害外来人群，土著居民亦常因这些传染病的爆发而大量死亡。1904~1910年修筑滇越铁路，曾在越南和云南等地招民工二三十万，有10多万死于疟疾，故有“一根枕木死一人”之说。1933~1940年云南云县疟疾大流行，七年死亡3万多人。1919~1949年思茅疟疾大流行，原来7万多人的城镇，1951年仅有1092人。[①] 1987年笔者到云南省勐海县布朗山调查，刚好碰上从缅甸传来的恶性疟疾爆发，乡政府所在地新曼峨寨一天之内死亡十余人，高音喇叭不断播放村民死亡消息，进入村中，不时可见摆放于家门口的死尸，哭声此起彼伏，惨不忍睹。地处蛮荒，远离文明；

① 尹绍亭：《说“瘴”》，《云南地方志通讯》1986年第4期；周琼：《清代云南瘴气与生态变迁研究》，中国社会科学出版社，2007。

山原苍茫险峻，江河纵横汹涌；气候或严寒缺氧，或酷热卑湿；蛇蝎肆虐，虎豹横行；烟瘴弥漫，毒疠遍野。如此险恶的“原生态”，曾使历代天朝帝国的征服图谋难以如愿，富商大贾望而生畏，中原豪强不敢冒进，内地流民视为畏途。

西南生态环境的多样化和碎片化，不可能形成大的政治共同体和大文明体系，反之却利于促进族群的分化、变异，利于小而丰富多彩的文化类型和形态各异的小国寡民的产生。西南历史最早的文字记载《史记·西南夷列传》说：“西南夷君长以什数，夜郎最大；其西靡莫之属以什数，滇最大；自滇以北君长以什数，邛都最大……其外西自同师以东，北至楪榆，名为嶲、昆明……自嶲以东北，君长以什数，徙、筰都最大；自筰以东北，君长以什数，冉駹最大……自冉駹以东北，君长以什数，白马最大……”[①] 这就是西南古代的政治图景的写照。“君长”如此众多，其下还有多少部落、氏族，那就不得而知了。而君长、部落、氏族各有习俗，内部认同性极高，对外则高度戒备排斥。汉武帝曾派遣使者“出西南夷，指求身毒国”，“为求道西十余辈。岁余，皆闭昆明，莫能通身毒国”[②]，那么多使者想方设法走“西南丝绸之路”，却始终没能通过昆明族群控制的地盘。西南地区众多土著族群出于自我保护的需要形成的强烈的排外仇外的意识和举措，特殊文化传统所具有的对于外族的高度戒备和防范，为了生存或为反抗压迫剥削而对他族不惜采取暴力和极端手段等，和上述险恶的生态环境一样，对于阻止历代王朝的直接统治图谋和东部移民的进入，同样发挥了重大作用。这方面的情况古代文献记载甚多，例如三国时代诸葛亮“五月渡泸，深入不毛”，费尽心力征服了南中，却无法直接统治，只能依靠土著大姓间接治理。历史上佤族的猎头习俗闻名遐迩，一般外族人绝对不敢踏入佤山半步，这一习俗一直延续至 20 世纪 50 年代才被废除。在大凉山，历史上不知有多少外族人被彝族头人掳为“娃子”（奴隶），其中甚至有不慎落到该区的西方飞行员。20 世纪 20、30 年代人类学家杨成志曾经记录过他前往川滇交界地区进行民族调查的经历，其情况之险恶令

① 司马迁撰《史记》卷一百一十六“西南夷列传第五十六”，中华书局，2000。

② 司马迁撰《史记》卷一百一十六“西南夷列传第五十六”，中华书局，2000。

人难以想象。[①] 匪患猖獗，也是西南地区给人的突出印象，匪患在中国不独西南，而西南肯定是一个重灾区。鉴于西南地区特殊的生态环境和族群生态，中央王朝始终未能直接统治西南全境，于是不得不采取特殊的“以夷制夷”“羁縻”控制等策略。元、明、清三朝在西南地区先后设置的土司曾多达 2569 家。[②] 土司制度，实为中原王朝适应边地状况的政治创造。

交通因自然和人文因素长期受阻，人口数量和密度一直维持在较低水平，西南的环境和社会之所以能够长期保持“原生态”状况，各种多样性之所以能够长期繁盛不衰，与此关系密切。

人类适应是人类与自然的最基本的关系。各民族传统文化适应本身就是文化多样性的表现，而文化适应多样性对于生物多样性保护、对于资源的可持续利用所发挥的作用是不能低估的。人类对于生境的适应，有遗传和生理的适应，但主要是文化的适应。西南地区各民族的文化适应可谓丰富多彩。这里仅举三个例子聊以说明。

一是傣族等的热带低地生态适应方式。傣族居处湿热低地环境，选择水稻栽培灌溉农业为主要生计方式。为了使这一生计方式能够持续良性循环，傣族驯化培育了数百个稻谷品种以配置不同的土地和土壤类型，以扩大土地利用幅度，分散土地压力。傣族居住的环境，水热条件可以充分满足三季稻复种的条件，但是傣族只种一季稻，目的是让水田在冬春休闲以恢复地力。休闲季节田里放养牛马猪鸡鸭，草虫被食用，畜粪可肥田，加之水利灌溉有充足的水源和制度的保障，所以单季水稻种植不用施肥依然高产。傣族传统文化具有很强的森林保护利用功能。傣族谚语“有树就有水，有水就有田，有田就有粮，有粮就有人”，朴素地表现了傣族的生态观。傣族栽种铁刀木以保障柴薪供给，堪称绿色文化的杰作！傣族村寨周围必有风景林、护寨林、水源林、坌林、寺院园林等的规划，不仅美化环境，而且可满足人们生产、生活、健康、审美、宗教等的需求。傣族的风俗习惯尤其是少子生育习俗，使得人口增长十分缓慢，所以能够长期保持

---

① 《杨成志人类学民族学文集》，民族出版社，2003。

② 引自百度百科“中国土司制度”，网址：https：//baike. baidu. com/item/%E4%B8%AD%E5%9B%BD%E5%9C%9F%E5%8F%B8%E5%88%B6%E5%BA%A6/14442570? fr = aladdin。

人少地多的状况。傣族全民信仰南传上座部佛教，社会崇尚礼仪、和谐、闲适，不过多追求物质享受，禁止过度消耗资源，这对于维系傣族社会人与人、人与自然的和谐共生发挥着重要作用。与傣族一样，西南地区的壮族、侗族、布依族、仡佬族等百越族群的灌溉农业以及云南红河哈尼族和广西龙胜壮族等的梯田农业，都是水稻民族人类生态适应方式的典范。

二是热带、亚热带山地民族的森林生态适应方式。刀耕火种曾经是西南众多山地民族长期依赖的生计方式。刀耕火种在国际学界多被称为“轮歇农业”，“轮歇”是此农耕形态的精髓。山地民族为什么要从事刀耕火种轮歇农业，因为垦殖山地坡陡路遥，积肥施肥困难，杂草滋生厉害，施肥和除草投入太大，而如果不施肥和除草不力，就难有收成。如何解决这两大难题？山地民族采用了“轮歇”这个法宝。所谓轮歇，即每个村寨都将林地规划为十几个甚至更多的区域，每年耕种一个区域，其他区域得以休闲，十几年甚至更长时间为一个轮歇周期，循环耕种，用养结合，森林、地力因长年修养得以恢复，人与自然因此得以和谐共生。当代科学技发达，把刀耕火种视为“原始落后”的生产力，为了将其彻底消灭，20 多年前许多地方曾经推行“两化上山”（使用化肥和除草剂）以图取代轮歇，实现农业现代化，结果污染了土壤粮食，糟蹋了生态环境，问题没有解决，反而贻害无穷。事实说明，在特定的历史条件下，在地广人稀的山地森林生态环境中生存，刀耕火种不啻为最佳选择。刀耕火种并非如世人所说的“砍到烧光”那么简单，而是一个以多种轮歇方式为基础，包含土地认知、土地制度和管理、作物多样化及栽培技术、作物轮作混作、粮林轮作等知识技术的复杂系统。比较单一集约的农业系统，刀耕火种不仅生产粮食，而且能获取丰富的采集狩猎产品，具有显著的复合产出优势和良好的生态效益。西南山地民族的刀耕火种适应方式，以轮歇技术知识体系为核心，以村社制度体系为保障，以万物有灵世界观及其仪式体系为调适机制，三者的有机结合，使得刀耕火种数千年延续不衰。其宝贵的生态文化遗产，值得传承发扬。[①]

三是藏族等的高寒山原生态适应方式。藏族的混农牧生计，或称半农

① 尹绍亭：《人与森林——生态人类学视野中的刀耕火种》，云南教育出版社，2000。

半牧生计，亦是人们熟知的生态适应方式。高寒山原，土壤瘠薄，藏族以种植麦类作物为主的农业须施用大量肥料；人们抵御严寒，需要具有高热量蛋白质的肉乳和毛皮制衣。大量饲养牛羊，即为解决肥料和肉乳皮毛的有效举措。一个家庭，除了进行谷地农业和冬夏移动于谷地高山之间的畜牧业之外，还需从事采集和进行商品交换，此外村庄频繁的宗教活动和各种生命仪式、节日庆典、人际往来也需要人手，所以家庭成员越多越好。许多民族学资料业已证实，藏区家庭男劳力越多越富裕，越少则越贫穷。藏区有一妻多夫的婚俗，便是适应生计需要和生态需要的产物。此婚俗不仅可以解决复合生计所需劳力问题，客观上还起到节制人口和避免家庭资源财产分散致贫的作用，所以多被正面肯定。① 藏族笃信佛教，人们把大量时间和精力花在精神信仰之上，而不是物质追求至上；藏区盛行的神山、神湖、神林崇拜，其环境保护的功能亦备受赞赏。藏族独特的适应方式，与傣族和山地刀耕火种民族的适应方式一样，均为传统生态文化的宝贵遗产。

三　社会变革与多样性衰变

环境人类学、环境史等学科把人与自然的关系过程作为研究对象，但是历史乃至近代屡屡发生的环境巨变却并非“空泛”的人类的行为，而多半是国家化、殖民化、工业化和市场化的结果。中国西南环境的变化也如此。在 1949 年以前数千年乃至上万年的时期，西南广大山地环境的变化是十分缓慢的，一些地方甚至一直保持着“原生态”的状况，变化主要发生在交通较为便利或邻近中原的低地地区。然而最近 70 年，西南也和中国广大地区一样，发生了翻天覆地的变化。不言而喻，变化动力主要来自外界，来自国家社会主义改革的巨大能量。请看下面几项始于 20 世纪 50 年代的改革，从中既可以看到改革的显著成效，也能感知随之带来的生态和文化多样性的严重衰变及其后果。

1. 政治体制改革

中华人民共和国成立之后，西南地区不管是民国的行政建制和残留的

① 班觉：《太阳下的日子：西藏农区典型婚姻的人类学研究》，中国藏学出版社，2012。

土司制度，还是部落和村社的头人长老制，统统改革为和全国统一的省、区、县、乡、村行政体制，实现了中央政府的直接统治。在少数民族集聚区，则在大一统的体制内建立相应的民族自治的区、州、县、乡，让少数民族当家做主，行使自治的权力。西南地区长期存在的不同地区独立、半独立的状态和各民族传统社会制度至此全部终结。

2. 社会主义改造

按照马克思主义社会发展史观，20 世纪 50 年代，西南地区各民族多样性的社会形态，即“前资本主义社会的不同发展阶段”，都必须进行社会主义改革。为了彻底改变各民族原有的生产关系和生产力，西南也和内地一样，首先进行了政体变革，接着实行合作化、公社化改造，并先后发动了“以粮为纲”“以钢为纲”的“大跃进”“学大寨”“文化大革命”等运动，改革开放之后则又实行家庭联产承包责任制等一系列改革。经过诸多激烈的革命、运动和改革，各民族传统的生产关系和生产力被迅速改变和淘汰，以内地社会经济为标杆的同一化取代了各民族传统社会的多样化。

3. 资源大开发

中原或东部中心主义，是我国几千年封建社会沿袭的意识形态。历代社会经济发展布局和资源利用格局均受此支配，中华人民共和国成立之后，状况依然如故。边疆从属于政治经济发展中心，不发达地区依附发达地区，双方的生态关系，定格为边疆资源生产和内地产品加工的互动互补。云南是我国铅、锌、锡、铜、铁等矿产的重要产地，其储量和开采量均列全国前茅。森林是西南的优势资源，自明以降一些交通便利的地方植被已多有破坏，然而广大山地高原依然林海茫茫。从 20 世纪 50 年代开始，国家设立林场，调动大量工人进入西南，开始了空前的木材采伐大会战。1966 年冬天，我曾参加红卫兵长征队步行穿越康藏地区，沿途林场鳞次栉比，到处可见砍伐之百年大树堆积如山。木材靠江河“裸运”，在川西石棉和雅安，大渡河面飘满原木，日夜顺流滚滚而下，场面触目惊心。移民农垦是云南大开发的又一举措。农场以种植国家急需的橡胶、甘蔗、咖啡等经济作物为主。“大跃进”时期，以外来移民为主建立的云南国营农场多达 90 个。橡胶和甘蔗等的种植，彻底改变了云南热带亚热带自然景观，给生活于那一地区的各民族带来了史无前例的深刻变化，影响极其深远。①

4. 改善环境

20世纪50年代为了巩固新建立的政权和国防，国家把交通作为首要大事，投入大量人力物力，付出巨大代价，修筑了通往各个边境地区的公路。康藏公路（成都至西藏）、壁河公路（云南碧色寨至河口）等极具战略意义的公路相继建成。深山老林悬崖绝壁江河激流中依靠栈道、竹藤桥、竹藤溜索、皮囊等出行的原始交通状况得到极大改善。② 另外，由国家组织“中央防疫队”“民族卫生工作队”奔赴西南地区，在各地政府组织的防疫队的配合下，大力开展瘴区的卫生防疫工作。云南于1956年消灭鼠疫，1960年消灭天花，1962年消灭回归热，同时霍乱传染得到有效防止，一些急性传染病发病率大为降低。以作为瘴疠首害的疟疾为例，云南1953年发病数为41万多人，发病率为2379.59/10万，1965年发病率降为110.80/10万。最近全省疟疾发病率基本上降到了万分之五以下。③ “瘴疠之乡”已成为历史。

5. 人口增长

交通改善、疾病防治取得巨大进展，彻底改变了西南的封闭状况，加之社会经济长足发展，为人口快速增长创造了条件。西南几个省区20世纪50年代人口都在2000万以下，据2015年统计，云南人口4742万，广西4796万，四川8204万，贵州3530万，重庆3017万，均为50年代各省区人口的大约3倍。④

上述几项重大改革、开发和建设，对于保障国家统一、巩固国家政权和国防、促进社会和经济发展等，无疑意义重大。然而如果从生态角度看，后果却出人意料。国家同一化的权力行使方式和政策举措在诸多方面

---

① 目前西双版纳等地的橡胶种植面积已达到360余万亩，云南甘蔗种植面积达到469.35万亩（2007年），产糖1938.7万吨，超过广东、福建，成为我国蔗糖业重点发展地区。而这样的业绩是以牺牲热带雨林亚热带森林为代价的。西双版纳20世纪50年代热带雨林和季雨林覆盖率接近70%，80年代即下降到28%。

② 仅以公路为例，云南20世纪50年代的公路里程为2783公里，70年代公路里程已达到50年代的15倍，现在包括高速路在内的公路长达20余万公里，约为50年代的80倍。

③ 郑玲才：《郑玲才同志在省防疫站建站三十周年纪念会上的工作报告》，档案资料。

④ 引自“中国产业信息网”，http://www.chyxx.com/。

并不适应多样化生态环境与资源的管理利用，各地各民族传统社会组织的彻底颠覆已然对传统文化体系，包括文化生态体系形成强烈冲击；“落后生产力”的改革与取缔打乱了各民族千百年来形成的多样性的适应系统，干扰了人与自然的平衡和谐，地方传统知识迅速流失。大力采掘矿产资源，盲目追求工业化，致使资源枯竭，昔日云南东川“铜都”和个旧“锡都”名存实亡。长江上游川滇原始森林毁灭性的采伐，导致严重水土流失，地质和洪涝灾害频频发生，1998 年长江中下游发生百年一遇的特大洪灾，曾使数亿人生命财产遭受重大损失。大规模移民，垦殖热带雨林和亚热带天然林，盲目扩大外来农作物和经济作物种植，致使生物多样性锐减，病虫害频发，污染加剧，气候变异，水源干涸，酿成种种生态灾害。①人口快速增长，压力过大，许多地方环境资源不堪重负。为缓解危机，扩大耕地毁林开荒，生境遭受严重破坏。为追求作物产量，稻作曾一度依靠行政手段强行推广种植诸如“广西稻”等劣质多产稻谷，传统稻谷品种及其遗传多样性严重受损，云南各民族千百年来驯化积累的 5000 余种水稻和 3000 余种陆稻品种至今已所剩无几。

四　多样性保护与生态文明建设

历史业已证明，生态环境及其生物多样性是物质世界丰富繁荣的根基，是形成人类社会经济文化多样性的源泉和可持续发展的保障。而人类社会经济文化是否能与之适应，而不是走向人类中心主义、政治中心主义、物质中心主义、发展中心主义的歧途，将不仅对自然环境，也将对人类的生存和发展产生重大影响。对于这个道理，人类社会从无知到觉醒，从盲目到自觉，从忽视到重视，从任意破坏到严格保护，经历了漫长曲折的过程，付出了惨痛的代价。面对生态环境破坏、多样性锐减的严重后果，作为大自然报复的回应，20 年来，我国国家层面的生态观也发生了显著变化，生态环境保护被提上了重要议事日程，随之采取和实施了一系列措施、工程和战略，收到良好效果。

---

① 尹绍亭、深尾叶子主编《雨林啊胶林——西双版纳橡胶种植与文化环境相互关系的生态史研究》，云南教育出版社，2003。

1. 建立“自然保护区”

自1956年起，经过50多年的努力，截至2010年底，全国已建立各种类型、不同级别的自然保护区2588个，保护区总面积约14944万公顷，陆地自然保护区面积约占国土面积的14.9%。其中国家级自然保护区319个，面积9267.56万公顷。约2000万公顷的原始天然林、天然次生林和约1200万公顷的各种典型湿地、中国80%的陆地生态系统种类、85%的野生动植物种群和65%的高等植物群落，特别是国家重点保护的珍稀濒危动植物绝大多数在自然保护区里得到较好保护。西南地区现有国家级自然保护区69个，其中的四川阿坝州卧龙自然保护区，贵州梵净山自然保护区，云南西双版纳热带雨林自然保护区位列全国十大自然保护区之中。①

2. 建立国家公园

1982年参照美国生态环境和生物多样性保护模式建立“国家公园”（National Forest Park）。至2011年全国已有国家级森林公园746处和国家级森林旅游区1处，西南地区有国家级森林公园115处。②

3. 实施遗产保护

世界遗产是指被联合国教科文组织和世界遗产委员会确认的人类罕见的、目前无法替代的财富，是全人类公认的具有突出意义和普遍价值的文物古迹及自然景观。世界遗产包括文化遗产、自然遗产、文化与自然遗产三类。中国于1985年12月12日正式加入《保护世界文化与自然遗产公约》。截至2017年7月9日，中国申报成功的世界遗产已达52项，西南地区有10项。著名的四川九寨沟、四川大熊猫栖息地、中国南方喀斯特、云南三江并流自然景观、中国红河哈尼梯田文化景观等名列其中。③ 从2002年起，联合国粮农组织、联合国开发计划署和全球环境基金开始设立全球重要农业文化遗产（GIAHS），联合国粮食及农业组织（FAO）将其定义为：“农村与其所处环境长期协同进化和动态适应下所形成的独特的土地利用系统和农业景观，这种系统与景观具有丰富的生物多样性，而且可以满足当地社会经济与文化发展的需要，有利于促进区域可持续发展。”中

① 引自360百科。

② 引自360百科。

③ 中国的世界遗产，中国政府网，2013-05-22。

国迄今为止获准17项，西南有3项：贵州省“从江侗乡稻鱼鸭系统”、云南省“红河哈尼稻作梯田系统”、云南省“普洱古茶园与茶文化系统”。①

4. 实施“天保工程”和“退耕还林”工程

“天保工程”即天然林资源保护工程，简称天保工程。1998年长江流域特点洪涝灾害后，针对长期以来我国天然林资源过度消耗而引起的生态环境恶化的现实，国家从社会经济可持续发展的战略高度，做出实施天然林资源保护工程的重大决策。该工程旨在通过天然林禁伐和大幅度减少商品木材产量，有计划分流安置林区职工等措施，主要解决我国天然林的休养生息和恢复发展问题。2000~2010年，工程涉及西南的实施的目标之一是切实保护好长江上游、黄河上中游地区9.18亿亩现有森林，减少森林资源消耗量6108万立方米，调减商品材产量1239万立方米。到2010年，新增林草面积2.2亿亩，其中新增森林面积1.3亿亩，工程区内森林覆盖率增加3.72个百分点。②“退耕还林”工程1999年实施。长期以来，盲目毁林开垦和进行陡坡地、沙化地耕种，造成了我国严重的水土流失和风沙危害，洪涝、干旱、沙尘暴等自然灾害频频发生，人民群众的生产、生活受到严重影响，国家的生态安全受到严重威胁。退耕还林工程就是从保护生态环境出发，将水土流失严重的耕地，沙化、盐碱化、石漠化严重的耕地以及粮食产量低而不稳的耕地，有计划、有步骤地停止耕种，因地制宜地造林种草、恢复植被。工程建设范围包括四川、重庆、贵州、云南、西藏、海南、陕西、甘肃、青海、宁夏、新疆等25个省（自治区、直辖市）和新疆生产建设兵团，共1897个县（含市、区、旗）。根据因害设防的原则，按水土流失和风蚀沙化危害程度、水热条件和地形地貌特征，将工程区划分为10个类型区，即西南高山峡谷区、川渝鄂湘山地丘陵区、长江中下游低山丘陵区、云贵高原区、琼桂丘陵山地区、长江黄河源头高寒草原草甸区、新疆干旱荒漠区、黄土丘陵沟壑区、华北干旱半干旱区、东北山地及沙地区。同时，根据突出重点、先急后缓、注重实效的原则，将长江上游地区、黄河上中游地区、黑河流域、塔里木河流域等地区的856个县

① 闵庆文：《农业文化遗产及其动态保护探索》，中国环境科学出版社，2008；闵庆文：《农业遗产及其动态保护前沿话题》，中国环境科学出版社，2012。

② 引自“中国城市低碳经济网”，http：//www.ditan360.com/，2013-01-05。

作为工程建设重点县。国家实行退耕还林资金和粮食补贴制度，按照核定的退耕地还林面积，在一定期限内无偿向退耕还林者提供适当的补助粮食、种苗造林费和现金（生活费）补助。工程目标任务为：至 2010 年，国家总投资超过 1000 亿元，完成退耕地造林 1467 万公顷，宜林荒山荒地造林 1733 万公顷，陡坡耕地基本退耕还林，严重沙化耕地基本得到治理，工程区林草覆盖率增加 4.5 个百分点，工程治理地区的生态状况得到较大改善。①

5. 生态文明建设

综观中国历史，作为国策，指导思想和理念最具科学性、决策层次最高、宣传力度最大、涉及范围最为深广的环境保护变革运动，应是当前国家大力倡导的生态文明建设。中国共产党十八大报告提出：建设生态文明，树立尊重自然、顺应自然、保护自然的生态文明理念，努力建设美丽中国，实现中华民族永续发展。十九大报告再次指出：建设生态文明是中华民族永续发展的千年大计。必须树立和践行绿水青山就是金山银山的理念，形成绿色发展方式和生活方式。要求为着力解决突出环境问题，必须全民共治、源头防治，构建清洁低碳、安全高效的能源体系，优化生态安全屏障体系，政府主导、企业为主体、社会组织和公众共同参与的环境治理体系。提出绿色发展战略和乡村振兴战略，实施重要生态系统保护和修复重大工程。同时实行最严格的生态环境保护制度和法律法规，实行环境督查、巡查制度和环境终身追责制度等。从经济发展优先、政绩追求为大而不惜肆意糟蹋破坏生态环境，到“视生态环境为生命”“宁要绿水青山，不要金山银山”，中国的变化可谓巨大！然而，生态文明的建设不能只着眼于自然科学的视野，还应该立足于多样性的吸纳和重建。众所周知，中华文明之所以被认为是世界五大古老文明唯一延续至今的文明，究其原因，就是能够在历史长河中不断吸纳众多民族文明精华融合发展的结果。生态文明也一样，只有立足于多样性的吸纳和重建才能欣欣向荣、经久不衰。如何立足多样性，我以为一是要尊重和吸纳纵向丰富的文明多样性——原始文明、农耕文明、工业文明等的精华；二是要尊重和吸纳横向

① 引自“中国城市低碳经济网”，http：//www. ditan360. com/，2013-01-05。

丰富的文明多样性——不同地域、不同民族、不同国家的生态文明精华。① 此外，更重要的是要尊重和坚持多样性和谐共生的核心法则。这个法则，可以用“各美其美，美人之美，美美与共”这句话进行概括：这句话不仅应该作为人与人、文化与文化的关系的准则，而且应该作为人类与生物、人类与生态环境、人类与大自然的关系的准则。如果那样的话，生态文明的建设就有希望，未来环境与历史的关系就能够形成良性互动的局面。

总　结

本文通过对西南地区的多样性、多样性长期保持的原因及其生态意义、社会变革与多样性衰变、多样性保护与生态文明建设的考察，最后总结于下：

（1）多样性是人类和自然的基本禀赋，它深刻地影响着人类和自然的历史兴衰。

（2）中国西南是世界上多样性最为富集的地区之一。多样性的变迁，很大程度上反映了西南历史、环境和各民族文化演进的过程。

（3）对于生态人类学、环境人类学和环境史等的研究，多样性视角不可或缺。多样性作为一种方法论，既可以用于大区域的考察，也可以用于小地域精细化的研究。

（4）本文多样性角度的考察，只是粗浅的尝试，作为一种方法论追求，还需要更多的研究实践和探索。

① 尹绍亭：《从人类学看生态文明》，《中国社会科学报》2013 年 5 月 31 日，A05 版。

生态文化视角下的洱海周边农村生态危机与保护*

张　慧（云南农业大学）

摘　要： 本课题研究就是从大理洱海的生态保护着手，探讨周边农村发展变迁，着重探讨当地生态文化对当地环境的保护起到的积极作用。本研究认为不能单纯从技术层面解决环境问题，需要从生态文化的视角来审视人与自然、人与社会之间的关系，探讨人的生活方式、生存态度、意识观念等对环境的深刻影响。并从中找到相关的解决路径，提出构建生态文化以保护洱海及村落环境的相应意见和建议。

关键词： 生态文化；农村；生态保护

中国农村生态的发展与现代化因素的蔓延有着密切的关系。改革开放30多年来，农村在现代化的推动下取得了卓著的发展，农民的物质生活水平得到提升，但现代化带来的为利益驱使破坏农业生态的做法也比比皆是，如水土保持面积在流失、农村面源性的污染在加重等，这不只是一个技术性的问题，更是一个社会性的问题。如何规范监管、如何有效促进发展与生态的协调，对于当地农村社会发展是一个严峻的挑战。

洱海是大理白族人民的"母亲湖"，是大理政治、经济、文化的摇篮，也是令众人向往的旅游胜地。但近些年来，因发展经济而导致的洱海环境破坏行为越来越多，包括洱海游船、沿海地产开发、过度捕捞、污水排放等都对整个洱海的生态带来了严重的隐患。近年来，由于周边人口增长，

---

* 本论文系云南省哲学社会科学青年项目"生态文化视域下的洱海周边农村环境变迁及保护研究"（项目编号：QN2015002）阶段性研究成果。

城镇化进程不断加快，旅游业快速发展，洱海流域产生的生活污水、垃圾和农业污染控制难度逐年加大。洱海曾经于1996年与2003年爆发了两次大规模的蓝藻，导致水质急剧恶化，透明度不足1米，严重影响了人民的生活。

党的十八大提出，要“把生态文明建设放在突出地位，融入经济建设、政治建设、文化建设、社会建设各方面和全过程。努力建设美丽中国，实现中华民族永续发展”。习近平总书记在视察云南时也指出要“像保护眼睛一样保护生态环境，像对待生命一样对待生态环境”，尤其是针对洱海保护提出了“希望水更干净清澈”的要求，叮嘱干部要改善好洱海水质。洱海的生态隐患中，沿海农村生产、生活行为方式造成的影响不容忽视。而这种影响是不能单纯从技术层面解决的，需要从生态文化的视角来审视人与自然、人与社会之间的关系，探讨人的生活方式、生存态度、意识观念等对环境的深刻影响。因此，有必要从生态文化视域来研究洱海周边农村环境的变迁与保护。这一方面可以从文化层面消除洱海生态隐患，保护洱海生态环境，实现可持续的发展；另一方面，也是响应党中央号召，深入实施云南省委省政府提出的“生态立省，环境优先”战略的一种实践，具有极其重要的意义。

一　国内外研究评述

（一）国外研究

生态文化，是指人类在实践活动中保护生态环境、追求生态平衡的一切活动的成果，也包括人们在与自然交往过程中形成的价值观念、思维方式等[①]。广义的生态文化即物质文明的生态文化，狭义的生态文化主要指精神文明的生态文化；从狭义理解，生态文化是以生态价值观为指导的社会意识形态、人类精神和社会制度。

国外对生态文化的研究始于20世纪初。法国哲学家阿尔贝特·施韦泽

① 余谋昌：《生态伦理学》，首都师范大学出版社，1999，第32~33页。

（Albert Schweitzer）的“生命伦理”和英国环境学家奥尔多·利奥波德（Aldo Leopold）的“大地伦理”，70年代及其以后，美国哲学家霍尔姆斯·罗尔斯顿（Holmes Rolston）的《哲学走向原野》《环境伦理学：自然界的价值和人对自然的责任》等论著，将其确立为一门独立的新兴交叉学科。其在发展过程中有以下几类观点。

1. 生态哲学与伦理理论流派

由挪威哲学家、生态学家阿恩·奈斯（Arne Naess）1972年最早提出的，并逐渐发展成为一种颇有影响的生态哲学与伦理学说。奈斯认为，问题的关键是找到一种使可以体验到与其他存在物等同的活生生感觉的方法，即在感觉中容纳其他的自然存在。依据这一思路，美国学者沃威克·福克斯（Warwick Fox）在《超越个体生态学：发展环境主义的新基础》（1990）中，论证了“自我更新存在”的内在价值，而比尔·戴维尔（Bill Devall）和乔治·塞森斯（George Sessions）则在《深生态学：充分尊重自然的生活》（1985）和《手段简单而意义丰富：实践深生态学》（1988）中，详尽阐述了深生态学的一种宇宙学和心理学的方法，即“超越个体生态学”。

2. 生态审美学派

生态审美或生态美学集中体现了人类对于自然界价值（广义上的）感知的另一种维度，甚至可以说是一种“善”之上的更高视野与境界。德国著名哲学家赫伯特·马尔库塞（Herbert Marcuse）甚至从生态“新感性”中解读出了一种强烈的解放或革命意蕴。因此，它既是美学理论对当代人类社会生态环境危机现实主动回应的一种努力，也是传统美学经过数百年的现代化进程之后的一种自然本体化意义上的反叛。生态（环境）美学在欧美国家也是一个相对较新的哲学美学分支学科，大致产生于20世纪六七十年代。在它之前，传统的美学更多关注的是艺术哲学，而生态（环境）美学转向了对自然环境的审美。随着其不断发展，生态（环境）审美已经发展到包括人工或人化环境，以及这些环境中的存在物，并导致所谓的“日常生活美学”。因此，进入21世纪的生态（环境）美学，已经涵盖了艺术之外的几乎所有事物的审美重要性的研究。

3. 生态自治主义学派

生态自治主义是一种生态中心主义哲学价值观取向下的政治社会理

论，主张在追求尊重非人世界整体性的同时，建立保证人全面和彼此实现的、合乎人性规模的、合作性的社区，而社会进步的基本标准是人类社区适应生态系统的程度和人类全面需要实现的程度。其中生物区域（系统）原则和生态寺院生活准则是其核心性方面或代表性范式：前者强调生态系统（区域）完整性的优先性，比如美国的皮特·伯格（Peter Berg）和雷蒙·达斯曼（Raymond Dasmann），而后者强调人类社区生活必需品满足的自足性，比如德国的鲁道夫·巴罗（Budolf Bahro）和英国的爱德华·戈德史密斯（Edward Goldsmith）等，认为社会进步的基本标准是人类社区适应生态系统的程度和人类全面需要实现的程度。

（二）国内研究

国内学界对生态文化的研究起步较晚，早期主要侧重于对概念的界定，后期有多个学者从不同的案例中阐述生态文化及环境保护的重要性。

1. 相关定义的界定（2000~2005 年）

余谋昌认为①生态文化就其内容而言，是指人类在实践活动中保护生态环境、追求生态平衡的一切活动的成果，也包括人们在与自然交往过程中形成的价值观念、思维方式等。郇庆治②从“绿色文化升华”（新型生态文明的精神建构）和“绿色变革文化”（现存工业文明的精神解构）相统一的维度来把握与界定“生态文化理论”。

从生态文化所包含的内涵来看，生态文化包括器物、制度、风俗、艺术、理念、语言（卢风，2008）③。陈寿朋认为④生态文化也涉及生态哲学、生态伦理、生态科技、生态教育、生态传媒、生态文艺、生态美学、生态宗教文化等要素。这些要素互相依存、互相促进，共同构成生态文化建设体系（陈寿朋，2005）。

归结起来，从生态文化的广义和狭义的两种理解，前者指物质文明和精神文明的生态文化；后者主要着重于精神文明的生态文化，尤其是以生

① 余谋昌：《生态文化论》，河北教育出版社，2001，第 326~328 页。

② 郇庆治：《绿色变革视角下的生态文化理论及其研究》，《鄱阳湖学刊》2014 年第 1 期。

③ 卢风：《论生态文化与生态价值观》，《清华大学学报》（哲学社会科学版）2008 年第 1 期。

④ 陈寿朋：《论生态文化及其价值观基础》，《道德与文明》2005 年第 2 期。

态价值观为指导的社会意识形态、人类精神和社会制度（余谋昌 2003[①]；宋宗水，2009）。认为生态文化包括器物、制度、风俗、艺术、理念、语言（卢风，2008），也包括生态哲学、伦理、科技、教育、美学、宗教等类别（陈寿朋，2005）。

2. 生态文化建设的必要性（2005 年至今）

随着研究的深入，学者们认为创建生态文化具有现实必要性：只有生态文化的创建才能从根本上改善资源和环境状况。从经济社会赖以存在与发展的资源与环境状况的现实来看，创建生态文化有着急迫的现实必要性：只有借由生态文化的创建，才能转变人们传统的生产和生活方式，从而使得资源和环境状况得以根本改善（卢风，2008；杨立新，2008；陈璐，2011）。而人的生存环境就要低碳经济的发展、生态建设长效机制的建构、全民生态意识的培养和形成为生态文化的创建（陈璐，2011）[②]。

面对这一危机迫使人们追问：人类能否以文明的方式与地球生物圈和谐共生？生态文化（或文明）是人类的必由之路。认为生态文化的建设仅靠科技的、经济的、法律的和行政的手段是不够的，还要靠道德调节手段（杨立新，2008）在理念层面和制度层面转变（卢风，2008），培育生态意识，协调人与自然的关系（洪大用，2012）。在理念层面，生态文化必须超越个人主义、物质主义、经济主义、消费主义、科学主义和人类中心主义；在制度层面，必须限制市场的作用；在技术层面，必须实现由征服性技术到调适性技术的转向。（卢风，2008）[③] 认为保护生态环境，仅靠科技的、经济的、法律的和行政的手段不够，还要靠道德调节手段。只有树立起正确的生态伦理观，才能激发保护生态环境的道德责任感，使人们自觉地调节人与人之间的利益冲突，自觉地调节人与自然之间的“物质变换”，从而形成生态保护实践活动的坚实基础和内在动力[④]（杨立新，2008）。

近期，也有学者开始关注少数民族文化传统中的生态文化意识（林庆、周颖红、吴依桑）；他们认为少数民族传统生态文化必须在新的历史

---

① 余谋昌：《生态伦理学》，首都师范大学出版社，1999，第 32~33 页。

② 陈璐：《试析生态文化的内涵及构建》，《广西社会科学》2011 年第 4 期。

③ 卢风：《论生态文化与生态价值观》，《清华大学学报》（哲学社会科学版）2008 年第 1 期。

④ 杨立新：《论生态文化建设》，《湖北社会科学》2008 年第 3 期。

条件下，实现创造性的转换和发展，从而实现人与自然之间在新的条件下的平衡与和谐。加强生态文化建设，培育生态文明观，以制度化和规范化作为构建少数民族现代生态文化的重要内容和基本保障，实现民俗文化生态平衡。发展生态经济和生态产业，建立生态化、环保化的物质生产方式和生活方式，构建云南少数民族现代生态文明，必须在精神层面上使少数民族接受和继承以生态教育为核心的思维方式（林庆，2008）[①]。也有学者通过研究生态保护与旅游发展的关系，认为生态保护可以促进旅游业的发展（潘城、易禹林、刘杨晶）。

总体而言，国外有关生态文化的研究较为细致，但学派较多，没有主流的看法；而国内大多针对生态文化构成、内涵、生态文化发展及战略转型的宏观层面研究，缺乏研究的深度和一些典型案例的剖析。本项目受前人研究启发，以生态文化为研究框架，包括制度、风俗、艺术、理念、思维、价值观等相关内容，以洱海周边农村生态环境为研究对象，结合多学科的视角，挖掘农村少数民族传统生态文化思想的内涵，以及分析当前环境变迁对洱海生态保护的影响，总结出经验，并提出相关的意见和建议。

二　洱海周边村落传统文化对生态的保护

（一）调查地的介绍

本研究主要以大理洱海及洱海周边的农村为调查点，选取 4 个村镇——洱海东北边的双廊镇、洱海东部的挖色镇、洱海西边的古生村及银桥镇作为调查点，研究方法主要采用访谈法和资料收集法。

1. 双廊镇

双廊镇位于云南大理洱海东边，是一个以白族为主的少数民族聚居的小渔村组成的镇。其中白族人口占 84.6%。双廊岛上有玉矶岛、“南诏风情岛”，镇域三面环山，一面临海。全镇共辖 7 个村民委员会，78 个村民小组，截至 2015 年底，有乡村人口 1.8 万人，农户 4410 户，其中农业人

① 林庆：《云南少数民族生态文化与生态文明建设》，《云南民族大学学报》2008 年第9 期。

口17264人，有劳动力的11819人，其中从事第一产业人数7450人。该镇近几年发展较快。

2. 银桥镇

银桥镇位于大理市腹地，距下关20.5千米，东临洱海，西倚苍山，南连大理，北接湾桥，素有“大理石之乡”的美誉。辖8个村委会，32个自然村，94个农业生产合作社，总户数6824户，总人口30154人。

3. 挖色镇

挖色镇（古称鲁川）隶属于云南省大理自治州大理市，位于洱海东岸。总人口21340人。其三面环山，一面临海，是洱海东岸一个美丽富饶的鱼米之乡、刺绣之乡、水果之乡，是洱海地区历史渊源长远的白族本土文化发源地之一。

4. 古生村

古生村属大理市湾桥镇中庄村委会，西靠大丽路，东临洱海，村庄沿海而建，从南至北蜿蜒两千米。有439户、1746人，总耕地面积1220亩，是洱海边一个典型的白族聚居村落。2014年，全村农民人均纯收入达到10680元。古生村伴洱海而居，垂柳掩映，绿树成荫，溪水环绕，村子西边田地油绿、阡陌纵横。① 2015年年初，习近平主席曾来此地考察，带动了该地的名气。

（二）个案村落传统生态民俗文化对洱海的保护

长期以来，村落和洱海相生相伴，村民在长久以来的生活习俗中就沿袭了洱海保护的传统。洱海周边的村民对“母亲湖”的保护主要是祖祖辈辈人通过村规民约、民俗活动、意识形态等方面的内容体现出来的。主要有以下一些传统活动，从生态文化方面透露出对洱海和生态环境的依赖和敬畏之情。

1. 对海神的敬畏和祭海活动

从古到今，白族不仅对洱海有着十分浓厚的感情，而且在宗教上也崇拜洱海的海神。在唐代《南诏中兴二年画卷》里，有一幅“鱼螺崇拜”的

① 大理白族自治州人民政府网站：大理古生 http：//www.dali.gov.cn/dlzwz/5119189799483211776/20150219/293211.html。

图画，画中可以看到当时的洱海疆界是由两条蛇组成的，一雄一雌，呈交尾状。蛇是龙的前身，代表了水和土地，两蛇相交则表示洱海地区的人民正在生殖繁衍、世世代代、生生不息。图里还有一条金鱼和一个玉螺，图的标记说："金鱼和玉螺是洱河的河神"①，从该图可知，白族的祖先在1000年前就已经开始崇拜洱海的海神了。为了感恩，生活在洱海周围的白族群众都会祭拜洱海，祈求平安年。白族人对洱海海神的崇拜历史久远，从古到今，一脉相承。双廊一带的村民世代捕鱼为生，对洱海有一种难以割舍的情感，他们认为茫茫洱海里住着海神，海神主管着一切，包括渔民的收获与安全。渔民每次出海都要烧香，在洱海里捞到大的鱼虾，都认为是洱海的海神赐予的。

每年正月初四到初七的时候，是当地本主诞辰的纪念日。当地老百姓有接本主的习俗，当本主被接回本村的时候，不少莲池会的老妈妈会拿着供品前来洱海边上祭拜，她们身戴佛珠，在海边摆好供品，双手合十，在等待本主船只的同时，手拿几炷香，缠上一叠致歉，把纸钱和香扔进火堆里烧掉，有的则把纸钱撒在洱海上，以谢海神。

村里渔民一般都要祭拜海神，收获少时祭拜海神，请求保佑捕鱼顺利，丰收时也要祭拜海神，感谢海神庇佑，每捕到十多斤重的大鱼，一般都不出售，把大鱼和鱼尾割下来，煮熟，用托盘装好，配上酒茶等祭品，以祈求平安和丰收。团体祭拜海神的时候除了大鱼以外，还要宰猪、杀鸡，祭品还有鸡蛋、虾、纸钱、香等，在海边祭拜、祷告，在仪式进行的时候，要推选出年龄最大、捕鱼技术最好的人，领头祭祀。

2. 白族大本曲对保护洱海的宣传

本地白族是一个能歌善舞的民族，本地老一辈人喜欢用编制"大本曲"的形式来表达村民对洱海生态保护的曲子。双廊镇、挖色镇、古生村等村落都会在节庆日编制"洱海清，大理兴"的大本曲，以下是大致的内容：

（根据白族发音整理）：苍山不墨千秋画，好山好水好风景，洱海

① 中国白族村落影像文化志《大建旁村》，光明日报出版社，2014，第135~136页。

无边万古青，舍革你听登。生在福中要知福，己等本害良心灯，苍山洱海两个宝，赛过父母亲。上级领导利重视，各界人士利关心，保护良苍山洱海，点滴脑自莨。能叹胜你支怎欠，各家自捣芙岛思，各种垃圾勿排放，各你管理好。弯害西良家老古，祝丈革过闹开心，火烛道切牛舍习，那当忘呆次。赵一好闹文艺队，难得背板凉荫很，一回生来二回熟，战革上认灯。有缘千里来相会，文艺同胞心连心，阿老古你给喜欢，笑自眯眯得很。呼本来怎恩（完）。

以上歌词充分把民族的大本曲和现代大家倡导的保护洱海宣传结合起来，以喜闻乐见的形式让大家知晓，具有一定的积极性。在以前大本曲有一些洱海的传统调子，近期，保护洱海的意识空前高涨，在政府和民间组织积极支持下编制了宣传保护洱海的大本曲，并在各个村镇上演出，深受大家的喜欢，这种以通俗易懂的歌词来自大理白族大本曲《保护洱海从我做起》，大理民众用当地喜闻乐见的白族大本曲自创曲目来宣传洱海保护，起到了很好的效果。

3. 洱海周边农村的放生活动

民间宗教对于维系洱海渔业也有着重要的功能。放生便是洱海周边农村常有的民风民俗活动。在古生和双廊等地放生会是当地本主节中的一个重要的环节，同时也是保护洱海、敬畏生灵的一种民间活动。每年的农历七月二十日，即古生本主节的当天，清晨开始便有很多老斋奶成群结队来到古生村。她们头戴斗笠，身着浅蓝色布衣配送黑色绣花围裙，身背竹篓直奔洱海边上的龙王庙。

老斋奶们到达龙王庙后，首先在旁边草地上或是海岸边找到一块空地，从竹篓里取出香烛纸钱、瓜果等供品后，将竹篓放置在空地上，并用树枝等标记区域。然后老斋奶来到龙王庙内——向龙王爷、张公、太婆以及唐僧师徒四人祭拜。同时口中念道：

我拜龙王一炷香，百合紫金龙，金龙紫金香，我取一对梅香，漂漂水国大龙王，春雷不响昼夜忙，我请龙王修正事，四海太平万里扬，修东西，昼夜忙，龙那王、海那会、诸佛之菩萨。九十九龙压苍山，凤眼洞，龙眼山，玉洱石，朝南修，北至土，修庆修，紫金土，佛来修，龙那王，海那会，诸佛之菩萨。也就是想请统治整个大海的龙王保佑四海太平，虽然龙王的事务繁杂，但还是要劳烦龙王来赐福于人们。[①]

念完后，还要向神像前的功德箱里捐上一份心意。古生本村莲池会的也专门派两三名老斋奶负责维持龙王庙内祭祀的秩序。而后，老斋奶们走出龙王庙，朝着洱海烧香求拜，其间还手持表文最后将其焚烧。古生村及其周边许多村寨早前以捕鱼以及耕种田地为生。每年庄稼收成取决于当年的降雨量，逢干旱庄稼枯死；在雨量过多的时候，海水上涨，田地也被淹没。若是碰上较大的风浪，渔民们也不敢出海捕鱼。所以村民们通过祭海、祭龙王的仪式，祈求风调雨顺。

当地放生的动物是泥鳅，在传说中，是泥鳅拯救了唐僧取经沉入海底的经书，为了纪念泥鳅的功劳特意每年“放生泥鳅”。祭龙王、祭海仪式结束后，老斋奶们回到领地，取出容器，里面装满了大大小小的泥鳅和彩色的干兰片（油炸的一种薄面饼），并在洱海岸边默念道：

摇摇摆摆是泥鳅，因为前世你有功，今日捉鱼遇到你，把你放回大海中。七月二十三正好修，千世修来万世修，七月二十三放生慧，把你放回大海中，泥鳅归海多快乐，摇摇摆摆在海中，浑水归海中，南无阿弥陀佛。

放生完泥鳅后，接近中午的时候，古生村内聚集了数以千计的放生人群，人来人往。老斋奶们在洱海边上烧火做饭，享受午餐，谈笑风生，还会热情邀请游客共同聚餐，但是聚餐完后的垃圾她们会自觉地收拾整理好，临走时候带着走。总起来说，放生活动表现了当地人对海的敬畏、珍爱自然、保护生态的思想，同时也是人们对恩情的回馈和记忆。

① 何显耀：《洱海边的千年古村——古生》，大理市中共湾桥镇委员会、湾桥镇人民政府编委会编写，2010 年，内部资料。

4. 龙的传说及本主信仰

白族人认为湖泊、龙潭中都有龙王，龙王是雨水的象征，而村社神“本主”也掌握着生产丰歉，因而与农业生产相关的农事祈福、消灾习俗、农业祭祀习俗则更多地沉淀在本主神话、龙神话中。例如，大理挖色镇大城曲村本主神话中讲述沙漠神来到挖色坝大城曲村，教当地人种五谷并帮助人们兴修水利，因此受到当地民众的爱戴，在其死后为其盖沙漠庙并奉祀。大理地区著名的龙神话《小黄龙和大黑龙》中暴虐成性的大黑龙造成水灾，淹没了大理坝子，正义的小黄龙在人们的帮助下打败大黑龙，从此大理坝子风调雨顺，庄稼年年丰收[①]。人们给小黄龙盖了一座龙王庙，把它奉为桃村本主。每到生产节令，当地白族民众都要祭祀本主、龙王，祈求丰收。

因白族认为龙王即是水神，因此其本主信仰中关于龙的神话传说很多。

大理洱源县漏邑村本主为九龙神龙王。相传其有八子一女，都是洱源县境内各村的本主。洱源茨充村本主龙王段思平，相传他有九子九孙，古时蛟龙为害，其率子孙应募去和龙王搏斗，最后段思平钻进龙口，杀死蛟龙。而成为大理洱海周边很多村落的本主。本主信仰展现了一副人神亲和、人神和谐的理想图景，其间接表达了白族人民对于与洱海和谐相处的愿望。

传统洱海渔村的村民对洱海的保护主要体现于乡规民约、民风民俗当中。从古以来乡规民约就不允许村民行为轻易破坏洱海生态环境，民俗中的祭海神、洱海放生、龙的传说显示出白族民族人湖共存、尊重自然、天人合一的原始生态价值观，而白族本土的民间艺术的大本曲、歌舞、诗词，多表达对洱海周边优美生态环境的赞美和发自内心的喜悦，表现出人民热爱自然、对优美生态环境的向往。这种以生态文化为主导的民众意识对于保护洱海几千年生态的延续产生了很大的作用。

---

① 王丽清：《从传统到现代：大理白族民间文学中的生态民俗呈现及其发展研究》，载《西南学林》2015 年第 1 期。

三　快速发展节奏下带来传统生态文化保护的危机

大理洱海近几年来，随着环海公路的修通，在旅游热的带动下，村落的发展日益加快，一方面，洱海周边的农村在旅游热的带动下经济水平有明显的提升，但洱海生态环境也日趋恶化。生态文化存在的危机主要表现在以下几个方面。

（一）传统自发式农耕文化的衰落

长久以来，洱海周边的村民吃水、洗菜、洗澡样样都依靠洱海，所以村规民约也有不成文的规定，就是不允许村民在洱海撒尿、乱倒垃圾，保障生活和生产有清洁的水源；而农田肥料清理了以后都会拿到各自的自留地里面，割下来秸秆拿给别人家喂猪、羊、牛或者做肥料，还有田里清理后的稀泥巴，把泥巴挖了以后拿在菜地里做肥料，自然保护，不需要专门进行打扫，边上的海草天不亮就捞干净了，自然净化。过去，村民都会自制肥料，大家用大粪集中起来，把草割掉，晒干，然后将草扒开，将土放进去捂着烧，火烧土，烧好后将大粪小便放进去，吸收干掉以后就撒在田里，效果比农药化肥还好。村民以这样的方式，实现了村落自身对污染的消化，进而实现了村落与洱海环境之间的循环进化。

过去打猎、捕鱼也就是三月份的时候，村里形成了一些不成文的规矩就是认为是开春产子的时候，不适宜去打猎。从这些行为方式上讲，也是顺应自然规律，保护动物的做法，这个道理从古以来村民就不间断地执行，有效地维护着人与生态之间的平衡与发展。

但是课题组在调查的时候，看到了洱海水质中各类鱼类减少、土地荒芜的现象。为什么？

一是洱海水污染，20 世纪 90 年代的时候，政府把日本引进过来的银鱼放在洱海里养，银鱼专门吃鱼子，过不了两年，鱼的种类就减少掉了。后来政府也意识到银鱼带来的污染这个问题，用漂白粉来杀，几百吨撒在海面，弄不死银鱼，反而把相关生态链中的生物弄死了。

二是农田农药化肥使用过度。最近几年洱海周边的农田农药化肥的广泛使用，使得农田的土质肥力下降，长期以来使用化肥后一些土地上庄稼不长。听老乡说是土质过敏了，没有营养了。土质安全、食物安全让人担忧。洱海周边很多田地已经荒芜，闲置了一大片。

（二）民间文化在现代文化冲击下的阵痛

一直以来洱海周边农村都是少数民族白族为主，在镇上随处展示的是白族的风俗、文化、艺术、建筑。但在建房热背景下，文化的交织和冲突也有显现。现代的、文艺性的各种风格交织在这些村落当中，显现出了文化的多元性与时尚性，但另外本土的文化在这冲击中慢慢弱化，甚至萎缩。具有代表性的就是建房的规格呈现土洋结合的特征，双廊古镇建筑密度之高，让云南其他任何旅游景点都无法媲美。一座座房屋建筑紧紧挨在一起。双廊古老的建筑格局，正在快速地被替代。原本秀美的白族古渔村，如今看上去显得有些不伦不类。很多游客反映太现代了，没有了当地的特色，建房破坏了古城古镇的整体景观。十年前当地的房屋颇具大理特色的房子，石铺的街道，真是很清静的一个个村落。在一棵大榕树下，几个老人坐在一张石桌边下着象棋；一位穿着白族服饰的老奶奶一边卖着豌豆粉和凉米线，一边和旁边围着的几个和她着相同服饰的人拉家常。但是如今再去就不一样了，都没有什么古镇的味道。

为了迎合旅游者的需求，双廊的建筑风格受到了“城镇化”形式的影响，原本三房一照壁、四合五天井青瓦白墙的白族建筑风格正在被接替，代以平屋顶和平坡相结合的房屋，这逐渐淡化了双廊的民俗文化，削减了双廊应有的民族建筑魅力。①

而这里的文化传统也日益在外来文化的冲击下，感受阵痛。曾经火遍全国的电影《心花怒放》无形中将双廊比作寻找“猎艳”和遍访“百花”，以至于“艳遇”成为洱海村落旅游买点，在酒吧餐厅中随处可以见到牌子上写着艳遇秘诀，而这种文化宣传和白族传统以来内敛、含蓄的民族特征是相冲突的。同时，当地的年轻人受现代文化的影响大，白族文化要进一步传承和保留还存在一定的困难。

① 刘燕萍：《大理双廊旅游业可持续发展研究》，硕士学位论文，云南大学，2014。

（三）“建房热”背后村规民约的破坏

洱海周边农村最近几年的发展可以用“井喷”来形容，即发展的速度比想象中还要惊人，市场化的行为激化了各种建房热，导致了当地计划没有变化快，规划赶不上市场的步伐，各种新鲜的事物层出不穷，远远超过了政府所预想的范围。首先，周边环境遭到破坏。客栈建多后，也便有越来越多的游客来这里住宿参观，自然要制造垃圾以及排放污水，加重了村落自己能承受的治理污染的负担。洱海东部的双廊镇随处可见垃圾，狭窄的街道上拥挤不堪。尤其在节假日的时候，洱海周边村落根本超出了污染重荷，夜晚客栈、酒吧声音破坏了原有的宁静；洱海岸边，联排的烧烤摊将周围环境都弄成油烟浓重的场地，将原本清雅幽静的小渔村变成世俗气息浓重的场所，审美情趣一下子降了下来。

同时，客栈建多后也带来另一个问题——交通堵塞，在很多村落都没有停车场，多数停车很成问题，尤其是节假日的时候，过来的汽车拥堵，进不去，也出不来，狭窄的路上人车混在一起，整个环海公路拥挤不堪，从远处看就是一个环湖的大停车场。这归根结底也在于村落的自然资源承载力与快速发展不相适应，原有的村落环保设施、镇村道路、水电容量、规划布局严重滞后。原有的环保设施已经无法收集处理剧增的垃圾、泔水、污水等；供水、供电等基础设施为村镇级配套，无法满足休闲度假的基本需求；原有的规划与产业快速发展不相适应，建房冲动已失去控制。[①] 洱海周边的生态环境正面临严重危机，在这种危机的背后是在旅游市场爆发式发展作用下农民盲目跟风，政府管理跟不上，规划没有依据、政策落实不到位，盲目发展经济的综合性因素交织的体现。

（四）价值观失范下的洱海生态保护危机

洱海周边村落的飞速发展，给当地海水治理带来巨大的压力，水质的恶化对当地生态环境造成了严重影响。2013 年，洱海大面积出现蓝藻，是以往海蓝藻暴发以来蓝藻密度、增加程度最突出的一次。有群众反映污染

① 《治后双廊走出环境与发展“相杀怪圈”》，云南网，http://dali.yunnan.cn/html/2016-02/05/content_4158376_2.htm。

源就是海边上的餐馆、饭店、客栈、居民的污水仅经过简单处理或不处理就直接排入洱海。我们在调查中随处可见海面上漂浮着矿泉水瓶，塑料袋等垃圾，洱海的局部地区已经出现恶化的态势。更让人堪忧的是建盖在村落客栈、宾馆、驿站、饭店、商店等的生活垃圾无处不在。一些客栈、饭店的排污设施没有安置，或是不达标，人来得多了，排放到洱海的废水废气也多，洱海便越来越不能承载废气、废水、废渣带来的困扰。例如至今双廊古镇没有排污管道等治污设备和设施，以致多年来生活污水直接排入洱海，事实上，洱海成了一个“天然化粪（污）池”。

在我们的调查中，古生村有这么一家漂亮的主题酒店，老板通过围湖造地，开辟了自己的一个小酒店，依山伴湖、风景优美，酒店里的设施和布局一流，吸引着很多外来旅游者。老板盈利不菲，但因为他的客栈修建审批不合法，每年都要向地方政府缴纳一定的洱海保护税，高达到 20 多万，但即使是这样，客栈每年都上交，因为他们觉得比起既得的收入，这点违规罚款费算不了什么。而最近两年，经济发展的不景气，客栈的经营也没有以前好，在利益至上的生意人看来在收入减少的情况下再去拿钱维护房屋和进行污染处理越发是成了不可能的事情。

另外，本地村民的传统生态文化价值观也在慢慢被忽略，主要表现为：

第一，村民忙于生计赚钱，没有时间兼顾一些传统习俗的传承，或是年轻人已经不会再做相关的仪式，甚至认为传统的习俗是封建迷信而加以反对和批判，如放生活动和祭海神活动只有在 2~3 个村落中有这样的沿袭，很多村落已经不做这样的活动，大家对海的敬畏之心没有先辈们那般虔诚，取而代之的是年轻人过各种“洋节”。

第二，农民思想价值观受到挑战。生态环境带来了旅游热，旅游的发展又解决了农民的生计问题。而要发展、跟上时代步伐的理念也在不断冲击着本地村民的价值观，唯利是图、不劳而获、斤斤计较、欺上瞒下、见钱眼开、缺乏信任、弄虚作假等不良的习气在不断出现，白族村民勤劳、朴实、淳朴、热情的传统本性在不断地和外界人接触的过程中变得苍白，传统的价值观受到从未有过的挑战，这样的态度对于自身生态环境的保护是极为不利的。

四　生态文化视角下的结论及建议

（一）生态文化有效推进环境保护的结论

当前经济的发展状态下，生态环境破坏以及环境污染已经带来了巨大的危害，对洱海周边农村社区生态环境的保护，以及提升当地生态文化的传承和保护是一项重要的内容。

1. 村落的变迁和洱海的保护息息相关

洱海生态经历了从开发→破坏→保护的过程，村落法制变迁也从第一产业过渡到第二和第三产业，村民的生产方式和生活方式也随之发生变化；洱海环境的变迁无不与这些生产生活方式的变迁息息相关。

2. 现代村落发展与洱海生态保护的博弈问题

现代生态保护主要是通过政府主导，以及民众的积极参与，通过立法和政策的约束来实现对洱海生态保护。但随着现代化及旅游热潮的加速，民族传统文化受到冷落甚至不能得到很好的传承，尤其白族居民传统的价值观和意识形态不断被工具理性的价值观吞噬，所表现出来的急功近利、唯利是图、缺乏诚信等都是和传统民风民俗相违背的，这对于民族文化的维系、洱海生态环境的保护是极为不利的，如何协调好这些相关问题是值得深思的。

3. 传统生态文化传承实现了对洱海生态的保护

传统村落通过民风民俗、村规民约实现了对传统生态环境的保护。生态文化的理念从古以来深入人心，村落通过传统村规民约节日仪式如放生节、开海节、本主节，以及祭祀海神活动等实现了对传统生态的保护。洱海村落生态保护的特色和路径，基本上突出了生态文化对于农民生态价值观及意识形态形塑的重要作用，可以从道德和意识角度配合政府主导的生态政策和法律进行推进。

（二）洱海周边生态保护的建议

要保护和发展好当地农村生态，也需要从农村生态文化的地方性知识中找到存在的意义和价值，应大力加强本地村民对环境保护的意识，试想，为什么这个古渔村能延续几千年而保持完好的民族文化和良好的生态环境呢？究其原因，在于传统地方性知识的引导下的乡规民约、民风民俗、意识形态造就的生态认同。因此，在此也需要进一步传承和深化，不能因为现代化的因素割裂了传统的保护，这也是进一步对环境法律权威的维护。

1. 生态文化在全民范围内的积极宣传

任何良好的生态维护主张都需要具体的人在日常生活的一举一动中去具体完成。为此，必须大力加强生态文化建设，要通过发展湿地文化、生态旅游文化、绿色消费文化等生态文化等，大力弘扬人与洱海生态自然和谐相处的核心价值观，在洱海周边农村牢固树立生态文明观，形成尊重、热爱、善待自然的良好氛围；增强村民生态忧患意识、参与意识和责任意识，使每个村民都自觉地投身于生态文化的建设中，形成全民参与生态文化建设的新局面。要通过编写乡土志、举办传节庆活动等形式教育、引导当地居民珍视本民族传统民俗文化，实现民族文化生态的平衡。

2. 对优秀生态传统文化的传承

这需要避免文化中心主义的影响，保持本民族文化的持续传承与发展。复兴传统文化，唤起人们族群文化记忆，提升文化自信，削减文化中心主义影响，以强化族群认同。当地政府与文化精英应该在强化本民族传统文化方面承担更多的责任，而不是一味地追逐经济利益最大化。加强宣传，使族群成员充分认识到本民族文化对该地繁衍生息历史价值与现实意义。[①] 并通过培育村民对传统文化的热情，唤起大家对文化保护的重视，从而自愿自觉参与自身的文化建设。

因此，鼓励当前的年轻人多参与本民族的生态民俗活动、参与文化的传承具有重要的意义。

3. 增强民族自尊心和自豪感

应充分发挥民族文化生态村的功能，利用发展民族文化生态村的正面效应唤起白族民众对本民族群体及其传统生态文化的重新认识，激发本民

① 陈修岭：《民族旅游中的文化中心主义与族群认同研究——基于大理双廊白族村的田野调查与研究》，《广西民族研究》2014 年第 5 期，总第 119 期。

族自豪感，从而自觉地发扬和繁荣本民族生态文化。因为，文化的至高境界是精神价值和生存方式和谐共有，原真性、完整性是民族文化保护的重要原则。民族传统文化的保护，不仅要保护民族文化本身，还要保护生成民族文化的周边环境，因为失去了所依傍的原始生态文化环境，民族文化就失去了赖以生存的根。

4. 号召多方参与生态环境保护

第一，加强农户环境意识的培养，提高农户的环境意识水平。结合本文的研究结论，要提高当地农户环境意识，一方面必须加强当地居民的文化教育，提高农户的个人素质；另一方面要加强环境治理的宣传，增强居民对环境问题的科学性认识。

第二，加强地区各个主体之间的相互协作，充分发挥各自作用，提高环境治理的效果。在洱海保护的过程中，不只是本地村落及相关政府部门，包括游客、外地定居者、商家、投资者都有义不容辞的责任来保护村落及洱海的生态发展，要积极动员各方面的力量参与到保护中，从个人意识中培育环保参与精神，从我做起、自觉保护，甚至牺牲小我的利益，顾全大局的环境，才能从意识形态中真正发挥个主体参与的力量。

总之，洱海的生态隐患中，沿海农村生产、生活行为方式造成的影响不容忽视。而这种影响是不能单纯从技术层面解决的，需要从生态文化的视角来审视人与自然、人与社会之间的关系，探讨人的生活方式、生存态度、意识观念等对环境的深刻影响。因此，有必要从生态文化视域来研究洱海周边农村环境的变迁与保护。这一方面可以从文化层面消除洱海生态隐患，保护洱海生态环境，实现可持续的发展；另一方面，也是响应党中央号召，深入实施云南省委省政府提出的“生态立省，环境优先”战略的一种实践，具有极其重要的意义。

东巴文化的当代生态变迁

杜　鲜（云南大学）

摘　要： 本文在非物质文化遗产视野下，以文化生态理论为依据，视东巴文化与其赖以生存发展并发生密切互动的社会文化语境为一个有机的文化生态系统，从文化土壤、传承主体和载体，以及参与主体这三大层面，分析传统东巴文化生态的总体特质，并在当代全球化语境下考察东巴文化各层面的变迁，探讨其总体生态变迁的实质、原因、内容、表征和特点，以及其在未来文化世纪兴起之际面临的机遇和挑战与未来发展走向，以期增进对东巴文化的文化自觉，营造鲜活健康、可持续发展的文化生态。此外，还希望折射出少数族群文化和边缘文化生态在当代的境遇，具有指标性和启示性意义。

关键词： 东巴文化；文化生态；文化变迁；纳西族；东巴教

举世瞩目的纳西族东巴文化①是在长期的社会历史文化进程中逐步发展形成的，传承至今已历千年，其底蕴深厚、内涵丰富，是超越纳西族本民族的宝贵文化遗产，对全人类有参照价值。自 20 世纪 50 年代以来，社会政治语境的突变使得纳西族东巴文化受到强烈冲击；20 世纪后半期全球化浪潮和后工业社会的实质性影响，尤其是市场经济和旅游商品经济的席卷，使得丽江这一纳西族主要聚居区的东巴文化②赖以根植的社会文化生态发生巨大变迁，引发了东巴文化发展和传承的相应变迁和变异。非物质

① 冯莉梳理了学界对“东巴文化”概念的界定和阐述，具体参见《民间文化遗产传承的原生性与新生性——以纳西汝卡人的信仰生活为例》，民族出版社，2014。在本文中，东巴文化指以东巴教信仰为核心形成的纳西族文化传统的总称。

② 本文着重探讨以丽江为核心的东部纳西族地区。

文化遗产因自然、历史、社会情境的不同而具有流变性；本文在非物质文化遗产的视野下，关注纳西东巴文化的世代传承性及其对所属社区与族群提供持续不断的认同感，从文化生态理论的角度，从总体上梳理和把握东巴文化的当代生态变迁，力求促成文化主体的自主自觉和文化反思，从而把握当代东巴文化生态变迁的方向。此外，还希望折射出少数族群文化和边缘文化在当代的境遇，具有指标性和启示性意义。

一　文化生态的概念和内涵

美国文化进化论学者斯图尔德（Julian H. Steward）1955 年出版的《文化变迁理论》中完整阐述了文化—生态适应理论，认为文化变迁就是文化适应，创立了文化生态学（Cultural Ecology），阐明不同地域环境下文化的特征及其类型的起源，即人类集团的文化方式如何适应环境的自然资源、如何适应其他集团的生存，也就是适应自然环境与人文环境，即人类的文化和行为与其所处的自然生态环境之间互相作用的关系。[①] 这从本质上说是把文化置于生态之中，侧重研究文化演变与生态的其他部分的关系并以此解释文化变迁的生态学研究。[②]

事实上，人类的文化和行为不仅与所处的自然生态环境之间有互相作用的关系，人类文化的各个部分同样构成了一个相互作用的整体，而正是这样互相作用的方式才使得人类的文化在力求平衡中向前发展，源远流长。本文中所提到的“文化生态”，如同自然界客观存在的事物构成人类社会文化赖以依存发展的自然生态系统一样，是在自然环境与人类文化之间的关系之上发展出来的，即把文化类比为生态一样的整体，虽然也顾及文化与自然环境的关系，但是侧重研究文化与社会的关系，实质是把文化类比为生态整体的文化研究。[③]

1998 年方李莉在北京大学社会学人类学所主办的人类学高级研讨班

① J. H. Steward, *Theory of Culture Change* . Urbana: University of Illinois Press, 1979, (7), pp. 39-40.

② 刘魁立：《文化生态保护区问题刍议》，《浙江师范大学学报》2007 年第 3 期。

③ 刘魁立：《文化生态保护区问题刍议》，《浙江师范大学学报》2007 年第 3 期。

上，提出了文化生态失衡的问题。她在后来发表的文章中对“文化生态”的意义给予了阐发：“……人类所创造的每一种文化都是一个动态的生命体，各种文化聚集在一起，形成各种不同的文化群落、文化圈，甚至类似生物链的文化链。它们互相关联成一张动态的生命之网，其作为人类文化整体的有机组成部分，都具有自身的价值，为维护整个人类文化的完整性而发挥着自己的作用。这种将人类不同的文化看成是一张互相作用的网络或者说是一个群落的观念，是对人类文化整体的一种领悟。而这种领悟的关键在于，我们将如何去理解人类各文化之间的一种相互作用的关系。”①

总之，文化生态系统是指由多元文化组成的人类文化的整体，具有空间结构即文化圈和时间结构即文化链，是一个活的有机体、自组织系统和动态的开放系统，把自己与周围环境紧密联系起来，不断与周围环境进行物质、能量和信息的交换，得到时间上的延续和空间上的拓展，在不断的遗传和变异中吐故纳新，新陈代谢。②

文化生态的视角和理论，目的和意义在于尽可能客观真实地还原人类文化在发生、发展、变迁过程中诸多社会历史文化因素共同作用形成的语境，从而逼近文化与其语境互动关系的本相。事实上，和标识自然界生命组织层次的生态系统一样，人类文化生态系统也有不同的层级，既可以指宏观上的人类文化整体的大系统，也可以指大系统下不同地域、民族、文化在不同社会历史情境下的层层相套的文化组织层次或曰子系统，各层级内部和各层级之间也是动态的有机组织形式。

二　东巴文化的生态系统

民族文化的传统生态指各地区各民族延续祖先传下来的自然而然的文化生活的总体样貌、组织结构模式和运行机制，是体现在日常生活中凝聚民族本元文化精髓的活态文化的总和。从文化生态的视角来看，东巴文化和人类其他文化一样，并非是一个故步自封、停滞的系统，而是一个在整个产生、发展、演变过程中无时无刻不在与外部环境发生关联，不断交换

① 方李莉：《文化生态失衡问题的提出》，《北京大学学报》2001 年第 3 期。

② 黎德扬、孙兆刚：《论文化生态系统的演化》，《武汉理工大学学报》2003 年第 2 期。

物质、能量、信息的系统，并且在动态的交换中不断地发生同化和异化效应，进行自身的新陈代谢，如此方能形成完整的系统和博大精深的内涵，以活态文化的形式传承至当代。[①]

斯图尔德以特定环境下特定行为模式关系作为文化生态学研究主要内容，尤其确定了区域“文化内核”是与生存和经济行为关系最密切的那部分文化，必须对其进行详细研究。[②] 纳西族全民信奉东巴教，“东巴文化”囊括了围绕东巴教信仰展开的全景式的社会生活；东巴教是纳西族传统文化的“文化内核”，凝聚了最具实际意义和象征意义的文化精髓。

东巴教这一“文化内核”也是一个综合的、相互作用的生态系统，囊括纳西族社会群体和群体中的个人围绕东巴教展开的群体社会生活和个体人生历程的方方面面。从历时性的线索看，涉及东巴教产生、发展、传承、传播；从共时性的视角看，全景展现了纳西民众民间生活的文化生态景观与周边民族、文化的互动关系。

东巴教这一“内核”还可以继续逐层剖开，其中最为核心的要素就是主持东巴教活动和传承东巴文化的祭司东巴。离开东巴文化，无从谈纳西族传统文化；离开东巴教，无从谈东巴文化；离开东巴，无从谈东巴教。

总体来说，东巴文化的生态系统由以下几个主要方面构成：一是历史进程中的民族民间社会生活，这是孕育和生长东巴文化的土壤，其中蕴藏着祖源、族源等历史根基和族群迁徙、战争、演变融合等重大记忆，即民族的“历史心性”。二是东巴这一保有和传承东巴文化的主体与承载东巴文化的载体，包括用象形文字书写的一千多卷东巴经典及东巴音乐、东巴舞蹈、东巴绘画、东巴文学、东巴仪式、东巴工艺等；主体和载体丝毫不能分割，二者互相依存并融为一体才能发挥传承的功用。经过师傅以口传心授为主的严格训练后，东巴依据图画象形文字（或后期出现的符号化的格巴文）书写的经书的提示，严格遵循宗教仪轨的规范，利用宗教绘画、雕塑、法器等道具主持开展各项仪式；这一层面是东巴文化的命脉所系。三是参与主体。传统东巴文化生态中的参与主体为全体作为信众的本民族民众。纳西民众是历史进程中东巴文化真正的创造者和持有者；东巴作为

① 参见黎德扬、孙兆刚《论文化生态系统的演化》，《武汉理工大学学报》2003 年第 2 期。

② 江金波：《论文化生态学的理论发展与新构架》，《人文地理》2005 年第 4 期。

民族精英、知识分子和宗教组织者，依据民众社会生活中现实的宗教需要，代言民众对宗教的追求和理解并创造了丰富的文化载体，通过自身与载体的共同作用，将之呈现出来；信众则在宗教活动中与东巴互动并反馈信息，两个方面共同作用完成宗教仪式过程。

三 东巴文化的传统生态

明确东巴教的性质是认识东巴文化传统生态特质的根本和前提。东巴教是在漫漫历史长河中融会多种宗教文化因素，逐步演进发展形成的系统的民族宗教形态，为纳西族全民信奉，其核心是纳西族本土宗教信仰（Indigenous Religion）。其中原始自然宗教中普遍存在的万物有灵观念较为突出，即认为自然界和人类社会中的万事，皆有不可战胜的神鬼主宰，为获得现实和心理上的安全，需要请东巴祈福驱灾。纳西族与藏族都有同源于古羌人的成分，东巴教包含并保存了两个民族共同的古老本教信仰，后期又继续受到藏族体系化了的本教的影响，还受到藏传佛教、汉传佛教、道教乃至婆罗门教等其他宗教文化因子的影响，具有多元文化的性质。和力民在考察了东巴教的教义、经典、传承方式等方面的特征后指出，东巴教不是严格意义上的原始宗教，也不是严格意义上的人为宗教，而是原始（蒙昧）宗教向人为（文明）宗教过渡的一种特殊的民族宗教形态。①

（一）文化土壤的传统生态

纳西民族在历史进程中的社会生活是这一宗教文化生长的土壤；同时，这一宗教文化承载了纳西民族的源流、民族的形成和发展历史，强化了民族认同，彰显了民族精神，并以生动的形式反映了民族民间社会生活方方面面的内容。东巴教和东巴文化为全体民族民众创造，与其社会生活的所有环节息息相关，具有强烈的民族个性色彩。民族性是东巴教和东巴文化最突出、最根本的特质。

从某种意义上来说，东巴文化就是一部以宗教的外形呈现出来的生动

① 和力民：《论东巴教的性质》，载郭大烈、杨世光主编《东巴文化论》，云南人民出版社，1991。

的纳西族社会文化发展史和百科全书，包含了纳西族先民对宇宙创始和万物起源、民族始祖、迁徙、部落战争、氏族分化、社会生产生活、对自然的认识和人与自然的关系等诸多方面的认识，形成了庞大而完备的认识系统和完备了与之关联的可操作性的繁复的仪轨。

东巴文化是深植于民族民众生活的本土母体文化，已深深融入纳西民族的血液中。自明代以来，丽江地区虽然受到越来越深刻的汉文化影响，但东巴教仍然是民间信仰的根本和核心内容。在多元文化语境的发展过程中，东巴文化还汲取了周边诸多宗教和文化的养分，把这些内容都融会贯通在纳西本土文化之中。同时，历史上外来的人为宗教如藏传佛教、汉传佛教和儒道文化也曾传播到丽江坝区，尤其在木氏等上层统治阶层内影响较大。尽管东巴教相较于原始宗教而言，已经形成了一整套系统而繁杂的观念和仪式体系，但未能成为地域统治者的官方宗教，东巴教和东巴文化主要反映的是本土普通民众的思想和观念，祭祀仪式也局限于家户、氏族、家族或村寨的范围之内，尚未发展成为超民族、超地域的普世性的宗教和文化。一些集体参与的大型祭祀如祭天、大祭龙王、祭村寨神等虽然有较为固定的祭祀场所，但没有形成专门的公共宗教场所，也没有专门的组织机构和专属财产。总之，东巴教是在纳西社会中自然而然形成发展，在民族民间自发组织开展活动的本土宗教形式，东巴文化因而主要属于民族民间文化的范畴。

此外，东巴教和东巴文化的民俗性非常强。东巴文化统摄了民族民间社会生活的方方面面；从人与自然环境的互动关系到社会生活的组织与开展，从个体生命的开始到终结的每一个环节的相关民俗中，都渗透了东巴文化的内涵，都有与之相对应的宗教典籍和祭祀、仪轨等来展开相应的、丰富多彩的民俗活动。因此，李锡认为，东巴文化本质上是一种民俗文化。[①]

（二）传承主体与文化载体的传统生态

东巴教体系庞杂、博大精深，其祭司东巴作为神鬼与人之间沟通的中介，需要具备高度的专业素养和技能，是东巴文化事实上的持有主体和传承主体；东巴既是宗教神职人员，又是社会文化人。在历史上，东巴曾经

① 参见宗晓莲《根深才能叶茂——李锡先生论东巴文化》，《文汇报》2001年8月15日。

有很高的社会地位，但随着藏传佛教等外来人为宗教和汉文化艺术在纳西民族上层中的影响越来越大，尤其藏传佛教还被木氏用作扩张势力范围和强化对藏区统治的重要工具和手段，东巴教的影响主要在于民间，东巴的地位也大不如前。总体而言，东巴尚未实现职业化，他们不脱离生产劳动，平时没有信众供养，仅在劳作之余学习东巴专业技能，应信众之需从事宗教活动，并获得相应的报酬（往往为一些祭祀供奉的牛羊肉等实物）。东巴普遍供奉传说中的教主丁巴什罗，各地东巴相互间也有一些往来，但未形成宗教组织；东巴的专业水平有高下之分，但没有等级的差别和现实的宗教领袖。东巴主要以师徒传承，尤其是父子传承的方式传承东巴文化。总之，东巴是纳西民族古代的民间历史和文化艺术的集大成者，在传统的东巴文化生态中，东巴们植根于纳西民族社会生活，融于纳西民众之中，终其一生，为纳西民众的生老病死、婚丧嫁娶等每一个人生环节提供宗教服务。

东巴们依靠古老的图画象形文字即东巴文（后期也产生高度符号化的格巴文）书写的东巴经书和绘画雕塑等诸多宗教道具和名目繁多、规程严格的祭祀仪轨、庄严凝重的宗教音乐舞蹈等载体开展宗教活动，其中蕴含着神话、史诗、传说等，记载了民族的源流、历史，承载着哲学、天文、历法、占卜等内容，可谓纳西古老文化的百科全书。

就东巴文化的有效传承而言，传承主体与文化载体的整体性至关重要，即东巴掌握和传承宗教文化离不开这些文化载体，同样，如果这些文化载体离开能正确释读其内容的专业祭司，也丝毫不能发挥作用。这是东巴文化最为特殊的方面，是由东巴经典中较为特殊的文字记录语言的方式所决定的。据和力民介绍，东巴教有一千种左右的经典，为口耳相传的记忆与提醒式略写的语段文字经典相结合的记录方式，尚未完全脱离原始的口耳传颂的原始口诵经的模式，即文字记录仅起到辅助作用，加上地域方言的区别，在经文的记忆和理解上难度较大，有时候不同祭司还会有不同的理解。因此，东巴经典也带有较强的地域性，即使是本民族的人学习起来难度也非常大，就是本民族的祭司，除非有相当高的专业水平，否则，要释读其他地区的经典也很困难。[①]

① 和力民：《论东巴教的性质》，载郭大烈、杨世光主编《东巴文化论》，云南人民出版社，1991。

名目繁多、细致繁杂的仪轨也是东巴与文化载体不可须臾分离的一个重要方面，除了诵读经典，按照经典的内容展开仪轨过程之外，东巴需要长期跟随师傅，通过实际参与观察并实践操作才能正确掌握仪轨的每一个环节，确保仪轨的有效性和宗教的神圣性。

赵晓鹰从传播学的角度认为古老东巴文化机构中的各个部分，都主要是以人际传播的形式不断传承发展的：

> 即使有某些传播媒介的介入（如东巴经书，东巴文书信）到了深层传播的时候，仍然需要传受双方在同一现场把握信息的流向、流量和清晰度、准确度。……19 世纪以前，在整个东巴文化的浩瀚汪洋之中，无论是用象形文字书写的 1400 多卷东巴经典，还是东巴音乐、东巴舞蹈、东巴绘画、东巴文学、东巴仪式、东巴工艺，传播的范围几乎都是局限在东巴文化的职业性传承人——东巴与东巴所在地的民众之间。……无论是东巴与东巴之间的人际传播，还是东巴所在地的民众参与的组织传播，传播的范围都是非常有限的。……一旦离开了东巴的组织传播，那种文化的影响便极有可能在短时间内土崩瓦解。①

（三）参与主体的传统生态

在传统的东巴文化生态系统中，参与主体为纳西族内部的民众，同时也是虔诚信众；传统上东巴文化的影响范围仅限于纳西民族民众内部。

民众传统社会生活的内容和相应的需求构成了东巴文化的内容，并赋予其民族精神文化的内涵。这种传统的生活是前工业社会的产物，围绕狩猎、牧业和农耕等生产活动展开，人类和自然关系密切，互为依存，天地之间遍布神鬼精灵，因此万物有灵的观念尚占有重要比重。在传统的文化生态中，民众的社会生活和东巴的宗教活动范围主要围绕血缘、地缘、亲缘等因素展开，东巴文化作为纳西民族百科全书式的“内核文化”，无所不包地反映和满足了民族民间信众在社会生活中方方面面的需求，即宗教和哲学、文化、

① 赵晓鹰：《关于纳西文化传播问题的思考》，载和自兴、郭大烈、白庚胜、李锡主编《丽江第二届国际东巴艺术节学术研讨会论文集》，云南民族出版社，2005，第 251~257 页。

文学、艺术甚至医药、技艺等相互包含，浑然一体。

总之，在东巴文化的传统生态里，通过祭天等重大民族祭典和贯穿生死的一系列复杂的人生礼仪以及民俗生活的方方面面，东巴教这一“内核”维系并强化了民族认同，留存了民族迁徙、征战和演变、融合、发展等重大历史记忆，沟通了始祖和后裔，满足了纳西人生命礼仪每一个环节的需要，保持了纳西人与自然、社会和自身的和谐。

四　当代东巴文化生态变迁的概要

鉴于前述东巴教的属性和特点，古老的东巴文化长期在本民族内部的民间社会生活中自然生长着，在19世纪以前并未真正进入主流文化视野，至清代余庆远才在《维西见闻录》中记录了东巴象形文字。从纵向的文化生态系统演进的眼光来看，东巴文化的生态始终在变迁演替，明清以来汉文化的逐步渗透、纳西民族文化与汉、藏文化的交融，甚至在丽江坝区汉文化在一定程度上对纳西传统的“涵化”，是历史上重要的变迁。清雍正元年（1723）丽江“改土归流”后，在丽江坝区，汉文化渐成主流，东巴教的影响逐步淡出，仅局限于周边农村和边远山区。当代后工业社会和全球化浪潮下整个人类生存状态的改变，从根本上冲击了纳西传统社会生活的内容、结构和模式，传统生态难以维系，发生了根本性的变迁，这也是众多古老文化和传统在当代境遇的缩影。

新中国成立后，在“破四旧”和“文革”期间，扭曲的意识形态对东巴文化造成前所未有的灭顶之灾，东巴经书被大量焚毁，东巴被批为“牛鬼蛇神”受到严重迫害。[①] 20世纪80年代后，包括东巴教在内的宗教活动

---

① 纳西族学者木丽春先生在专著《东巴文化揭秘》中心情沉重地回忆了这段往事，并冒死抢救保存了一批宝贵的东巴经书。参见木丽春《东巴文化揭秘》，云南人民出版社，1995。三坝乡以故大东巴习阿牛擅长东巴法舞，有“东巴法王”之称，据其孙子习建勋介绍，在受到强烈冲击的年代，习阿牛和妻子曾欲跳河自尽，后在大儿子即习建勋父亲的拼死阻拦下才保住性命。这位儿子为拦下当时不堪迫害，只求一死的父母，至今身上仍有在拉扯阻拦时留下的伤痕，心理上的创伤则难以抹去，习阿牛的大儿子之后不仅自己担惊受怕不敢当东巴，甚至到了90年代中期后还不敢让儿子习建勋向年迈的父亲学习东巴技艺，还是孩子的母亲不时提壶酒孝敬老人家，请老人悄悄传授知识和技艺。据笔者2015年9月与习建勋的访谈对话。习建勋，男，28岁，现为云南大学艺术人类学专业博士生。

得到恢复，劫后余生的东巴文化在新时期面临再生与重构，并在全球化浪潮尤其是旅游商品经济和大众文化的冲击下受到前所未有的关注，发生剧烈变迁。90年代后丽江逐渐成为旅游热点地区；2003年东巴文化研究院整理出来的897种纳西东巴古籍文献被列为联合国教科文组织《世界记忆遗产名录》，“东巴文化作为一种‘文化资本’开始具有政治和经济属性”。[①] 自此，从根本上，东巴文化的整个文化生态发生了实质性、颠覆性的变迁。

（一）文化土壤的变迁

当代工业化和全球化导致的纳西社会文化环境的剧烈变迁使得东巴对东巴信仰急剧萎缩，洛克当年在横断山区为古老的东巴文化所倾倒的同时，悲哀而敏锐地感知到了。长期以来，传统主流社会对本质上最为地方或民族民间民众的非物质文化遗产的社会认知、评判较为低下和消极，存在误解与鄙视。然而，当代旅游商品经济的浪潮将东巴文化迅疾席卷，成为丽江纳西族本土文化的代名词和一块最为闪亮的招牌。颇富讽刺意味的是，丽江坝区东巴文化在清代渐趋衰落，在当代几近式微，因此，需要从偏远山区把尚存的东巴们请进城。前述东巴教与民族民间生活关联密切，东巴是传承、组织宗教活动和维系相关民俗传统的灵魂者角色；东巴一旦离开了山乡，就意味着当地的东巴文化没有了灵魂；脱离了纳西民众民间社会生活的东巴教也如无根的浮萍。当然，当代社会的变迁导致乡土社会生活难以维系，东巴信仰衰败的态势难以扭转也是严峻的现实。[②] 总之，东巴文化植根的社会文化土壤受到强烈冲刷，发生了实质性的变异，东巴文化这株植根于纳西民众社会生活，在山乡村寨自然生长出来的神圣民族宗教之花，被连根拔起，移植到了广阔而“前景无量”的全球化旅游商品市场中，除了作为展演纳西文化的道具之外，还在一定程度上成为向游客兜售的文化商品。这无疑构成了一个悖论：原本就已式微的东巴信仰失去

① 冯莉：《民间文化遗产传承的原生性与新生性——以纳西汝卡人的信仰生活为例》，民族出版社，2014，第55页。

② 笔者分别在2010年8月和2012年4月两次对在玉水寨任职的当代著名东巴杨玉勋进行了访谈，了解到其家乡塔城乡依陇村尚有东巴信仰和对相关仪式的需求，但东巴们平日里都在城里服务于旅游业，只有偶尔返乡时才能“顺带”为村民服务。

了赖以维系的东巴这一灵魂人物；本无宗教根基的旅游地则吸走了山乡尚存的最后的东巴。

宗晓莲认为，在当代，国家政府、纳西民众、旅游市场、知识分子等因素是东巴文化再生产领域的主要作用力，东巴文化的未来将取决于几种力量间的协调一致。[①] 事实上，协调一致仅是主观愿望，现实中几种力量之间的关系和合力是极其复杂微妙且不可预知的。李锡则提出，“学术国际化”“产业市场化”“传承民间化”是东巴文化可持续发展的方略[②]，诚然，“传承民间化”确是真正延续东巴文化血脉的根本，政府、学术界、文化组织等也在全面展开弘扬东巴文化，促进传承的工作，如举办、鼓励东巴学校大力培养年轻新东巴，向当地民众和外来参与者大力推广纳西语、纳西传统文化和东巴教知识，等等。但是，这和东巴文化的“内核”即东巴教作为自然而然传承下来的民族“历史心性”和民族宗教信仰形态实际上是有较大差距的。作为旅游商品和文化产业的东巴教以及东巴文化，从形式到实质，已经发生了异化。[③] 要真正实现“传承民间化”，还需

① 宗晓莲：《旅游开发与文化变迁》，博士学位论文，中央民族大学，2002。

② 李锡：《“学术国际化”“产业市场化”“传承民间化”是东巴文化可持续发展的方略》，载和自兴、郭大烈、白庚胜、李锡主编《丽江第二届国际东巴艺术节学术研讨会论文集》，云南民族出版社，2005，第 251～257 页。

③ 2006 年就被选为国家 AAAA 级别风景区的丽江玉水寨就是一个最生动的案例。玉水寨原本是玉龙雪山下当地自然村落祭祀东巴教的自然神“署神”的场所，后被纳西族民间资本打造为丽江东巴文化的传承圣地，白沙细乐传承基地，以及勒巴舞的传承基地。景区除有纳西族古建筑和传统生活展示之外，还模拟了传统祭天、祭风等的祭祀场，建造了东巴文物展览厅和东巴壁画廊等。景区的主体由宏伟的殿堂庙宇如东巴始祖庙、财神庙等建筑群构成，是九河的白族工匠融合民族元素设计建造的汉式建筑。每个庙宇都陈设供奉着各类神祇的塑像，其外部和内部的形制布局和陈设等一如佛教寺院的模式，只是展示的为东巴教中的形象和内容。在原本祭祀署神的水源边，竖立着高大精美的署神造像和相关动物神祇的造像，为白族民间工艺大师寸发标依据东巴经典中的形象设计，但加入了白族传统造像样式的要素，如署神冠帽两侧呈 U 字形向上卷曲的冠带造型，其摹本为石钟山石窟中众多南诏王者造像的头冠样式。景区内从民间招募聘请了东巴，各自负责一个殿堂的宗教活动。这些东巴大多来自鲁甸、塔城、巨甸等距丽江坝子较远，尚保留有东巴文化的村寨。东巴们除了向游客宣讲和展示纳西东巴文化之外，景区还定期不定期地开展较为大型的宗教活动展演和文化传承活动，这成为玉水寨最大的“看点”。玉水寨同时也开展东巴传承人培养工作，以云南省社会科学院东巴文化研究所编辑出版的 100 卷东巴古籍文献为基本教材，聘请资深老东巴为教师，招收一批热爱东巴文化的年轻人，按员工待遇发给工资，以学员 2 年、传承员 4 年、东巴师 4 年共 10 年的学制，培养新一代东巴。

留存原生的社会文化土壤，只有在民族民众民间生活中传承，东巴文化才有灵魂。[①]

总之，当代全球化和后工业社会冲击下的东巴文化生态的土壤与此前东巴文化土生土长的土壤具有本质上的差异。前述东巴文化具有强烈的民族性，很多内容如民族源流、始祖、迁徙、征战和人生各阶段礼仪等诸多内容，对于纳西社会中的信众来说具有极为神圣的意义，渗透了群体和个人的人生的旅程，但在旅游展演活动中，充其量只起到介绍展示纳西文化的作用，因为游客并不是纳西社会中的成员，这些民族性强烈的内容并不与之发生实质性的关系，更谈不上神圣性了。

（二）传承主体与文化载体的变迁

半个多世纪以来已经过世了的和当代尚存的一代东巴们的人生际遇着实令人感慨：自幼孜孜不倦研习东巴技艺，默默无闻为民众服务，一度遭受残酷意识形态迫害，不少人因此丧命；到了耄耋之年，作为东巴文化不能再剥离的内核，因旅游商品经济的浪潮席卷而来，突然又变得炙手可热，本来仅在偏远山村民间留存下来的不多的东巴们纷纷被召唤进城，成为东巴文化的金字招牌，但其身份的内涵同样已经发生了本质上的变异。

原来的东巴作为民间祭司，其从事的东巴活动是与民俗传统延续、深化族群认同、协调社区秩序等多元功能水乳交融的，东巴本身构成了传统文化的中坚；而旅游情境中的东巴活动沦为商品经济的附庸，更多的进城东巴扮演的是“打工者”的角色，受到企业、市场行为的规约。而一些商家、企业为了满足游客“异文化”消费需求，对东巴文化进行大批量的“复制”“拼图”式生产，甚至不顾实际进行篡改、变相利用，严重扭曲了东巴文化的本真性，导致了同质化、碎片化、庸俗化恶果。[②]

---

① 例如在学者、东巴和村民的共同努力下，东巴教盛大的综合复合型求寿仪式在中断了60年后于2016年4月在玉龙纳西族自治县塔城乡依陇行政村署明片第五组再度举行，持续6天，是在原生地复兴传承东巴文化的努力。按照以往的传统，该仪式由大中小仪式穿插交错、有机组成，需要二三十名东巴主持和众多助手、帮手协助才能共同完成，耗时半个月并因供奉大量牺牲而花费巨大。

② 杨杰宏：《“东巴进城”：旅游情境中传承人境遇调查及思考》，《民族艺术研究》2013年第5期。

因此：

……当下的东巴脱离了该称谓的原生含义，正在成为新生的阶层；有关仪式的组织方式、参与主体正在变得多元，呈现出“原生性”与“新生性”混融的状态。[①]

东巴学校、东巴文化传习馆等新生组织联盟的涌现，“也表现为文化主体对民间文化遗产原生性和新生性不断塑造和重构的实践行为”。[②]“‘东巴’一词从宗教称谓转化为文化形态研究对象，其作用已经‘去神圣化’。”[③]

另外，传承主体和文化载体之间也出现了不同程度上的脱节甚至断裂。一方面，由于此前特殊历史时期造成的传承断代和有深厚素养的老一辈东巴绝大部分相继辞世，某些难度较大的经书的正确释读、宗教法舞的跳法和一些复杂仪式的环节流程等方面失去权威可靠的话语。另一方面，虽然社会各界都致力于保护传承工作，但社会文化环境的变化使得传统的师徒传承、口传心授的传统方式难以为继。旅游热潮催生的一些新兴东巴专业素养极不可靠，不能按照东巴教的规范与文化载体合而为一开展宗教活动并传承文化，导致东巴教面临“变形”的风险。传承主体和文化载体的商品化倾向则是更为严峻的现实。

（三）参与主体的变迁

旅游商品经济浪潮下东巴文化的参与主体已经突破了以往纳西民族民众的局限；在旅游景点展演和为游客提供与宗教文化相关的服务的“东巴文化”，已经在很大程度上脱离了民族民间信众和信众的社会生活。从表面上看，东巴文化的影响面和参与主体已扩展到全球范围内的游客，但信众所占的比例和参与过程中信仰的真实成分微乎其微，即当代东巴文化的参与主体和传统生态下的参与主体实际上完全不可同日而语。从纳西信众方面来看，一方面社会文化的变迁已经使得东巴教信众呈现萎缩势头，特

① 冯莉：《民间文化遗产传承的原生性与新生性——以纳西汝卡人的信仰生活为例》，民族出版社，2014，第190页。

② 冯莉：《民间文化遗产传承的原生性与新生性——以纳西汝卡人的信仰生活为例》，民族出版社，2014，第191页。

③ 光映炯：《旅游场域与东巴艺术变迁》，中国社会科学出版社，2012。

殊时期意识形态的冲击则造成了毁灭性的断层，而随着东巴被剥离纳西村寨，仅存的信众也失去了宗教祭司，结果必然会加剧信众的进一步萎缩，东巴教在原生土壤的影响力和生命力也必将受到巨大威胁。

五　东巴文化当代生态变迁的讨论

从以上传统生态和当代生态的相互映照，能看出当代全球化浪潮尤其是旅游商品经济引发的变迁已深入东巴文化的骨髓并引发了一系列从现象到本质的变迁。

首先，东巴文化被实行了衍生再造。为适应旅游经济的需要，东巴文化和东巴被人为剥离原生语境，转而挪移至传承基地等旅游服务单位。原本在农舍村头举行的乡土气息浓厚的仪式，进入新创建的高大巍峨的殿堂庙宇；原本的神鬼形象，要么用墨色勾画于经书画本上，要么以粮食、泥捏塑或以木刻成，如今被塑成金碧辉煌的造像；这些衍生再造不仅导致东巴文化稚拙古朴的韵味丧失殆尽，其内蕴的神圣性也极大丧失。

其次，东巴文化基本上为展演形态，成为展示纳西民族文化的道具和吸引游客的工具，在这种语境下，即使是货真价实的东巴主持的原汁原味的宗教祭祀仪式也丧失了原有的意味，一些文化要素被标本化。东巴文化在民间传统生态中本来是以活性态的形式存在，如东巴经书不仅是象形文字书写的文物，最主要的属性是东巴赖以展开宗教活动的宗教道具，具有宗教的法力。一旦脱离原生环境，进入博物馆，它就丧失了生命力，成为标本。

从根本上对当代东巴文化生态造成负面冲击的是东巴文化的商品化。为服务于旅游经济，东巴文化中的一些因素被截取出来，与原有的有机成分失去了联系，成为碎片化的文化存在。以赢利为目的的东巴经济与传统的以信仰为根基的宗教活动从本质上是不同的，即使是作为文化软实力的体现，也背离了东巴文化作为民族信众神圣的宗教信仰的本真内涵。在商品经济中，由于语境的变迁，尤其是参与主体身份的世俗化，必然导致东巴文化的世俗化。纳西族之外的东巴文化参与者与东巴文化中的民族性因素、神圣性内涵无法产生关联，必然导致这些成分在展演中逐渐淡出，代之而起的是能与世俗参与者发生关联的内容，如玉水寨东巴经常为游客举行小型的祈福、消灾、占卜等仪式，并且在形式和内容尤其是内涵上与为信众主持的相应仪式已发生了变化，在一定程度上还迎合世俗的趣味。如玉水寨的财神殿就是为迎合游客希望拜神开财门的心理而专门辟出的一座殿堂。传统文化与经济相结合是当代许多民族物质和非物质文化遗产面临的命运，文化生态发生演进和根本变迁是不能回避的问题，对此，断然否定传统文化与经济相结合后带来的积极社会效益，无视其间存在的合理因素与发展空间是不可取的。但也不能由此片面地认为走市场化道路是挽救传统文化命运的唯一法宝，文化与经济结合的前提应当是尊重文化，并且结合应该适度。

大众文化传播中的东巴文化比重急剧上升，但无益于东巴文化精髓的传承，因为，以东巴教的属性，“……当古老的人际传播、组织传播完全处于弱势的时候，大众传播是很难富有成效的”①。

以上几方面的变迁，其实质和最终的结果都导致东巴文化发生最根本的当代转型和新生，那就是东巴文化原本作为地方性民族宗教信仰所具有的神圣性将淡化，转而融会更多普世性、世俗性的因素。东巴文化的特殊性在于这是一种民族性异常强烈，强化民族认同和协调民族社会生活的功能及其凸显的神圣的民族宗教文化，是其文化的“内核”和命脉所系。这一命脉系于纳西民众内部的精神需求，来自族群内部的必要性是维系其生命的根本动力。在当代变迁中，这些特殊性正体现了东巴文化真正的内涵、价值和灵魂，面临极其严峻的洗刷和考验，如果东巴教自身变得面目全非或仅剩躯壳，则东巴文化也将气数丧尽。

从文化生态演进的纵向坐标来看，非物质文化遗产的变化是其本身固有的特性，尤其随着未来文化世纪的来临，随着人类共享文化和文化创造的必要性不断增强，非物质文化遗产作为精神文化遗产能消解物质万能的时代弊病，作为创造文化的源泉，其价值将但日益凸显。因此，当代东巴文化生态变迁的挑战中也存在机遇。

东巴文化中关乎本民族祖源、历史、人生礼仪方面的因素对异文化的

① 赵晓鹰：《关于纳西文化传播问题的思考》，载和自兴、郭大烈、白庚胜、李锡主编《丽江第二届国际东巴艺术节学术研讨会论文集》，云南民族出版社，2005，第 251~257 页。

参与者来说，只能起到增进对人类多元文化的认识，并不能上升内化为其宗教信仰，但东巴文化中蕴含的具有普世价值和启示意义的因素，如纳西民众对于宇宙的理解，尤其是人与自然、社会、自身和谐相处的朴素哲理，如能得到广泛的关注和弘扬，将有益于扩大东巴文化的影响，促进全人类构建和谐，因为“它所反映的正是纳西人生存大空间的生态平衡，正是纳西人与大自然相互和谐的历史经验和人生体验的鲜活归纳”[①]。另外，作为一个人口较少的古老族群，纳西人在多元文化的夹缝中不但求得了历史发展，还融会贯通多元文化，创造了世界文化史上的奇迹，其中蕴含的深刻意义对其他民族的文化乃至民族多元文化的和谐发展也有所启示。最重要的挑战和机遇在于，作为“由原始（蒙昧）宗教向人为（文明）宗教过渡的一种特殊的民族宗教形态”，承载了西南僻壤较小民族的祖源、迁徙、战争等历史记忆和“民族心性”的东巴教这一民族宗教形态，能否在当代境遇下浴火重生，既能继续维系民族血脉，又能突破“民族”这一狭小的范围和地域的局限，充分利用全球的参与获得自身的发展，逐步朝向具有普世价值的人为宗教的方向生长，而不是使自身消融在浪潮中。当然，即使有这种可能，从文化生态演进的纵向坐标来看，这也是一个相当漫长而艰难的历程，其中必然充斥着不以人的意志为转移、不可预知的诸多因素和错综复杂的关系，只有漫漫的历史长河才能见证。

结　语

全球化和后工业社会带来人类文化生态的一次重要演进；方李莉通过对景德镇陶瓷、陕西榆林堡秧歌、陕西延川小程村剪纸等民间工艺、乐舞、美术类非物质文化遗产的多年调查，认为“许多的非物质文化遗产，不仅没有消失，还得到了重新的恢复和发展”[②]。诚然，对于工艺、技艺类的非物质文化遗产来说，当代的冲击可能促成更大的发展，但是，对于以

① 郭大烈、刘剑春、和东升：《从文化自觉到文化转型——丽江第二届国际东巴文化艺术节学术会议纪要》，载和自兴、郭大烈、白庚胜、李锡主编《丽江第二届国际东巴艺术节学术研讨会论文集》，云南民族出版社，2005，第 3 页。

② 方李莉：《论“文化生态演替”与非物质文化遗产传承的关系》，《美术观察》2016 年第 7 期。

非普世性、介于原始宗教与人为宗教之间的东巴教这一特定地域下的民族宗教形态为内核的东巴文化来说，其当代文化生态变迁中的因素是极其错综复杂的，尤其东巴教赖以产生、发展、变迁的民族民众社会生活这一文化土壤的解体，是对母体文化根本性的颠覆。从文化产业、文化符号商品的层面来看，东巴文化一派繁荣；繁荣的表象之下，东巴教这一传承千年的纳西民族文化之根，实际却是大厦将倾、危机四伏，也因此社会各界在做出各种努力。从时空的广阔纵深视角来看，任何文化都不可能在僵化中延续，都应当被视为一种动态的存在和发展，文化也是一个历史化的过程。在当代的全球化语境下，从民族内部步入全球文化的广阔视野中，各种力量将如何相互作用，东巴文化将如何做出调适而浴火重生，是一个充满挑战的问题，关键在于文化主体是否能形成对总体生态系统演进的自主自觉和文化反思，从而把握当代文化生态变迁的方向，营造健康和可持续的发展。

生态文明语境下的生态扶贫研究*

吴合显（吉首大学）

摘　要： 基于对生态文明实质的把握，生态扶贫的内涵显然包括三大要素：其一是生态，其二是文化，其三是两者组合后所形成的生计方式。事实证明，这三个要素是一个相互关联的整体，展开生态扶贫不仅要对这三者达到精准掌握，还要精准理解它们的关联性。以这样的认识为依据，具体选择和实施相应的扶贫手段与方法，才能确保扶贫行动不仅可以收到理想的经济效益，而且实现生态维护与绿色发展的和谐推进。

关键词： 生态文明；生态扶贫；生态维护；绿色发展

前　言

随着社会经济的飞速发展，跨国跨地区的相互影响日趋频繁，影响强度也与日俱增，此前隐而不显的人类社会需要面对的问题日益暴露出来，特别是工业文明飞速发展所伴生的负效应，开始引起世界范围内的普遍关注。生态危机、环境污染、资源匮乏、社会冲突加剧，以及由此而引发的贫困问题远非此前的各种扶贫理论所能化解。为此，如何应对由此而引发的贫困问题，自然成为众多学科致力于探讨的重大课题。出于总括当代扶贫理论和实践特点的需要，有必要将这样新型的扶贫观点总称为生态文明语境下的生态扶贫，并以此区别历史上的各种扶贫理论和行动，彰显当代扶贫理论的特点，并以此表达人类社会对生态问题的深切关注。

* 基金项目：国家社科基金一般项目“少数民族地区绿色发展与生态维护和谐推进研究”（16BMZ121）。

然而，目前学术界关于“生态扶贫”的研究和学理性剖析还很不足，相关研究还处于初步阶段。为此，本文立足于生态文明的视角，对生态扶贫的理念做进一步的探讨，以助推区域可持续发展目标的实现。

一　有关生态文明实质的探讨

叶谦吉教授在1987年就提出了“生态文明”的概念，他认为生态文明就是人类既获利于自然，又还利于自然，在改造自然的过程中，同时又保护自然，人与自然之间保持着和谐统一关系。[①] 余谋昌教授在《文化新世纪：生态文化的理论阐释》一书中提出，人类从制造第一把石斧开始，就梦想做大自然的主人，人类为了在大自然取得自己的生存，必须改变自然。就是“反自然”。但是，不能这样反下去，如果这样反下去，自然就会跟人类一块儿毁灭。[②] 其后，研究者分别就生态文明实质和科学定位及社会定位展开了多视角、多学科的研究。

既然生态文明是有别于工业文明的新文明类型，那么，生态文明的实质显然与工业文明以追求利润为目标的社会运行方式截然不同。生态文明必须是以人为本，以生态的属性为转移的社会运行方式，这一实质性的转换必然带有全局性、系统性和彻底性。不过，能够意识到这一点的研究者为数不多。而立足于工业文明的思维定式，去解读生态文明的研究者反倒不少。

有学者将生态文明定义为，生态文明是协调好和优化人与自然的关系，建设有序的生态运行机制和良好的生态环境所取得的物质、精神、制度成果的总和。[③] 这样的观点正面提及生态文明是人类历史上一种全新的文明形态，实属难得的创建，但对生态文明的定义却缺乏历史的纵深感，表述上也未能切中以人为本这一关键主题，未正面提及以人为本就很难与工业文明以利润为转移从实质上严格地区分开来。另有学者指出，人类要

① 见叶峻《从自然生态学到社会生态学》，《西安交通大学学报》（社会科学版）2006年第3期，第49~54、62页。

② 余谋昌：《文化新世纪：生态文化的理论阐释》，东北林业大学出版社，1996。

③ 于晓霞、孙伟平：《生态文明：一种新的文明形态》，《湖南科技大学学报》（社会科学版）2008年第2期，第40~44页。

实现从工业文明范式向生态文明范式的转换，需要进行一场思想理论的“哥白尼革命”。[①] 不错，要建成生态文明思想观念上的整体性革命必不可少，否则就不能称其为人类历史上的新类型文明了。如果立足于人类的文化史，将生态文明确认为继狩猎采集、游耕、畜牧、农业、工业文明之后的第六大文明，则更能体现生态文明的当代价值。

有鉴于此，要实现生态文明的使命，需要立足于人类学，特别是要从生态人类学出发，形成一个基本的认识。即生态文明是人类历史发展进程中的一种全新的文明类型。它必然是针对工业文明的不足和缺陷，通过文化突变而创新的人类新时代和造就的一代新人，而绝不是工业文明的延伸，更不是“工业文明”的附庸。生态文明不是对“工业文明”的漏洞实施修补，而是从根本上解决人与自然和谐共荣关系的重建问题。需要强调的是，以往将生态文明建设使命理解为具体的生态维护措施，将生态文明建设等同于节能环保、污染治理、生物多样性保护等具体化的社会行动，没有注意到生态文明建设必然意味着从观念到社会组织，从资源利用到人与自然关系的和谐是一个整体，需要做全局性的考量，需要相互协调的从头开始。而不能在“工业文明”既成事实面前，对工业文明的负效应，甚至是对生态灾变去加以具体的补救。这样的看法，事实上是降低甚至曲解生态文明建设的基本属性与使命。

综上所述，立足于民族学和人类学已有的研究成果，生态文明的实质是要在人类历史上已有的五大文明，即狩猎采集文明、游耕文明、游牧文明、农耕文明、工业文明的历史积淀基础上，通过对工业文明负效应的反思，对人类已有的文明做到取其精华、去其糟粕，去创建全新的第六种文明，也就是生态文明。生态文明建设则是达到这一目标的具体过程。

基于此，生态文明的地位理当高于此前已经存在过的五种文明，标志着现有各种生态弊端的根本性化解和政府职能的彻底改变。但是，生态文明并不会孤立地存在，它将和此前已有的各种文明达成和谐的并存，并达成有效的互补关系。同时，对各种负效应做最大限度的削减。因为生态文明需要其他文明形态的支持，也需要其他文明做自己的镜子，才能谋求全

① 张敏：《论生态文明及其当代价值》，博士学位论文，中共中央党校，2008。

人类的福祉。在扶贫工作中，需要认识和理解这一实质，才能推动少数民族地区的生态扶贫战略和可持续发展。

二　有关生态扶贫的研究

党的十八大以来，习近平在多个场合提过“绿色发展”理念，突出绿色惠民、绿色富国、绿色承诺的发展思路，推动形成绿色发展方式和生活方式。2015 年 11 月《中共中央 国务院关于打赢脱贫攻坚战的决定》提出，坚持保护生态，实现绿色发展。牢固树立绿水青山就是金山银山的理念，把生态保护放在优先位置，扶贫开发不能以牺牲生态为代价，探索生态脱贫新路子，让贫困人口从生态建设与修复中得到更多实惠。[①] 正因为此前在探寻贫困的原因以及采取的扶贫政策时，人们总是习惯于用纯粹的经济和政治手段去展开讨论并付诸实施，生态问题一直被搁置在社会常态的运行之外，以至于人们在结算投入和产出时，事实上仅结算所产出的物质产品的投资和收益问题，从来没有注意到作为社会存在根基的生态问题，更没有注意到人类对自己所处的自然和生态背景在世界生产中从来就没有置身事外，而是在创造物质产品的同时也对相应的物质产品进行加工、改造和维护。[②] 以至于人类社会在延续千百年后所处的生态系统还能为人民所占有和利用，还能支持人类社会的发展。因而此前的各种生产结算方式，包括工业文明在内，将生态维护排除在市场环节之外，仅是将自然生态系统作为人类空间，显然是不全面的认识。近年来，针对当下我国扶贫开发工作面临的新问题，一些学者从不同的视角提出了生态扶贫概念。[③]

一些学者试从可持续发展的理念出发，将生态扶贫简单地理解为以生态功能的提升来逐步实现脱贫的效果。其中具有代表性的著述是章力建等

① 《中共中央 国务院关于打赢脱贫攻坚战的决定》，新华网，2015 年 12 月 3 日. http：//www.cpad.gov.cn/art/2015/12/7/art_ 624_ 42387.html。

② 罗康隆：《文化理性与生存样态的文化选择》，《吉首大学学报》（社会科学版）2006 年第 2 期，第 73 页。

③ 佟玉权、龙花楼：《脆弱生态环境耦合下的贫困地区可持续发展研究》，《中国人口·资源与环境》2003 年第 2 期，第 47~51 页。

的《实施生态扶贫战略提高生态建设和扶贫工作的整体效果》。该文认为生态扶贫旨在用可持续发展的观念，通过生态功能的提升为扶贫工作提供服务，从而提高扶贫效果和全社会的福利。[①] 毋庸置疑，这种观点属于典型的“先治理后发展”思维模式，完全没有摆脱“贫困陷阱”传统扶贫思路的影响。

另有学者强调生态扶贫就是要实施生态建设，通过改善生态环境质量，提供更多的就业机会来帮助贫困人口实现脱贫。对于这种观点，较为突出的有如下两篇著述。一是刘慧等在《中国西部地区生态扶贫策略研究》中指出，生态扶贫就是要结合生态综合治理和保育项目，挖掘生态建设和生态保护性就业岗位，为当地贫困农牧民劳动力提供生态就业机会，提高农牧民收入水平。[②] 二是汪希成等在《西部地区新农村建设中的生态贫困问题探析》一文中提出，生态扶贫就是通过对贫困地区生态环境的保护和重建，改善生态环境质量，调整人口与生态环境的关系，转变生产生活方式，实现反贫困的战略目标。[③] 显然，上述观点还是把发展与保护视为一种“冲突”，两者难于和谐推进，说明这些观点无法摆脱工业文明核心价值的束缚，还是基于工业文明的视角去认识贫困的本质。

还有学者把生态扶贫理解为以加强基础设施建设为手段，从而改变贫困地区的生态环境和服务功能。例如，查燕在《宁夏生态扶贫现状与发展战略研究》中认为，生态扶贫是指从改变贫困地区的生态环境入手，通过加强基础设施建设，改变贫困地区的生产和生活环境，以提高贫困地区的生态服务功能，最终探索一条投入少、效益高，符合我国国情的可持续扶贫方式。[④] 李广义在《桂西石漠化地区生态扶贫的应对之策研究》一文中提出，所谓生态扶贫，是指从改变贫困地区的生态环境入手，加强基础设施建设，从而改变贫困地区的生产生活环境，使贫困地区实现可持续发展

---

① 章力建等：《实施生态扶贫战略提高生态建设和扶贫工作的整体效果》，《中国农业科技导报》2008 年第 4 期，第 1 页。

② 刘慧等：《中国西部地区生态扶贫策略研究》，《中国人口 · 资源与环境》2013 年第 54 期，第 56 页。

③ 汪希成等：《西部地区新农村建设中的生态贫困问题探析》，《绿色经济》2007 年第 139 期，第 106 页。

④ 查燕：《宁夏生态扶贫现状与发展战略研究》，《中国农业资源与区划》2012 年第 79 期，第 80 页。

的一种新的扶贫方式。[1] 上述论著将生态扶贫过分依赖于基础设施建设，说明没有认清我国民族地区贫困的根源，依然将贫穷归咎于技术和交通设施的落后，而没能从贫困地区的“文化生态”去寻找根源。

此外，李慧在《我国连片贫困地区生态扶贫的路径选择》中指出，生态扶贫是一个相对的概念，只要与过去相比碳排放减少、能耗更低、环境更友好，能实现居民安居乐业、幸福安康、社会和谐稳定的扶贫方式，都可称之为生态扶贫。[2] 该文把生态扶贫定义为一个笼统概念，看不到生态扶贫的真正含义，更没有提出具体的实施方案与操作办法，缺乏可操作性和可推广性。以这样的思路来实施生态扶贫，是不可能帮助贫困人口实现脱贫的。

还有学者认为，发展生态农业是生态文明的基础，而扶贫攻坚工程则是发展生态农业的突破口，将发展生态农业与扶贫攻坚工程结合起来的“生态扶贫”是实现扶贫与生态双赢的举措。并呼吁加大对生态扶贫的政策扶持力度。[3]

上述观点将生态扶贫集中理解为，以少数民族地区的生态改善、生态修复或生态建设为前提手段，进而帮助贫困人口实现脱贫，最终实现我国脱贫攻坚的战略目标。以这样的思路来理解生态扶贫，虽然强调了民族地区的特点，也体现了贫困群体的利益，但仍然没有摆脱我国传统扶贫思路的影响，没有从生态文化的视角去寻求这些问题产生的根源。

三　生态扶贫与可持续发展

笔者认为，生态扶贫，就是要体现因地制宜、因人而异的具体化。因此，“生态扶贫”单就字面理解包括两层相互关联的组成部分：其一是立足于生态安全的社会行动；其二，它又是针对特定贫困群体采取的社会支

① 李广义：《桂西石漠化地区生态扶贫的应对之策研究》，《广西社会科学》2012 年第 9 期，第 76 页。

② 李慧：《我国连片贫困地区生态扶贫的路径选择》，《经济建设》2013 年第 70 期，第 73 页。

③ 毛莉：《学者呼吁为生态扶贫“开绿灯”》，http://www.cssn.cn/zx/201603/t20160307_2899931.shtml。

撑手段。前者在此前的扶贫工作中并未提到，后者往往与社会救济混为一谈，这样的认识和理解虽然时下已经成为习惯性观念，但和现今的扶贫行动显然不能相提并论。然而人类所面对的生态问题必然具有全局性和共享性，也必然具有长远的责任性，就这三重含义而言，它要求在特定的时段内实现可持续的脱贫，显然存在着很大的差异。它必然标志着要将生态的社会责任纳入扶贫的范围去加以认真对待，必须在实现可持续发展的前提下去完成群体性社会地位的大调整。

“扶贫”的字面含义必然表现为通过社会手段使贫困群体改变其原有社会定位和生存方式，因而社会扶助的对象理应是稳定群体，而不是个人，更不是遇到特殊社会自然原因暂时陷入贫困的人，而救济的对象通常指个人和特定家庭，救济的手段仅在于帮助他们渡过难关，恢复到此前的正常状态，而不涉及对社会地位的重新调适，当然更不会涉及庞大的行政改制。在我国行政建制中对二者有明确划定，救济由民政部门完成，而不是由扶贫部门完成，扶贫对象针对的只能是稳定延续的群体，其内涵是特定民族特定生存模式的居民，而这些居民在生活地位上具有各方多层次表达，扶贫的目的是要改变整个群体地位，包括改变生存方式的模式，改变与其他群体的协同关系，等等。

在我国扶贫工作启动之初，由于对贫困认识的基点在于当代贫困是历史上社会不公正延伸的后果，内涵仅局限经济的问题，在早期救济与扶贫并未明确区别，扶贫行动与救济行动往往交错进行。[①] 而采取扶贫行动目标仅希望通过扶贫手段获得更大的经济型收入，至于收益的获得与其原有所处方式和社会地位有何种联系，与所处自然生态的关系，通常不在扶贫工作考虑范围之内，其收到的成效具有不稳定性。因而提出生态扶贫新概念并不是对此前扶贫工作经验总结基础上的延伸，而是需要重新审视贫困群体的贫困成因，以及扶贫手段和生态文明建设之间的内在关联性。

贫困群体的形成，从表面上看，仅是一个经济低下的问题，但若深究其致贫的社会文化因素，它必然涉及对财富的评估手段，更要涉及我们对财富计算的习惯性做法，更不可避免地涉及从事生产的所依存的生态背

① 青觉、孔晗：《武陵山片区扶贫开发问题与对策研究》，《中央民族大学学报》（哲学社会科学版）2014 年第 2 期，第 23 页。

景，这些问题在西方发展经济学原理中已经有多层次多渠道的反映。原始资本的积累，制度的保障，特定民族文化与异种文化的互动兼容关系都应该是贫困形成的不可忽视的原因。[①] 仅就这样的认识而言，此前扶贫工作存在的问题，恰好表现为千篇一律用经济活动要素去采取相应的对策。资金的投入、技术的引进以及人才的培训都成了扶贫的主要手段，而期望目标是取准于发达地区的运行模式，却很少顾及扶贫对象自身特点和他们所处生态系统的特点。于是在这样的扶贫策略上，不管具体做法有多大差异，但结果都表现为对发达地区已有生产的“克隆”，或者是简单的对发达地区经济运行模式的外延扩张。最终表现为在扶贫行动中隐含着生产生活方式的趋同。相关的理论可以表述为梯度理论、同心圆理论等。[②] 但最终建构的结果即使扶贫对象做得再好，最终也不会成为发达地区的协作者，其间关系不是互补关系，而表现为竞争关系和相互排斥关系。更有甚者，很自然印证了中国古代先哲的哲理逻辑，“效其上者得乎其中，效其中者得乎其下，效其下者则无所得矣”。这不仅是中国此前扶贫工作的一般性特点，在世界范围内也存在着相似性。

欧美各国对发展中国家实施援助计划，最具代表性的案例是美国政府所推动的“绿色革命”。这一措施在拉丁美洲、南洋群岛和印度次大陆都曾经规模性地推广过，其具体内涵照例都涉及作物的引进和技术的转让，但实施过程都必然要接受实施经济活动以外的社会要求。这样，制度和生活方式的改变都会接踵而至，而造成的后果都会表现为另一种形态的被操控，成为发达国家生产和生活方式的外延扩展，而绝不可能与发达国家取得平等地位，更不能实现自身的超越。[③] 造成这种局面的根本原因在于，在类似的反贫困的案例中，照例都忽略扶助对象的历史传统，而且根本不考虑他们面对的自然生态特异性以及由此而产生适应的手段和方法。有鉴于此，提出生态扶贫新概念显然归因于此前各种扶贫方式的缺陷和不足，

---

① 安树伟：《21 世纪初叶中国贫困形势与反贫困对策研究》，《中州学刊》2001 年第 1 期，第 13 页。

② 钟芮琦：《我国民族地区山区农村跨越式发展模式创新研究》，《贵州民族研究》2016 年第 1 期，第 89 页。

③ 熊愈辉：《对绿色革命与新绿色革命的若干思考》，《石河子大学学报》（自然科学版）2003 年第 3 期，第 54 页。

需要关注贫困群体所处生态的特点，还需要保持贫困群体与发达地区的发展取向，需要保持可持续的差异性，最终才能实现扶贫的结果有助于强化跨生态跨文化的和谐共存，而不是简单地成为经济社会的竞争对手或附庸。

基于对以上事实的认识以及对生态文明核心价值的把握，笔者认为当代生态扶贫的内涵显然包括三大要素：其一是生态，其二是文化，其三是两者相互结合后所形成的生计方式。其中扶贫对象所处的自然和生态系统显然具有其特异性，甚至可以说在地球上是独一无二的。在这样的基础之上，扶贫对象可以从事的第一产业本身也必然具有多样性，在他们历史发展进程中，他们肯定做了多样化选择，但最终定型下来的资源利用方式肯定表现为与所处自然生态系统的高度适应，基本上可以做到人类与所处生态环境的高度适应，人类的资源利用不会影响到相关生态的稳定和健康运行。能做到资源的利用和维护两全其美，如果不能做到这一点，相关民族就不可能延续到今天，相关生态系统也不可能在与外界密切接触前保持健康状况，而这是生态扶贫必须先考察的核心内容之一。原因在于，我们的扶贫行动要真正获得可持续发展的潜力，此前获得的一切精神支持和技术技能积累到了今天肯定没有失去其价值。生态扶贫的具体使命则是支持其具有现代意义的创新，而绝不是将此前的生态系统和人民的生产方式推倒重来，要知道推倒重来说起来容易真正做起来要耗费精力和投资，还要花费漫长的历史岁月。

就这意义上说，生态扶贫说是翻新不如说是述旧，原因在于大自然长期历史积淀定下来的类型本身具有很高的稳定性，凭借社会合力可以做到，而且已经做到，但一旦人类干预停止，生态系统通常经历漫长岁月后可以恢复原状。而人类社会要永久改变这样模式需要付出的代价事实上是任何扶贫行动都无法承担的社会投入，尊重自然，因地制宜，才是最明智的选择。各民族的文化也是长期积淀的产物，文化规约下所形成的民族一旦获得定型延续可能，自身也具有修复、自我管理、自我调控的本能，更在于该种文化所包含的精神和社会组织和生存方式必然与该种文化所契合的自然形态达成高度相互适应，以至于相关生态系统不属纯自然的系统，而是达成具有民族文化烙印的系统，或者可以简称为该民族的“文化生态共同体”，或者简称为该民族的“生境”。[①] 不言而喻，扶贫行动若要改变民族文化部署是可以做到的，但做到这一步必须耗费巨额的投资和经历，虽然有限的资金和人力投入轻易改变民族文化，肯定不是一件轻而易举的事情。因此不管从事什么样的扶贫，对相关民族文化都需要做具体认知分析，做到精准把握，尽可能做到扶贫的手段能够最大限度利用已有民族文化，特别是文化中包含的制度化支持。此前的各种扶贫行动很多在理论上可行，而且有成功范例可借鉴，但扶贫对象的制度支持，不能与扶贫手段相兼容，都无法收到扶贫成效，原因正在此。生态扶贫不可能给予时间和资金投入让扶贫对象改变其制度建构。扶贫对象的传统生计方式，本身就是衔接人类社会和自然生态系统的纽带。凡属能够长期延续的生计方式必然表现为本身具有可持续的能力，在文化和所属生态环境之间达成了极其复杂的联系。[②] 这样的联系可以用“桶板效应”做比喻，所有联系方式中，肯定密切程度各不相同，因而也会出现人与自然之间的“短板”。对着这样的“短板”，任何传统生计都能积极应对，以确保人类社会与生态之间能够定性为和谐的并存的寄生关系。在传统的生计模式中，最需要系统掌握的内容集中表现为资源利用方式，这样的资源利用方式肯定具有特异性。因而在扶贫手段选择中，对着异样的资源利用方式需要高度重视，认真把握，以确保扶贫手段与之原有的利用方式越接近越好。接近程度越高，扶贫综合成本就越低，收到的成效就越大。扶贫手段需要创新，核心就在这一问题上。创新目标仅止于确保传统的资源利用方式与现代的外部环境相接轨，而且获得其独特的社会地位价值，有了这一地位价值，才可能真正做到可持续脱贫。

上述三个要素是一个相互关联的整体，展开生态扶贫不仅要对这三者达到精准把握，还要精准把握三者的关联性，以这样的把握为依据，具体选择和实施相应的扶贫手段和方法，才能确保扶贫工作不仅可以收到理想的经济效益，而且得到生态维护和绿色发展的和谐推进，只有这样才能称得上是生态扶贫，也才能达到与生态文明建设的协同推进，成为生态文明

① 杨庭硕、罗康隆、潘盛之：《民族、文化与生境》，贵州人民出版社，1992，第97页。

② 杨小柳：《地方性知识与扶贫策略——以四川凉山美姑县为例》，《中南民族大学学报》（人文社会科学版）2009年第3期，第40页。

建设的有机构成部分。因而，生态扶贫的三大内涵应当确定为生态扶贫的基本认识前提。生态扶贫当然得考虑现代生活的市场运行，我们也希望扶贫工作中按照现代市场机制与外部结成相互依存的关系。但与此同时，我们需要牢记三个要素的相对稳定性和超长期可利用性，而所处的市场本身具有极大的变数，市场肯定是短时段的社会事实，因而简单地以市场为导向，去选择扶贫手段和方法，对企业建设而言无可厚非，因为企业本身就是短时段的实体，能盈利则继续，不能盈利则一了百了。但问题在于我们要确保扶贫对象可持续脱贫，本身就是长时段的要求，仅看市场波动，或者凭借经验估算市场走向，都是很危险的事情。一旦市场偏离估计，扶贫工作做出的一切努力将付诸东流。因而生态扶贫必须强调上述三项内容在扶贫工作中的不可代替作用，而立足于现代的需要，去规划扶贫行动，而不主张单看市场走向，去评估扶贫成效，去规划扶贫行动。简单提市场化扶贫不可轻信，更不可盲从。

要掌握上述三大要素，两方面的经验可以为我们找到准确把握的突破口，其一是要看历史，其二是要看已有政策的延伸影响。人类的历史过程并不是任何民族孤立发展的过程，尽管鲍亚士和斯图尔德都致力于强调任何民族的特殊历史过程都是民族文化变迁走向的关键要素，但他们同时强调文化的传播也会严重影响相关民族文化的走向，对生态环境的适应也会影响到文化的走向。[①] 他们的论述致力于强调特殊历史过程的关键作用，但着重强调的目的帮助世人更好认识民族文化的变迁动因和演化历程，而绝不意味着那一个民族可以独立运行几千年，这在人类历史上是找不到例证的。事实上，任何民族发展必然深受相关民族文化的作用，而改变其文化发展的走向。相关民族的生计方式也是如此，而这两者最终会影响到相关民族对所处生态环境的适应方式。既然如此，在展开生态扶贫之前要认识和把握上述三大要素，重视相关民族的历史过程，显然是一个很有价值的手段。事实上，当前我们面对的 14 个国家级连片特困区，虽说大部分在从事第一产业，但他们从事的产业内容却是各有特色，相互之间很难互相替代，扶贫工作中选定的任何手段和方法也难以替代的。在扶贫行动中，

① 石峰:《“文化变迁”研究状况概述》,《贵州民族研究》1998 年第 4 期，第 28 页。

要清醒认识这种不可替代性，认真搜集资料综合分析相关民族的历史过程，显然具有不可替代的参考价值。

时下我们归纳和总结接受扶贫对象的社会思潮相撞，通常都是做意向性的归纳和分类，将他们定义为农耕民族、游牧民族等。下一步的划分还可以具体化，仅林业就可以细分为用材林、经济林等。在这里，最值得注意的启示还在于他们现有的经济模式，能够做到今天基本定型，其间还包含着接受其他民族的影响的结果。这些结果由于是发生在不同的历史时段和背景之下，导致现有的生计方式得失参半，精华与糟粕并存，要做到精准判断精华与糟粕，没有历史的眼光，没有跨文化的分析手段和敏感性，显然无法切中要害。评估若不能切中要害，扶贫手段的选择就可能误入歧途。

从历史的视角审视文化生态变迁与致贫原因的关系，有利于从主位的视角把握文化变迁对致贫原因的牵连关系。① 从政策梳理探讨致贫原因则有利于从跨文化的视角把握生态扶贫所需的相关经验和教训，这与政策制定自身特点相关联，任何意义上的决策制定，都必须立足于特定的民族文化去展开并以此确保各项政策之间的逻辑统一和管理的有效。当政策涉及跨文化的施政对象时，事实上不可能照顾到相关民族文化的全部内容，在文化逻辑之间发生冲突只能迁就于政策制定一方的文化特点，这将意味着扶贫对象的一方其文化生态的自我完整性必将受到牵制和损伤，其积累后的延伸后果往往是群体性贫困的直接导因。但在未出现重大冲突时，是不可能认识到这一点的，往往需要等到文化生态出现重大偏差时，才会引起当事各方的注意，因而按照时间序列系统梳理各项政策之间的逻辑关系，将有助于及时发现群体性致贫的直接原因。

政策的制定，为了有利于行为规范的控制，确保政策实施具有延续性，因而历史上积淀下来的政策肯定在当事人的心目中留下深刻的印象，其惯性影响力也会在不经意中逐年积淀，这些积淀的后果对当时而言都会演化为行为的惯例，而很难意识到这些惯例在文化与生态发生变迁后是否能保持和谐兼容，其结果会导致在当时所面对的社会事实，往往以此前的

① 刘国华：《彝族“撮泰吉”的文化生态与现代传承研究》，《贵州社会科学》2014年第8期，第54页。

惯例会呈现明显的反差，而这样的反差同样是探明致贫原因的不容忽视的关键因素。按照时间的序列清理，不同时期政策的内容和背景的差异，都将有助于及时发现跨文化背景下的致贫原因，也容易发现政策与生态的非兼容性。

相对于极其复杂的跨文化生态背景和社会背景而言，任何政策制定，都不可避免地力求简单化，政策要求往往都是取决于个人对群体的基本底线，从政策实施的角度看，很难发现人类社会与所处生态系统的偏差。但从当事人地感受着眼，对其与生态的不相兼容性则极为敏感，而个人的感受上升到政策层面再到每个人都接受的程度必然存在着时间和空间差，而时空差是政策实行时难以兼顾到的客观事实。[①] 查明这种时间差所引发的跨文化冲突的不相协调性，同样是查明群体性致贫因素的可靠手段，也是查明生态受损的有效手段。

应当看到，上述讨论的三大要素具有根本性的制约作用，不仅在历史上对人类社会的演进中发挥重大作用，即使到了当代这样的社会建构方式依然是客观存在的事实，因而生态扶贫的规划与付诸实践，上述三个要素依然要发挥关键作用，它们乃是展开生态扶贫工作不可忽视的基础准备，也是评估扶贫成效的准绳。从历史的视角和政策的视角发现其间的不相协调，很自然地成为探明致贫原因的切入点和实施要领，也是做出政策调整和确立扶贫手段的基本依据。相比于此前的扶贫方式，我们不难发现此前扶贫工作的特点就在于，上述各种要素和探明手段往往是扶贫主持者占据主导地位，而且其指导思想在于，扶贫主导者总把自己所处的文化生态背景以及社会发展路径视为范本，可以无条件遵循和仿效的对象，去展开扶贫工作。由于具有文化和生态背景的差异性，特定民族的成功，事实上不存在绝对可靠的可模仿性和可复制性，导致在扶贫过程中催生新形式的群体贫困。生态扶贫与此前的重大区别就是能及时关注到贫困与生态变迁之间的联动关系。因而对于实现可持续脱贫，显然具有不容忽视的优势，也更符合与生态文明建设的需要，从而避免将生态变迁与致贫原因相互隔离起来造成的误导和认识分歧。

---

① 〔韩〕全京秀：《环境人类学》，崔海洋译，科学出版社，2015，第65页。

可持续发展是当代社会共同关注的重大社会问题，但是对可持续发展的实质认识客观上却存在着很大的差异。[①] 不少人在理解可持续发展时，总是立足于当时已有的社会形态、人与生态的关系去设想可持续发展的具体内涵。我们需要注意可持续发展的内涵绝非单一，而必须承认其内涵也需要多元并存。具体到扶贫实践而言，不管基于什么样的考虑，只要采用千篇一律的资源利用手段去展开扶贫，就是忽略了可持续发展的内涵，而这正是此前扶贫行动难以可持续脱贫的原因所在。

结　语

基于以上的讨论，我们有充分的理由认定，要使扶贫工作也能获得可持续能力，成效又能表现出自我创新的能力，关键是在扶贫行动中必须时刻关注资源利用方式的多层次多渠道可行性。要将这样的认识落实，在扶贫工作中知己知彼至关重要，在不认识和不正确把握扶贫对象文化生态历史过程的背景下，很难了解扶贫对象资源利用方式从何而来。在一般性政策制定中为何会在无意中引发群体性致贫问题，其原因和机制也很难发现。力求做到这一点，正是生态扶贫与此前扶贫工作的根本性区别所在。

① 牛文元：《中国可持续发展的理论与实践》，《中国科学院院刊》2012 年第 3 期，第 45 页。

生态环境保护地方实践透视

——以长江第一大峡谷烟瘴挂为例

徐　君（四川大学）

摘　要： 本文通过描绘烟瘴挂河段区域措池村牧民生活的片段，展示了各方面力量积极参与、保护环境的现实实践，是人与自然和谐共生、各方面力量形成合力的典型。另外，本文指出烟瘴挂区域生态环境脆弱，在开发、发展过程中需得到高度重视。

关键词： 生态环境；烟瘴挂；自觉保护；生态保护模式

背　景

2014年由民间环保组织绿色江河组织的动植物学家和人类学家在长江第一大峡谷烟瘴挂，进行的生物多样性与文化多样性调查，通过召开项目论证会、中央电视台系列专题报道[①]、《中国国家地理》杂志刊发调研报告[②]、新媒体宣传和出版单行本调查报告[③]等形式，引起了外界广泛关注。原本计划在烟瘴挂这一河段开发的水电项目也因此进行了调整。以雪豹为典型代表的野生动物成为当地人与自然高度和谐的标志，然而这一区域多

① 《寻找雪豹之王：科考队首进烟瘴挂峡谷探寻》，凤凰视频转发，http：//v.ifeng.com/news/society/2014007/015d7cd1-ab4f-4865-8717-ca8c9d9e7959.shtml。

② 杨欣：《烟瘴挂大峡谷：一个即将毁灭的野生动物天堂?》，《中国国家地理》2014年第12期。《长江最后自然峡谷烟瘴挂　发现世界最高密度雪豹种群》，人民网人民电视网，http：//tv.people.com.cn/n/2015/0115/c39805-26393888.html等。

③ 中华环境保护基金、青海省玉树州政府、绿色江河：《长江第一大峡谷：烟瘴挂生物多样性与文化多样性调查》。

种群野生动物的生态环境并不是因为其地处偏远的世外桃源的自然结果，而是当地人整合利用政府、社会各界各种力量，并充分调动与发挥地方传统文化资源，与全球化及全球气候变暖的一系列挑战对抗的暂时性和局部性胜利。而这种胜利实质上不仅是暂时的，也是十分脆弱的。这种暂时性和脆弱性在各种已经编发的文本或媒体报道中几乎被忽略，而这正是本文力图揭示的生态环保实践效果的脆弱性。

全球气候变暖导致的社会经济甚至文化的系列变化，已经被广泛关注，一些国家开始采取行动[①]应对这种变化带来的问题，学者们也积极参与讨论[②]，各种政府或非政府组织参与，迄今为止已经召开了20届的联合国气候变化大会。

一　“烟瘴挂”寻踪

20世纪90年代开始，因可可西里藏羚羊的猎杀与保护，治多、索加，曲麻莱、措池等字眼开始频繁出现在有关可可西里的各种想象与报道中，距离的遥远、交通的不便，再加上电影《可可西里》的渲染，外界对这些地方的认知是既熟悉又陌生。进入21世纪，虽然这些地方与外界的空间距离并没有改变，然而因带着各种目的的人们进入这些地方进行探索频率的增多，索加、措池这些在中国地图上只用一个小点表示的地方在外界的形象变得日益清晰。“野生动植物王国”逐渐在外界面前被撩开神秘的面纱，向世人展示其真实的人与自然、人与人、人与动物的相生相依又相互斗争的鲜活场景。

“烟瘴挂”作为一个地名，可以被现代的检索系统检索，始于2006年长江水利组织对长江流域水利情况的调查。2006年长江水利网第一次用“烟瘴挂”描述“长江上的第一个大峡谷。通天河在莫曲河口被冬布里山阻挡，河水在群峰之间左右冲闯，形成这条10余公里长的水上通道，位于海拔4500米的青海省玉树州曲麻莱县曲麻河乡措池村”。

① 比如中国在三江源地区采取的“退牧还草工程”（2003年开始）、“三江源生态恢复与保护工程”（2005年开始）也可以看作应对气候变化的政策性措施。

② 英国剑桥大学人类学家、社会学家、冰川学家、环境科学家等。

“烟瘴挂”特指长江上游10公里左右的一段峡谷。这段峡谷左为玉树州治多县索加乡，右为曲麻莱县曲麻河乡。目前有两种途径可以进入该峡谷地区，一条路径是从治多县索加乡沿着河水顺流而下经过该河段；另一条路径则是从青藏公路在风火山附近旁路，进入青海玉树州曲麻莱县曲麻河乡措池村的乡村公路，自然草场与简易公路的结合可以进入“烟瘴挂”河段，在没有雨水阻隔，一切顺利的情况下需要6~7小时小车车程。

“烟瘴挂”是汉语称呼，从汉文字面理解，人们很容易想象到该地段是“烟雾缭绕在悬崖峭壁之地，远看似乎是烟瘴悬挂”，即从汉语字面的理解，“烟雾缭绕如同挂在悬崖之上”，其险峻与空远极易被体会和感知。实际上，“烟瘴挂”是藏语的汉文记音，在当地藏语语境中，其表达的是“白色的石头山”。烟瘴挂峡谷主要由灰白色的石灰岩构成。

2014年，常年致力于长江源头生态环境保护的环保组织——绿色江河与当地政府、民间环保组织和当地牧民达成合作，组织了由动植物学家和人类学家组成的考察队伍，分别对该段河道区域的动植物及居民生态环境进行了综合调查。此次调查，不是局限于“烟瘴挂”这段仅有10公里的河道，而是对这一峡谷区域动植物以及生活在该区域的人及其生态环境与生存状况进行了综合调查。此次调查清楚地展现出这一河段的自然生态环境以及人与自然相处的真实情景；从而全面展示位于青藏高原的一隅、中国境内为数不多的生物多样性的样态以及生活在该区域的人及其在与自然相处中所形成的特殊文化形态。

对该区域的人类学调查从2014年6月30日开始到7月25日结束，参加调查的人员有四川大学历史文化学院、四川大学中国藏学研究所师生和绿色江河志愿者。调查区域涉及青海省玉树州治多县索加乡、曲麻莱县曲麻河乡措池村以及西藏自治区那曲地区安多县玛多乡。

二 “烟瘴挂”其地——曾经只有野生动物与土匪的地方

长江上游通天河“烟瘴挂”河段两岸分别是治多县的索加乡和曲麻莱县的曲麻河乡措池村，因为可以由措池村进入的便利，所以目前可以检索的有关“烟瘴挂”的描述为“位于海拔4500米的青海省玉树州曲麻莱县曲麻河乡措池村”。似乎烟瘴挂只位于曲麻莱县曲麻河乡措池村，实际上，烟瘴挂应指其两岸之索加乡与曲麻河乡。然而此段河道蜿蜒、地势陡峭，交通不便，外界进入者稀少，地界模糊，导致今天生活在该区域的牧民因行政界限不清而不时出现草场相争的矛盾。烟瘴挂两岸山水相望，不因河段阻隔而无来往，冬季结冰后可以自由往来。平时，牛羊在两岸草场悠闲散步吃草，放牧者则时不时拿起望远镜彼此对望，并用对讲机呼叫通话交流。

措池村是一个行政村名称，位于青海省玉树州曲麻莱县曲麻河乡，距离县城约360公里。作为一个基层牧委会组织，由3个牧业小队组成，当地称为措池一队、二队和三队。共有193户，610人，其中一队77户，253人；二队57户，205人；三队49户，152人（2010年统计数据）。

据当地老人讲，“以前没有措池称呼，措池作为村名是国家取的。以前我们都不在这个地方，曲麻河乡有个措池，小小的湖，这样的湖在曲麻河乡有1万多个，原来住在小湖旁边的牧民搬到这里，这些新来牧民所住的地方就被称为措池了。以前是打猎的地方，土地改革时，果洛、康巴、四川和卫藏特别有钱的人，不愿意被分田地和钱财，来到这里，因此现在措池大部分是果洛和四川人，比较少玉树人。地图上是无人区，所以民间流传‘如果想找土匪的话，请上阿卿巴’”。不同的老人们讲到措池，都会提到措池曾是无人区，只有野生动物出没，也是土匪窝。当地有谚语：

> 措池有草的话，只有荒漠草。措池有石头的话，只有搬不动的顽石。措池有水的话，只有苦味的盐碱水。措池有人的话，只有一个孤独的人。

关于措池村及附近区域历史，较为准确的记载或说法为：12世纪末至13世纪初，该区域属于六大部落之一的年措部落。清代，这里成为和硕特蒙古的势力范围，由蒙古的千户、百户统领当地百姓。清朝平定和硕特部后，遂清查户口，划定青海和西藏的疆界，把玉树、昌都、那曲连片的60个藏族部族，分别划为青海的25部和西藏的35部。今天在通天河一带虽然不再有蒙古人的踪迹，但影响却延续至今，当地有不少源于蒙古语的地名，如可可西里、巴颜喀拉等，还有与藏族黑帐篷截然不同的圆形蒙古包。从 1916 年开始，青海地方势力马步芳多次镇压年措部落，其属民逃往西藏黑河地区，使该地区成为荒芜之地。1921 年，布久昂周率阿什姜然洛部落 7 户牧民进入此地游牧，形成布久红柯部落。此后，从果洛的阿姜然洛部落中，又陆续迁来了 6 个部落（然仓、俄仓、多仓、哈秀、干巴、贝沙），从德格迁来一个部落（尕托），又新组成一个河拉麻部落，均归属部久部落的管辖。这 9 个部落便成为曲麻莱藏族的前身。其中布久部落分布在杂日嘎纳、措池牙陇、措池玛陇、昂拉沟一带。该部落原属果洛三大部落之一的阿什姜然洛部落。1921 年，为逃避马步芳的镇压和部落争斗，离开果洛，于 1925~1931 年进入曲麻莱境，人口增多，势力扩大，形成了布久红柯部落。1936 年，布久部落西迁至今曲麻河乡措池一带游牧。

1965 年，因草场不够，政府把措池、杜墟、勒泽、彻夏 4 个队移民到这里，那时基本上是无人区。有 3 个队适应不了严酷的气候，重新搬回勒池曲一带，措池一个队在此坚持下来。以后陆续又搬来一些人，所以措池的人来源很杂，方言中夹杂有安多话。

最初来的牧户，分成 6 个社，每个社都有 6~7 个小组，分作“奶队”和“干队”，“奶队”负责挤奶，“干队”负责驮运。不过“干队”只有一个，其余都是“奶队”。1966 年，划分为 4 个社，1970 年又改为 3 个队，按各自原先所在的地方划分草场，这 3 个队的格局延续至今。

三　“烟瘴挂”之人——基层牧委会

直到今天，措池村依然延续 3 个队的建制。2006 年 2 月统计，共有 228 户，899 人。2007 年因为三江源生态恢复与建设工程的实施，一部分牧户以生态移民名义移至曲麻莱县县城或者格尔木市昆仑民族文化村。因此 2010 年统计时，措池村只有 193 户，610 人。

现在住在这里的都是游牧民，20 世纪 90 年代“草场承包后，格日扎西活佛号召牧民建立了一个学校、一个卫生所和太阳能电站、牧委会院落，并恢复了然仓寺。学校、牧委会和寺院的创建使牧区凝聚在一起，形成了一个社区”。这个社区就是现在被称为老队部的村委会及寺院、学校、卫生所所在地。2010 年国家统一投资改善村级公共设施，在 30 公里之外新建了村公所，当地人的活动中心逐渐从老队部转移到新队部（图 1、图 2）。

图 1　位于老队部的措池村寄宿制小学（1~3 年级）校门及教室

图 2　位于老队部的措池村寄宿小学学生与老师

与村小墙壁相连的是村卫生所，相隔不远处是然仓寺（图 3）。然仓寺是座古老寺庙的现代恢复，信众涵盖曲麻河乡的措池、勒池、多秀、昂拉 4 个村。1984 年，曾为村医和一队会计的格日扎西重建然仓寺，并任寺管会主任，现被称为老活佛。2011 年从四川省甘孜州色达五明佛学院毕业的几位僧人回到然仓寺，其中一位被认定为活佛，被当地人称为小活佛，任寺管会副主任。然仓寺目前有 50 多人，其中学僧 30 来人。学僧多是牧区单亲家庭的孩子，2014 年 3 月然仓寺以开办寺院学校的形式对这些孩子进行收养，由两位活佛负责衣食供应，并专门延请一位僧人老师（图 4）。

图 3　位于老队部的然仓寺（左图为僧房，右图为经堂）

图 4　然仓寺寺庙学校的学僧及学习情景

新修的村公所，外观采用藏式建筑风格，中庭顶部是个跨度非常大的玻璃房。与其他地区村公所一样，措池的新村公所里挂满了基层党支部和村委会主要职责等宣传匾额以及领导人画像（图 5）。

图 5　措池村新队部村公所（外部）

四　“烟瘴挂”：“有情众生观”下的人与自然

“烟瘴挂”河段区域辐射的治多县索加乡和曲麻莱县曲麻河乡，即使在盗猎猖獗的年代，因地处偏远、外界扰乱较少，野生动植物被破坏的情况仍相对较轻。再加上生活在这一区域的牧民是藏族，信奉藏传佛教，有情众生的自然环境观使该区域的动植物得到很好的保护。野生动植物与牧养的家畜一样成为牧民生产生活中不可或缺的一部分。外界看来不外乎是各种形状不同的花草和长相相异的动物，在当地人眼里都是富有生命并充满情感的。比如当地人称梅朵藏公为“偷炒面的花”，采一朵梅朵藏公拿在手里并对它进行玩笑式羞辱，成为孩童们最爱的耍项，对着拿在手上的花说话“你偷炒面，羞不羞”，花就会变得不好意思，低下头或者合上花瓣，把花看成人一样有情感，是典型的“有情众生”的体现。又如另一种叫“阿然曲通”的花，被称为“鼠兔的奶酪”，学名点地梅，类似羊羔花。还有巴勒尕布被称为“可以煨桑的花”。

除此之外，当地牧民会根据花草的长势判断草场及年成的好坏。如当地一种叫路钼色唔的草，生长在河边或湿地，开红色的花。每年这个花长得好，意味草山肯定长得好。又如阿然曲通长在草甸上，是开春早或者晚的标志，当地人观察其开花时节是在天上有 6 颗星星消失时，也即在四月份开花。每年阿然曲通开花时间，也是开春第一场雨该下了。再就是一种被称为日达三则的草，当地人会通过观察其茎插入土壤的时间，以反映季节的变化，当日达三则的茎插入土壤时，标志着草场上植物停止生长，也意味着真正地进入了秋季。又如每年对尼玛老乔（太阳雨）的观察就可以预知一年的草山长势，尼玛老乔持续时间一般是 7 天，若在此期间经常下雨，该年的草山就会长势很好。对野生动植物及天象等的认识及知识，积累下来就成了当地牧民的地方性知识。

在“有情众生观下”，基于对草场、牲畜和野生动物是相互依存的认识和认为恢复草场的最好方法就必须恢复野生动物的观念，当措池村民看到家养动物的增多使野生动物连水都喝不上，就有了自愿把自家的责任草场退出一部分作为野生动物的专用草场的自觉行动。当地丰富的野生动植物资源，以及当地人所采取的各种有效保护措施，越来越多地被外界认知，从事环境保护的专家、学者以及非政府组织不断地进入该地考察。2002年7~8月，注册于玉树州的地方环境保护非政府组织“三江源生态环境保护协会”发起首届“大学生支持青藏高原草原生态保护行动”，组织了由北京大学、北京林业大学、北京师范大学、北京工业大学等几所高校的12名大学生进驻措池村，进行围绕社区生态环境、文化教育、医疗卫生、民俗风情、交通道路及牧民生产生活方式等方面的考察，力图从措池村的经验中探寻出一条社会生态经济发展的可持续道路。此后不断有NGO把目光投向这一区域，开展各项环保和社区发展项目。2004年12月，在“三江源生态环境保护协会”的引导下，措池村成立了“野牦牛守望者”协会。由措池村寺院——然仓寺寺管会主任格日扎西任协会会长，村支部书记尕玛任副会长，发挥宗教人士在牧民中的积极作用，发动牧民自觉保护野生动物。

2008年7月村里印制了《措池村协议保护地项目保护管理手册》，藏汉文对照，发到每户村民手里，教育“每个村民要热爱自己的家园”，不随手扔垃圾、禁止用草皮围栏圈畜、禁止机动车辆随处行驶，鼓励村民拆毁网围栏，降低野生动物栖息地破碎化和孤岛化的可能。把青藏高原特有重点保护动物野牦牛、盘羊、白唇鹿、藏羚羊和雪豹作为重点保护对象，在重点野生动物区域设立若干保护小区，进行专区定向保护，有些地方，干脆直接禁牧。全村共设立18个野生动物监测小区，1个气温变化监测点、1个雪山冰川监测点、9个物候监测牧户、3个野生动物与人冲突信息收集点。在每年的1月15日和7月15日固定对野生动物进行监测，8月8日对雪山冰川进行监测。2005年和2012年，来自北京大学的志愿者在当地牧民的指导下绘制了措池村的野生动物分布情况。

2014年7月我们在措池村调查时访问当地村民（男，56岁），其对当地野生动物情况的描述如下：

> 措池村这个地方过去的时候野生动物无数，现在数量减少了很多，原因大概与打猎和1985年雪灾有关，1985年雪灾死了很多动物，

家畜、野生动物死的都很多。1985 年以后我们这边开始保护野生动物，现在数量最多的野生动物有野马、野驴和黄羊。现在野生动物的品种全都有。

五　保护“野生动植物王国”的各种努力

图 6　“传说中的野生动物的王国”目前的生态环境状况

（一）政府的鼓励与支持及各种社会力量的介入

除上文提到的成立野牦牛保护协议和印制《措池村协议保护地项目保护管理手册》发放给牧民人手一册、意在教育和号召牧民自己有保护环境的意识，同时在传统保护观念下，采取着与外界环保理念与行动有效结合的新型环保措施。比如 2012 年 11 月三江源管理局在进入措池村的公路旁竖立了一块由环保非政府组织“山水”赠送的“措池协议保护碑”（图 7）。此前，当地牧民在进入措池村路边竖立“圣洁净土，需要您的保护”牌子（图 8），用汉藏两种文字书写，用藏族对待自然的态度来呼吁所有进入该区域的人保护这片土地。在措池村新老队部之间的路边，竖立了一块重点沼泽湿地保护项目的牌子（图 9），这是政府以项目的形式号召人们保护环境：“爱护湿地沼泽，造福子孙万代”。

图 7　措池协议保护碑

图 8　当地牧民竖立的呼吁保护环境的牌子（尕玛书记提供）

图 9　措池村路边的保护湿地项目的牌子

这些材质各异的牌子，显示了来自不同背景的力量对当地环境保护的重视，虽然立牌人背景不同、立碑的切入点不同，但目的却是一致的：就是都在努力使这片曾经的“野生动植物王国”能够继续保持着曾经的人与自然和谐共生的理想状态，同时从一个角度也显示了当地牧民、非政府组织和政府等各方力量，正在因为环保而逐步形成合力，试图使这一理想王国能够持续存在。政府对发起于民间的各种保护行动也给予了及时的鼓励，如 2004 年措池村就获得了由曲麻莱县委和县政府颁发的野生动植物保护先进单位的称号（图 10），对推动本土居民保护自身环境的积极性起到很大的激励作用。在这种鼓励下，措池村成立了由当地寺庙寺管会主任格日扎西牵头，由 45 名（2014 年时发展为 55 名）牧民组成的乡村社区生态保护组织——“野牦牛守望者”，进一步开展措池村野牦牛保护项目，探寻措池乡村社区环境与发展的有效和谐之路；创建措池乡村社区野牦牛保护小区，为野牦牛让出栖息地。各种非政府组织也把措池村的环境保护实践通过各种途径向外界宣传，以获得更多的社会力量支持，如 2011 年青海省三江源生态环境保护协会被“壹基金”授予措池村“三江源绿色典范乡村”称号，并颁发了一个匾额，这些都是对当地人保护环境采取各种积极行动的认可，也成为措池村村民主动进行野生动植物资源和环境保护的骄傲。

2012 年措池村的生态保护模式，先后引起国家行政学院、北京大学自然保护与社会发展研究中心、三江源国家级自然保护区管理局、青海省委党校和青海省三江源生态保护协会的关注和支持，并且一致认为措池模式对三江源的综合保护具有启示意义。因此由三江源自然保护协会、中共曲麻河乡委员会、曲麻河乡人民政府授予措池村“生态文明村”匾额（图 11）。

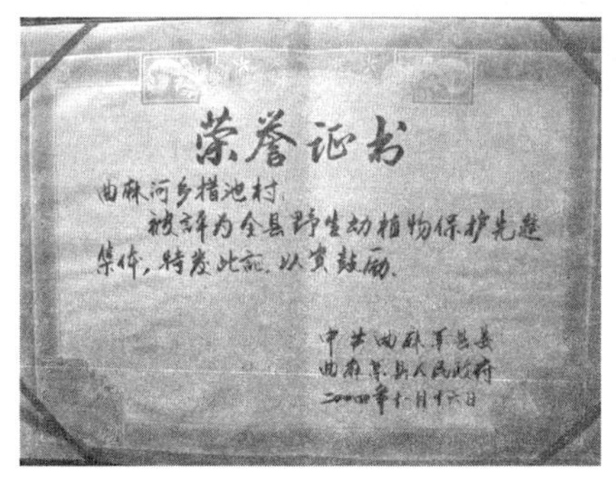

图 10　2004 年中共曲麻莱县委、县政府颁发给予措池村的荣誉证书

图 11　三江源自然保护协会、中共曲麻河乡委员会、曲麻河乡政府授予措池村“生态文明村”匾额

在政府鼓励和支持下，本土居民的民间行动逐渐成长为该区域的保护野生动植物的主要力量。各种生态环保项目一改以往各种项目的嵌入模式，采取借助本土居民来落实与实施。来自政府项目的投入与支持、来自民间组织的帮助与呼吁、来自本土居民的具体行动与实践——三股不同的力量逐渐形成合力。2004 年玉树藏族自治州林业环保局为了森林、野生动物资源保护与当地行政牧业会签订了保护责任书（图 12）。2006 年青海省三江源国家级自然保护区与青海省玉树州曲麻莱县曲麻河乡措池牧民委员会签订《措池村社区野生动物栖息地保护协议》（执行期限：2006 年 10 月 1 日至 2008 年 9 月 30 日）。

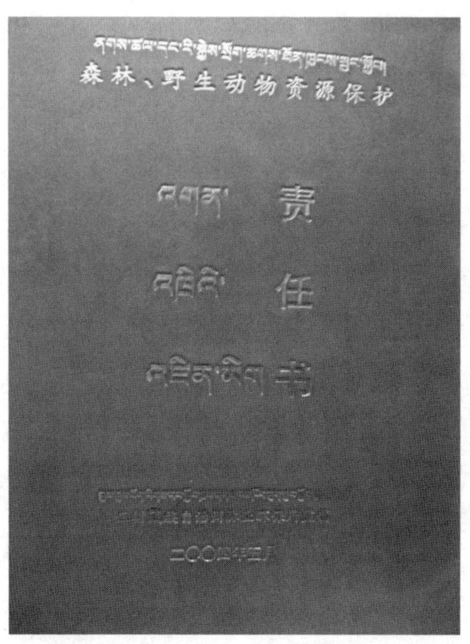

图 12　玉树州林业环保局与当地行政牧业会签订的森林、野生动物资源保护责任书

（二）本土“环保”力量的觉醒

地方政府也逐渐摸索出发展新思路，就是以生态环保作为新的经济增长点或者说是争取各种上级项目支持的重点。如在国务院 2011 年 11 月 16 日决定建立三江源生态保护综合试验区时，曲麻河乡以此为契机，计划把辖区的 4 个村创建为生态保护综合试验示范乡村，通过建立野生动物巡护和监测实践模式、培养生态保护公益人才及生态公益岗位、创新生态保护基金管理办法及乡规民约、培育乡村生态旅游产业及相应支撑资源等方式，把曲麻河乡打造为三江源区生态保护的示范，从而争取到生态保护综合试验区的项目支持。①

① 2014 年 7 月 18 日措池村调查，措池村村委会提供《关于申请批准绿色示范乡镇的报告》。

2013年曲麻莱县草原生态奖补机制领导小组办和曲麻莱县畜牧林业科技局成立草原生态管护队，并统一印发了“曲麻莱县生态管护员巡护日志”，招募本地村民负责对责任区减畜、禁牧草原基础设施、鼠虫害发生、草原火情、采挖草原野生植物及违法捕猎野生动物等情况进行监管（图13）。

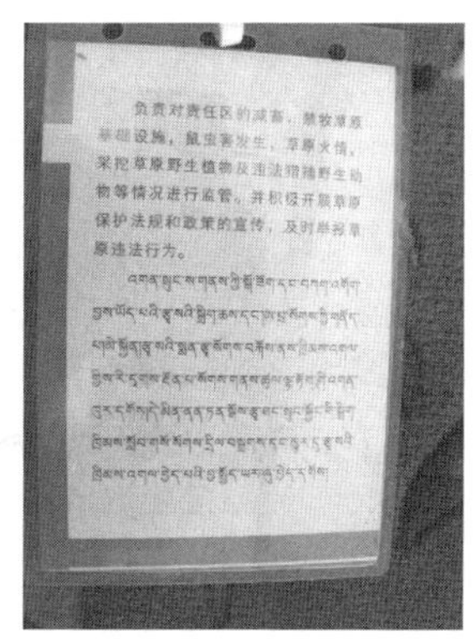

图13　发放到措池村志愿巡护员手上的巡护日志、村民作为草原生态管护员的上岗证及草原生态管护员职责

来自政府各种有关环境保护项目的引导与鼓励，非政府环保力量的推动，使当地牧民从最初源于宗教信仰“有情众生”的朴素、善待自然的理念及做法，逐渐成长为既有现代环保理念又有科学手段的环保人。2013年青海省三江源协会制作了“社区生态监测记录本”（图14）并发放到巡护员手上，进行物候监测记录，对每年第一场降雨日期和降雪日期、每年尼玛老乔夏至雨日期和持续时间、每年昂久诺哩开花的日期、每年羊羔花开花日期、日达三则植物的茎插入土壤日期；河水结冰融化日期、积雪变化和冰川退伸变化、旱獭最后冬眠日期、棕熊出洞日期等进行记录（见图15）。并对该区域的野生动物进行了藏汉文及图像标识（图16）。按照标识，当地人在原有传统称呼的基础上，也了解了各种野生动物的现代科学学名以及保护级别。同时把以前朴素的对于动植物生长情况的观察变为科学称法的“物候观测”，传统理念和现代科学在这里的牧民生态环保实践中得到了很好的结合。按照标识，了解当地经常出没的野生动物有野牦牛、藏羚羊、雪豹、棕熊、白唇鹿、狼、岩羊、藏原羚、兔狲、猞猁、藏野驴、盘羊、高原兔、马鹿、狗獾、香鼠、旱獭、水獭、沙狐、藏狐、胡秃鹫、大鵟、高山秃鹫、猎隼、草原雕、大天鹅、丹顶鹤、乌鸦、红嘴山鸦、藏雪鸡、渔鸥、岩鸽、角百灵、长嘴百灵等。

图 14　青海省三江源协会制作的社区生态监测记录本

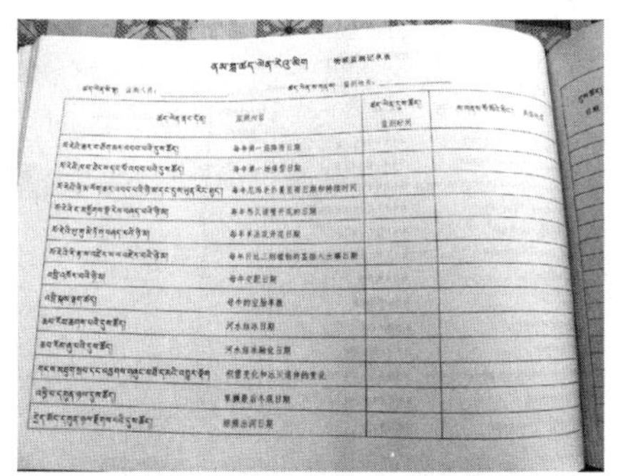

图 15　发放给村民的进行地方物候检测的记录表

图 16　社区生态监测本上的野生动物标识

（三）本土“环保”的力量成长与传承

发动年轻人尤其受过现代教育的年轻人回到家乡，参与家乡的环保活动中，使环境保护后继有人，也是措池村特有的做法。2013 年措池村在青海省三江源协会的组织下，成立了由本村在外地读书学生或已毕业青年组成的“措池青年马帮”，通过组织环保相关活动，把当地生态环保事业逐渐交给年轻人（图 17、图 18）。

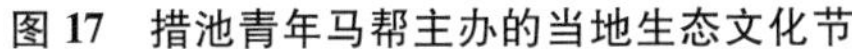
图 17　措池青年马帮主办的当地生态文化节

图 18　统一服装的措池青年马帮成员

（四）宗教力量在“环保”中的积极推动与引领

用宗教力量把当地人善待周边环境的“有情众生”宗教观念重新唤醒，自觉加入对自然环境的护卫中，也是措池村生态环保行动实践的一大特色，且成效显著。

最为典型的是利用传统宗教教化引导社会的力量，神圣化空间，达到环境保护的目的。运用信仰的力量，通过“开发神山”也就是通过为神山圣湖开光，即对部分区域神圣化的方式，达到保护的目的。山水一旦被开光后，其中的不为人们认知的生命存在就被挖掘和被认知了，当地人也会因此调整对待山水的态度，从而避免伤害神山圣湖。“开发神山”一般都会举行祭山仪式，是一种封山仪式，也就是说在祭山仪式之后，任何人绝不可在神山范围内杀生，从而达到保护的目的。佛教注重启发人的觉悟，人通过与神山的直接感应，内心会产生一些变化。人一旦产生了觉悟，就不需要别人的监督，会自觉地寻求众生之间的和谐与平衡。

“措池村以前没有听说过圣湖什么的，从来没有到过措池的亚青寺阿秋法王（一说是色达大宝如意法王）圆寂前认定措池有 3 座神山 2 湾圣湖：其对措池 2 个湖的描述与当地的实际情境相似，即在夏天湖水上升时，湖面开满了鲜花，像个盖子一样，后来因为两个牛死在里面，就再也不开花了，就失去了其圣湖的地位。而阿秋法王又重新认定莲花湖为圣湖。另一个圣湖叫错阿东，藏语意思是冬天结冰时可以听到寺庙像敲鼓一样的声音，如同寺庙活佛念经的声音，也被认定为圣湖。”当地人谈到圣湖时虽然半信半疑，但是圣湖的地位已经确定，当地人开始神圣地善待着它们，每年要举行祭祀仪式，为之煨桑、挂经幡。

2014 年 7 月 12 日，措池村举行了祭祀夏俄巴神山仪式。在此之前的几年，已经完成了阿秋法王在临终前认定的措池神山，即马如丹扎神山（当地人称为红山）、扎马桑约和切额尺则等神山的祭祀。“（马如丹扎）是一位有脾性、仍然处在六道轮回中的神山，过去在红山，女的不能披头散发，男性不能光着膀子，不能大声喊叫，即使是牛羊跑进去了也不敢大声喊。神山跟前不能挖。”“红山高兴时什么都好，不高兴时马上惩罚，去年祭祀扎马桑约神山时，红山就不高兴了，在大夏天突然狂风大作，骑在马山都快掉下来了，下了大冰雹……旧社会时若雨水不好，或者风太大时，就赶紧祭山，马上就给好脸色，风调雨顺。马如丹扎现在当地人把他团好，他就给好脸色，这个神山只为现在，不为未来，其他神山转来，可以修来世，马如丹扎只管现在。”“每年不祭（不给煨桑）的话，要生气。”

为了担心仍处在六道轮回中的马如丹扎嫉妒与发脾气，2014 年 7 月 12 日祭祀夏俄巴神山时，吸取去年的经验教训，老活佛格日扎西在小活佛嘎玛周扎及其被认定为活佛儿子的共同加持护卫下，选择了一处能俯视整个牧场，但又不被马如丹扎看到的地方，举行祭山仪式。在祭山之前要进行神山周围神灵鬼怪的清理活动，通过念经取得它们的同意，收服使它们归顺到夏俄巴神山，处理各种自然神之间的关系。据然仓寺老活佛格日扎西的测算，夏俄巴原本就是神山，后来因为当地人打猎弄脏了，2014 年 7 月的祭山活动，主要是通过加持，使之重新洁净，从而恢复其神圣性（图 19）。

图 19　2014 年 7 月 12 日祭祀夏俄巴神山（煨桑、挂经幡）

结 语

从烟瘴挂河段区域措池村牧民生活的一些片段，展示出为了保护这个曾经的“野生动植物乐园”，各种力量被广泛动员并积极参与到保护环境的实践中。从现代的环保理念到传统的宗教信仰以及习俗的影响，当地人对待环境的态度从自觉发展到被组织。因此，烟瘴挂地方以措池村为典型的人与自然的和谐共生，实际是各种力量形成合力的结果。也就是说措池村的今天能够呈现出野生动植物的繁茂、人与自然的和谐，成为全球留存不多的人与自然的和谐相处的典范，是调动所有可以动员力量的结果。烟瘴挂峡谷野生动植物种群的观察结果，也充分表明了以上各种努力的成效。然而这一切若放在全球气候变暖的大环境下，以及局部区域开发与区域经济发展驱动下，再加上青藏高原生态本身的脆弱性，将决定即使有各种力量参与和共同努力，该区域的生态环境也是不容乐观的。其极脆弱性的特点，决定了即使是外界很小一点副作用力，甚或是被广泛推崇的所谓生态旅游，也是该区域所不能承受之重，都有可能导致该区域陷入环境崩溃的境地，从而沦为全球环境渐趋毁坏的另一个典型。

生态民族学视域中的牧区水资源危机及其管理

——以内蒙古额济纳旗为例

色　音（中国社会科学院）

摘　要：额济纳绿洲属黑河下游沿岸、三角洲及尾闾湖泊居延周边的绿洲。近年来，额济纳河水水量减少导致额济纳绿洲生态危机空前严重，主要表现为河水断流、地表植物枯萎及生态平衡的破坏。为了进一步说明人类活动与黑河流域生态危机之间的关系，笔者在自然科学的基础之上从经济结构、社会变迁和民族文化等多个角度进行进一步分析。在研究中，笔者在大量文献资料的基础上，在当地发放了调查问卷法，并进行了入户访谈。根据调查结果显示，该流域存在水资源紧张等问题，尤其是下游沿岸的居民感受更深、感受时间更加。上游地区的居民认为主要是由于水利设施不足和放牧的增多而导致水资源紧张，中下游地区的居民认为水资源不足、资源分配不合理导致了水资源紧张。

关键词：额济纳河旗；水资源紧张；生态环境

一　黑河流域的开发活动对下游额济纳旗生态环境的影响

黑河发源于祁连山北麓，干流全长821km。出山口莺落峡以上为上游，河道长303km，面积1.0万km^2，两岸山高谷深，河床陡峻，气候阴湿寒冷，植被较好，年降水量350mm，是黑河流域的产流区；莺落峡至正义峡为中游，河道长185km，面积2.66万km^2，两岸地势平坦，光热资源充足，但干旱严重，年降水量仅有140mm，蒸发能力达1410mm，人工绿洲面积较大，部分地区土地盐碱化严重；正义峡以下为下游，河道长333km，面积8.04万km^2，除河流沿岸和居延三角洲外，大部为沙漠戈壁，年降水量只有47mm，蒸发能力高达2250mm，气候非常干燥，干旱指数达47.5，属极端干旱区，风沙危害十分严重。

上游地区包括青海省祁连县大部分和甘肃南县部分地区，以牧业为主，人口6.0万人，耕地7.7万亩，农田灌溉面积6.1万亩，林草灌溉面积2.7万亩，牲畜86.5万头（只），粮食总产量1.03万t，人均粮食172kg，国内生产总值3.5亿元，人均5883元。

中游地区包括甘肃省的山丹、民乐、张掖、临泽、高台等县（市），属灌溉农业经济区，人口121.2万人，耕地390.9万亩，农田灌溉面积289.4万亩，林草灌溉面积45.0万亩，牲畜143.3万头（只），粮食总产量99.3万t，人均粮食819kg，国内生产总值55.97亿元，人均4618元。

下游地区包括甘肃省金塔县部分地区和内蒙古自治区额济纳旗，人口6.63万人，耕地14.4万亩，农田灌溉面积11.1万亩，林草灌溉面积37.9万亩，牲畜23.9万头（只），粮食总产量3.61万t，国内生产总值3.61亿元。其中金塔县鼎新片为灌溉农业经济区，人口5.01万人，牲畜7.3万头（只），农田灌溉面积9万亩，林草灌溉面积5万亩，粮食产量3.42万t，人均粮食682kg，国内生产总值2.35亿元，人均4691元；额济纳旗以荒漠牧业为主，人口1.62万人，牲畜16.6万头（只），农田灌溉面积2.1万亩，林草灌溉面积32.9万亩，粮食产量0.19万t，人均粮食117kg，国内生产总值1.26亿元，人均7778元①。

黑河流域开发历史悠久，自汉代即进入了农业开发和农牧交错发展时期，汉、唐、西夏年间移民屯田，唐代在张掖南部修建了盈科、大满、小满、大官、加官等5渠，清代开始开发高台、民乐、山丹等地灌区。

新中国成立以来，尤其是20世纪60年代中期以来，黑河中游地区进行了较大规模的水利工程建设，水资源开发利用步伐加快。目前全流域有水库58座，总库容2.55亿m^3，引水工程66处；配套机井3770眼，年提

① 黄委会黑河流域管理局：《黑河流域简况》，第3~4页。

水量 3.02 亿 m^3；农田灌溉面积 306.5 万亩，其中万亩以上灌区 24 处，灌溉面积 301.1 万亩。城乡生活及国家经济总用水量达 26.2 亿 m^3（耗水量 14.6 亿 m^3），其中农业用水量占 94%。上、中、下游现状用水分别为 0.31 亿 m^3，24.45 亿 m^3、1.44 亿 m^3，相应占总用水量的 1.2%、93.3%、5.5%。

随着人口的增加、经济的发展和进入下游水量的逐年减少，黑河流域水资源短缺的问题越来越严重，突出表现为流域生态环境恶化，水事矛盾尖锐。

受气候和人类活动的影响，黑河流域上中下游都不同程度地存在生态环境问题。

上游主要表现为森林带下限退缩、天然水源涵养林草退化及生物多样性减少等。流域祁连山地森林区，90 年代初森林保存面积仅 100 余万亩，与新中国成立初期相比，森林面积减少约 16.5%，森林带下限高程由 1900m 退缩至 2300m。在甘肃的山丹县境内，森林带下限平均后移约 2.9km。

中游地区人工林网有较大发展，在局部地带有效阻止了沙漠入侵并使部分沙化土地转为人工绿洲，但该地区土地沙化总体上仍呈发展趋势，沙化速度大于治理速度，如高台县沙化速度是治理速度的 2.2 倍。同时，由于不合理的灌排方式，部分地区土地盐碱化严重，局部河段水质污染加重。据统计，张掖、临泽、高台三县有水盐化耕地面积约 23 万亩。

下游地区的生态环境问题最为突出，主要问题表现在以下几个方面。

河道断流加剧，湖泊干涸是额济纳旗生态危机的最为明显的表现，随之而来的是地下水位下降的问题。黑河下游狼心山断面断流时间愈来愈长，根据内蒙古自治区反映，黑河下游断流时长是由 20 世纪 50 年代的约 100 天延长至现在的近 200 天，而且河道尾闾干涸长度也呈逐年增加之势。西居延海、东居延海水面面积 50 年代分别为 267km^2 和 35km^2，已先后于 1961 年和 1992 年干涸。60 年代以来，有多处泉眼和沼泽地先后消失，下游三角洲下段的地下水位下降，水质矿化度明显提高。水生态系统严重恶化①。

① 黄委会黑河流域管理局：《黑河流域简况》，第 5~6 页。

造成生态环境恶化和水事矛盾尖锐的原因是多方面的，但有关人士认为主要有如下几个方面的原因。

气候干旱，当地水资源匮乏是原因之一。黑河流域地处欧亚大陆腹地，属极强在陆性气候。流域中下游多年平均降雨量由西南部的140mm向东北减少至47mm，多年平均蒸发能力由西南部的1407mm增至东北部的2249mm，干旱指数最高达82。占全流域面积93%的中下游地区几乎不产生地表径流。

地区社会经济发展考虑水资源条件不够，社会经济用水挤占了生态环境用水。据历史记载，黑河中游地区，汉代仅有8万~9万人，灌溉面积约7万亩；解放初期总人口约55万人，灌溉面积103万亩；现状总人口121万人，灌溉面积334万亩（含林草灌溉面积）；现在总人口和灌溉面积分别相当于解放初期的2.2倍和3.2倍，现在人均灌溉面积相当于新中国成立初期的1.5倍。由于统筹考虑水资源条件不够，60年代以来，在“以粮为纲”的思想指导下，大规划垦荒种粮，发展商品粮基地，特别是90年代后，甘肃省提出“兴西济中”发展战略，并向中游地区移民，灌溉面积发展很快。目前中游地区年产粮食99万t，每年向国家出售商品粮20万~30万t，农业灌溉占用了大量的水资源，挤占了生态环境用水，加剧了生态环境的恶化。下游内蒙古额济纳旗，现在总人口1.62万人，相当于1994年0.23万人的7倍。随着人口的增长和灌溉面积的增加，全流域社会经济用水量已由新中国成立初期的约15亿m^3（耗水8亿~9亿m^3）增长到目前的26.2亿m^3（耗水14.6亿m^3），其中中游地区用水量增加到24.5亿m^3（耗水13.4亿m^3）。而进入下游的水量则从新中国成立初期的11.6亿m^3减少到90年代的7.7亿m^3。同时，由于下游甘肃省金塔县鼎新灌区用水增加、国防科研基地用水等因素的影响，加之河道损失大量的水量，实际进入额济纳旗的水量只有3亿~5亿m^3[①]。中游用水的不断增加，导致下游生态环境用水大幅度减少，是下游生态环境恶化的重要原因。

从根本上来讲，缺乏水资源统一管理，用水浪费现象严重是导致黑河流域水事争端激化并长期得不到合理解决的关键因素。水资源缺乏统一调

① 黄委会黑河流域管理局：《黑河流域简况》，第10页。

度和监督管理，用水方式粗放，浪费现象严重，中游地区农田灌溉毛定额平均高达每亩 1036m^3。从 20 世纪 60 年代初西居延海干涸开始，内蒙古自治区就要求协调解决甘、蒙两省（自治区）水量分配问题，但 1999 年以前，流域管理一直是空白，1999 年以后流域管理工作逐步展开，目前流域管理体制及机制都需进一步完善，远不能适应形势发展的要求。

二　额济纳绿洲和牧区的生态危情

额济纳绿洲地处内蒙古自治区最西端，属黑河下游沿岸、三角洲及尾闾湖泊居延海周边之绿洲，主要由来自甘肃河西走廊黑河水的浸润与灌溉而形成。该绿洲地势低平，海拔不足 1000m。黑河流入内蒙古境内后称额济纳河，在内蒙古境内全长 270km。狼心山以北分为两支：东支称鄂木纳河，俗称东河；西支称木仁河，俗称西河。鄂木纳河入苏古淖尔，木仁河入嘎顺诺尔。

苏泊淖尔，也写作索果淖尔、苏古淖尔、苏古诺尔。1987 年 10 月 10 日出版的《额济纳旗地名志》正式定名为苏泊淖尔。这两处湖泊如同两面银镜，镶嵌在无垠的额济纳大草原上。

额济纳绿洲最突出的特征是极端干旱，年降水量仅 38.2mm，而蒸发量却高达 4000mm 以上，为年降水量的 100 多倍，是我国极端干旱的地区之一。正因为降水少，故多晴朗天气。太阳年辐射总量很高，气候温暖，年均温度 8.2℃，是内蒙古最温暖的地区。

额济纳河水量减少是导致额济纳绿洲生态危机的根源。额济纳河是额济纳绿洲赖以生存的生命之泉，没有额济纳河、没有额济纳河源源不断的河水的滋润，也就没有额济纳绿洲。然而严酷的现实是，千万年来一直养育这一片广阔土地的额济纳河，在近代以来却因上游黑河流域用水过多而流量急剧减少。据有关专家研究，20 世纪 40 年代黑河流入额济纳河的水量有 10.57 亿 m^3，60 年代平均流量已减少到 8 亿 m^3 左右，70 年代年均流量迅速减少到仅有 4 亿 m^3，90 年代初只剩下 2.5 亿 m^3，现在每年流入额济纳河的水量已不足 2 亿 m^3。河流长年断流，额济纳河尾闾湖泊居延海逐渐干涸。20 世纪 40 年代西居延海水深可达 2.9m，水域面积 190km^2。东居延海水深达 4.1m，水域面积 35.5km^2；至 80 年代初，湖面迅速缩小到仅有 23.6km^2，水深只有 1.8m；现在则已完全干涸，湖底变成了盐碱滩与戈壁滩。这样，额济纳河沿岸及居延海湖滨绿洲——一个在历史上曾闪耀过光辉的巨大绿洲就不得不面临空前的生态灾难，一个在历史上曾闪耀过光辉的巨大绿洲正变得暗淡，失去了光彩，甚至有可能完全从大地上消失。一场空前的生态灾难正笼罩着居延故地。其生态危机主要表现在以下几个方面。

首先，额济纳河长期断流，地下水得不到补给，从而导致沿河及下游三角洲地下水位不断下降，水质趋于恶化。据有关专家观测，东河末端地下水现降幅已达 4m。60%的水井干涸。由于淡水补给不足，地下水矿化度越来越高，因而严重地影响到人、畜用水及农林业用水。

其次，由于额济纳河水量锐减，地表土层得不到水源滋润，地下水位下降，植物根系分布层土体干燥，植物无法继续生存，导致地表植被盖度迅速降低，生物量减少，由 50 年代的每亩产草 15kg~20kg 降至 90 年代的不足 10kg，植被盖度下降了 30%~80%。原来额济纳河两岸胡杨林下的植物有 200 余种，现在不足 30 种。植物种群减少，群落结构趋于简单，质量较好的牧草退化，代之以杂草和毒草。大量胡杨林、沙枣林和柽柳林衰退、老化、死亡。据《中国绿洲》① 一书介绍，1982 年调查时仍有胡杨、沙枣林 107.6 万亩，现在不足 50 万亩；1982 年柽柳林仍有 523 万亩，现在不足 150 万亩。

植物严重衰退与环境恶化，又导致了动物种群的变化。一些珍稀动物基本绝迹，濒临消亡，如盘羊、野骆驼、蒙古野驴、黑鹤、疣鼻天鹅、兔狲、猞狮、蓝马鸡等，都难再见到。

再次，额济纳河水量的急剧减少，从根本上动摇与破坏了几千年来额济纳流域的生态平衡，导致环境恶化、病虫害肆虐。据统计，阿拉善草地每年发生国标一、二级毁灭性虫害 200 万亩以上，鼠害 1000 万亩以上，毒草害 4000 万亩以上。上述灾害，相当一部分发生在额济纳地区。

额济纳河流域的胡杨林除大面积死亡、分布面积减少外，现存的胡杨

① 申元村等：《中国绿洲》，河南大学出版社，2001，第 296~299 页。

林也突出地存在“四多四少”现象。即：老树多，幼树少，中、幼林仅占22.7%。疏残林多，密林少。病腐林多，健壮林少，胡杨的病腐木已占总株数的62%，现正以每年4%的速度病腐，成了病菌和害虫滋生、繁殖、蔓延的“温床”。据1981年调查，各种虫害多达506种，病害19种，危害面积达80多万亩。胡杨每株天幕毛虫达5000余条，柽柳条叶每丛普遍有10000条左右。死亡消失多，更新复壮少。居延绿洲原来生机盎然，以胡杨、沙枣、柽柳灌木与林下草甸为特征，显示了林、灌、草多层群落结构的天然绿洲特色，而这一切现在正日益消失。

全面系统地分析和介绍我国绿洲现状的《中国绿洲》[①] 一书认为，额济纳现代绿洲的面积可由以下几部分组成：①现代耕地、城镇居民点及道路、水渠等，2.2万~2.5万亩；②现存胡杨林、沙枣林等的面积约50万亩；③现存柽柳林的面积约151万亩；④林间、河岸、湖滨非盐土型下湿地约5万亩。以上总计约208.5万亩（1390km^2）。因此可以认为，现代额济纳绿洲的面积不超过1500km^2。应该指出，梭梭的生境属荒漠沙地，居延海湖盆大部分盐碱化，均应归为荒漠化土地。

面对这一严峻的形势，有关专家学者和民间环保组织正在呼吁：现在是到拯救这一片绿洲的最后时刻了！

那么，怎样才能拯救这一片绿洲呢？

额济纳绿洲生态环境急剧恶化的现实，震惊了每一位关心额济纳绿洲的人。科学工作者的呼吁，各级有关部门及中央政府的重视，使人们基本取得了一致的意见，这就是必须保证一定数量的河水流量来维持额济纳河流域的良性生态平衡。为此需要采取以下硬性措施。

首先，确保每年有8亿~10亿m^{3}的水进入额济纳河流域。

其次，建立额济纳胡杨林自然保护区。1992年经内蒙古自治区政府批准，已建立“七道桥胡杨林自然保护区”，面积3.0万亩，后又升格为国家自然保护区，面积扩大为10.0万亩。这将有助于当地胡杨林的保护和恢复。

最后，建立多效益的绿洲生态防护系统。

---

① 申元村等：《中国绿洲》，河南大学出版社，2001，第310页。

三　黑河流域生态危机的人类学考察

为了进一步阐明人类活动对黑河流域生态环境的影响，我们对黑河流域的水资源过度利用与生态危机之间的关系进行了初步的问卷调查和定量分析。在进行黑河流域的水资源与生态环境研究过程中，我们发现以往的研究多是从自然科学的角度进行的，其关注内容大致有冰川、气候变化、土壤、植物、动物、沙漠、水文等，我们觉得对黑河流域的水资源与生态环境进行研究，仅仅靠自然科学家的调查研究是不够的，还需要从社会科学的角度对黑河流域的经济结构、社会变迁和民族文化等多个方面进行调查研究。

为了以数据说明事实，黑河流域中下游不同经济区域（如市区、灌溉农业经济区、荒漠牧业区、工业区等）的不同人群（如农民、牧民、工人、市民、一般机关干部、企业管理者、水利部门干部等）的经济活动和生活状况、他们对当地水资源的保护和利用的态度和认识、他们的用水习惯、他们在生产和生活中的实际用水数量、他们对历史的和现行的用水和分配水资源的制度和政策的看法和意见等，我们①于 2003 年底到 2004 年初，在黑河流域上、中、下游不同地区的 9 个县（市）开展了实地调查，除了获得 802 份有效调查问卷之外，通过访谈调查获得了一些真实的口述资料，还收集和掌握了一些当地的历史文献资料。通过此次问卷调查，我们获得了如下结论。

（一）水资源状况

在黑河流域，33.54% 的受访者认为水资源紧张程度“很严重”；28.80%的受访者认为“较严重”或“很严重”；26.31% 的受访者认为“有些问题”；三者合计占 88.65%。

从上游到下游，人们感到黑河流域水资源紧张程度越来越严重，它们依次是上游地区（79.05%）、中游地区（88.96%）、下游地区（96.80%），以 10%左右的比例呈递增趋势，尤其是黑河下游地区受访者

① 课题组成员色音、张继焦、杜发春等。

对水资源紧张的感受最深。

以10年为分期，58.23%的受访者认为，水资源紧张开始于1~10年前；14.59%的受访者认为开始于11~20年前；6.98%的受访者认为开始于21~30年前。

在黑河流域，造成水资源紧张的四个主要原因分别是“水资源不足”（27.97%）、“水利设施不足”（17.65%）、“垦荒面积增大”（12.31%）和“水资源分配不当”（10.42%）。

关于水污染问题，44.01%的受访者认为水污染“有些问题”；认为水污染“较严重”和“很严重”的受访者分别占14.59%和5.99%；三者共占64.59%。分地区来看，下游地区受访者比上游和中游地区受访者对水污染的程度感受要明显一些。

以10年为一个阶段，认为水污染开始于10年前的受访者占67.21%。

在黑河流域，造成水污染的主要原因依次是：“工业企业及用水”（28.10%）、“大量使用化肥”（19.76%）、“过度使用水资源”（16.98%）和“水利管理不当”（12.55%）。

（二）水资源与经济发展

在黑河流域，36.28%的人认为农业/牧业过度开发“有些问题”，认为农业/牧业过度开发“较严重”和“很严重”的人分别占19.83%和11.47%，三者共计占67.58%。比较不同地区，下游地区受访者感到问题最严重，上游地区受访者次之，中游地区受访者更次之。

以10年为一个阶段，认为农/牧业的过度开发始于10年前的受访者占69.70%。

造成农业过度开发问题有四个比较主要的原因，它们依次是：“为了增加家庭收入”（20.95%）、“人口增加”（16.20%）、“农民/牧民自己开荒”（13.10%）和“养羊数量增多”（10.67%）。

在黑河流域，农业过度开发对水资源造成了四个方面比较突出的影响：“过量使地下水，即过量使用机井水”（23.68%）、“黑河中下游水量减少”（20.38%）、“过量使用水资源”（19.60%）和“过量使用地表水”（11.65%）。

在黑河流域，农业过度开发造成的不良影响表现在几个主要方面："水资源缺乏"（23.18%），"土地沙化"和"土地退化"（两者分别占15.10%和12.93%），"草地减少"和"森林面积减少"（两者分别占17.63%和11.62%）。

关于工业过度建设的严重程度，35.66%的受访者认为"有些问题"；分别有11.22%和3.74%的受访者认为"较严重"或"很严重"，三者合计50.62%。与下游地区相比，上游和中游地区有更多受访者指出了工业过度建设的问题。

以10年为一时段，有61.10%的受访者认为工业过度建设开始于10年前。

在黑河流域，工业过度建设主要原因依次是："发展当地经济的需要"（30.67%）、"政府为了增加收入"（16.80%）和"政府为了增加就业"（14.40%）。

在黑河流域，工业过度建设对水资源造成的不利影响，突出表现在几个方面："过量使用地下水（大量使用机井水）"（21.55%）、"污染生活用水"（17.79%）、"污染河水"（15.40%）和"过度使用水资源"（14.75%）。

在黑河流域，工业过度建设造成的最突出不良影响分别是"水资源缺乏"（20.13%）、"水污染"（16.46%）、"森林和草地减少"（12.16%）和"耕地面积减少"（11.24%）。

（三）水资源与生态环境

在黑河流域，关于土地退化或沙化程度，有30.80%的受访者认为"有些问题"；还分别有27.56%和21.32%的受访者认为"较严重"或"很严重"；三者合计79.68%。对此，下游地区受访者的感受最深，高达98.72%的受访者表示土地沙化或退化程度确实很严重，比上游地区受访者高出近10个百分点，比中游地区受访者高出近20个百分点。

以10年为一个分期，54.49%的受访者认为土地退化或沙化始于10年前，17.21%的受访者认为始于10~20年前，7.36%的受访者认为始于21~30年前。

在黑河流域，造成土地退化或沙化的主要原因分别是："水资源不足"（20.47%）、"水利设施不足"（9.90%）、"周围沙漠的侵蚀"（8.55%）和"滥耕滥牧"（8.41%）等。

在黑河流域，认为确实存在森林和草地减少问题的受访者总计79.80%，其中认为"有些问题""较严重""很严重"分别为占31.67%、29.30%和18.83%。对此，感受最深的是下游地区受访者（95.51%），其次是上游地区受访者（91.21%），再次是中游地区受访者（71.49%）。

以10年为一个分期，61.85%的受访者认为森林和草地减少始于10年前，16.83%的受访者认为始于10~20年前，7.61%的受访者认为始于21年前。

在黑河流域，造成森林和草地减少的主要原因分别是"水资源不足"（17.96%）、"养羊数量增多"（10.07%）和"粮食种植面积增大"（9.33%）。

通过调查发现，不同经济区受访者对水资源紧张程度的看法有所不同（见表1）。

表1　不同经济区对水资源紧张程度的看法

	中游农灌区		下游农灌区		工业区		城镇区		上游牧区		下游牧区	
很严重	113	42%	44	67%	42	20%	35	24%	12	16%	23	79%
较严重	85	31%	18	27%	66	31%	36	24%	22	29%	4	14%
有些问题	52	19%	4	6%	73	34%	55	37%	26	34%	1	3%
不严重	18	7%	0	0%	27	13%	19	13%	15	20%	1	3%
没发生	3	1%	0	0%	4	2%	3	2%	1	1%	0	0%
合计	271	100%	66	100%	212	100%	148	100%	76	100%	29	100%

比较不同经济区对黑河流域水资源紧张程度的看法，表现为如下的情况。

在中游农业灌区，42%的受访者认为水资源紧张程度"很严重"；分别有19%和31%的受访者认为"有些问题"或"较严重"；三者合计92%。另外，只分别有7%和1%的受访者表示水资源紧张程度"不严重"或"没发生"此问题。

在下游农业灌区，高达67%的受访者认为水资源紧张程度"很严重"；分别有6%和27%的受访者认为"有些问题"或"较严重"；三者合计

100%。下游灌区的受访者中没有人认为水资源紧张程度“不严重”或“没发生”此问题。

在上游牧区，34%的受访者认为水资源紧张程度“有些问题”；分别有29%和16%的受访者认为“较严重”或“很严重”；三者合计79%。另外，还分别有20%和1%的受访者表示水资源紧张程度“不严重”或“没发生”此问题。

在下游牧区，高达79%的受访者认为水资源紧张程度“很严重”；分别有3%和14%的受访者认为“有些问题”或“较严重”；三者合计96%。仅有4%的下游牧区受访者认为水资源紧张程度“不严重”。

在工业区，34%的受访者认为水资源紧张程度“有些问题”；分别有31%和20%的受访者认为“较严重”或“很严重”；三者合计85%。另外，还分别有13%和2%的受访者表示水资源紧张程度“不严重”或“没发生”此问题。

在城镇，37%的受访者认为水资源紧张程度“有些问题”；各有24%的受访者认为“较严重”或“很严重”；三者合计85%。另外，还分别有13%和2%的受访者表示水资源紧张程度“不严重”或“没发生”此问题。

总之，对黑河流域水资源紧张程度，有3个经济区认为“很严重”，它们依次是下游牧区（79%）、下游农业灌区（67%）和中游农业灌区（42%）。有3个经济区认为“较严重”，它们依次是中游农业灌区、城镇和工业区。

通过问卷分析，也可以了解到黑河流域不同地区的水资源紧张程度的差异（见表2）。

表2　黑河流域不同地区的水资源紧张程度

	上游地区		中游地区		下游地区	
很严重	16	10.81%	160	32.13%	93	59.62%
较严重	32	21.62%	152	30.52%	47	30.13%
有些问题	69	46.62%	131	26.31%	11	7.05%
不严重	28	18.92%	48	9.64%	4	2.56%
没发生	3	2.03%	7	1.41%	1	0.64%
合计	148	100.00%	498	100.00%	156	100.00%

关于黑河流域中不同地区的水资源紧张程度，上中下游受访者的观点如下。

在上游地区，46.62%的受访者认为水资源紧张“有些问题”；还分别有21.62%和10.81%的受访者认为“较严重”或“很严重”；三者合计79.05%。另外，分别有18.92%和2.03%的受访者表示水资源紧张“不严重”或“没发生”此问题。

在中游地区，26.31%的受访者认为水资源紧张“有些问题”；还分别有30.52%和32.13%的受访者认为“较严重”或“很严重”；三者合计88.96%。另外，分别有9.64%和1.41%的受访者表示水资源紧张“不严重”或“没发生”此问题。

在下游地区，高达59.62%的受访者认为水资源紧张“很严重”；还分别有7.05%和30.13%的受访者认为“有些问题”或“较严重”；三者合计96.80%。仅有2.56%和0.64%的下游受访者表示水资源紧张“不严重”或“没发生”此问题。

总之，绝大多数的黑河流域受访者都认为确实存在水资源紧张的问题。总体来看，从上游到下游，人们对黑河流域水资源紧张程度越来越严重，它们依次是上游地区（79.05%）、中游地区（88.96%）、下游地区（96.80%），以10%左右的比例呈递增趋势，尤其是黑河下游地区受访者对水资源紧张的感受最深。

关于黑河流域水资源紧张自何时开始发生的问题，15.59%的受访者认为，黑河流域水资源紧张的状况始于9~10年前；14.59%的受访者认为，黑河流域水资源紧张的状况始于4~6年前；13.59%的受访者表示，黑河流域水资源紧张的状况始于2~3年前；10.97%的受访者表示，黑河流域水资源紧张的状况始于7~8年前；还有13.34%的受访者表示，黑河流域水资源紧张“自古如此”。

以10年为分期，58.23%的受访者认为，水资源紧张开始于1~10年前；14.59%的受访者认为水资源紧张开始于11~20年前；6.98%的受访者认为水资源紧张开始于21~30年前。

关于黑河流域中不同地区水资源紧张的开始时间，上中下游受访者的看法如下。

在上游地区，25.00%的受访者认为，黑河流域水资源紧张的状况始于4~6年前；18.24%的受访者表示，黑河流域水资源紧张的状况始于7~8年前；13.51%的受访者表示，黑河流域水资源紧张的状况始于2~3年前；还有10.14%的受访者表示黑河流域水资源紧张“自古如此”。以10年为分期，上游地区74.32%的受访者认为，水资源紧张开始于1~10年前；7.43%的受访者认为水资源紧张开始于11~20年前；2.70%的受访者认为水资源紧张开始于21~30年前。

在中游地区，17.47%的受访者表示，黑河流域水资源紧张的状况始于2~3年前；14.86%的受访者认为，黑河流域水资源紧张的状况始于4~6年前；13.65%的受访者认为，黑河流域水资源紧张的状况始于9~10年前；还有13.65%的受访者表示黑河流域水资源紧张“自古如此”。以10年为分期，中游地区61.24%的受访者认为，水资源紧张开始于1~10年前；14.06%的受访者认为，水资源紧张开始于11~20年前；6.43%的受访者认为，水资源紧张开始于21~30年前。

在下游地区，25.00%的受访者认为，黑河流域水资源紧张的状况始于9~10年前；15.38%的受访者认为，黑河流域水资源紧张的状况始于11~15年前；10.26%的受访者认为，黑河流域水资源紧张的状况始于21~25年前；还有15.38%的受访者表示黑河流域水资源紧张“自古如此”。以10年为分期，下游地区41.03%的受访者认为，水资源紧张开始于1~10年前；23.08%的受访者认为，水资源紧张开始于11~20年前；12.82%的受访者认为，水资源紧张开始于21~30年前。

总之，黑河流域从上游地区到下游地区，受访者认为的水资源紧张起始时间不同，上游地区受访者比较集中于4~8年前，中游地区受访者比较集中于2~6年前，下游地区受访者比较集中于9~15年前。

关于黑河流域水资源紧张的原因，受访居民的看法和意见主要有以下两种。

第一，人为使用、管理不当或破坏等因素。12.31%的受访者认为黑河流域水资源紧张是由于“垦荒面积增大”造成的；10.42%的受访者认为黑河流域水资源紧张是由于“水资源分配不当”造成的；此外，还有相当一部分人认为黑河流域水资源紧张是由于“人口增多”（9.43%）、“水利管理不当”（5.08%）、“放牧增多”（4.30%）、“水污染”（2.99%）、“企业增多”（2.51%）等因素造成的。

第二，资源有限等客观因素。27.97%的受访群众表示黑河流域水资源紧张主要是由于“水资源不足”造成的。还有不少人认为，“水利设施不足”（17.65%）、“周围沙漠的侵蚀”（5.81%）等因素也是造成水资源紧张的重要原因。

综合各种因素来看，“水资源不足”（27.97%）是造成水资源紧张的最主要原因；“水利设施不足”（17.65%）是造成水资源紧张的第二大原因；造成水资源紧张的原因还有“垦荒面积增大”（12.31%）和“水资源分配不当”（10.42%）。

在黑河流域，上中下游的受访者对水资源紧张的原因的看法不尽一致（以下数据为受访人次的百分比）。

在上游地区，24.26%的受访人次认为水资源紧张的原因是“水利设施不足”；16.57%的受访人次认为是“放牧增多”；13.61%的受访人次认为是“水资源不足”；还有11.54%的受访人次认为是“水利管理不当”。

在中游地区，30.50%的受访人次认为水资源紧张的原因是“水资源不足”；16.57%的受访人次认为是“水利设施不足”；15.38%的受访人次认为是“垦荒面积增大”；还有12.32%的受访人次认为是“水利管理不当”。

在下游地区，32.74%的受访人次认为水资源紧张的原因是“水资源不足”；18.02%的受访人次认为是“水资源分配不当”；15.23%的受访人次认为是“水利设施不足”。

总之，关于水资源紧张的第一位主要原因，上游地区受访者认为是“水利设施不足”，而中游地区和下游地区受访者认为是“水资源不足”。关于水资源紧张的第二位主要原因，上游地区受访者认为是“放牧增多”，中游地区受访者认为是“水利设施不足”，而下游地区受访者认为是“水资源分配不当”。

生物资源保护与可持续利用

选择与融入

——对那嘎村沼气项目实施过程的一次民族学调查

才让卓玛（西北政法大学）

摘　要：近几年，随着西藏民生工程的开展，大量的能源建设工程如沼气池、太阳灶、以电代薪等新型能源工程开始走进西藏农牧民的生活。而西藏农村作为一个具有浓厚藏族传统文化的区域，由生计方式、价值观念、生态文化和生活习俗等表现出的特殊性不言而喻。在内地发展和成长起来的有着成熟技术和理念的新能源在一定程度上也代表了一种外部文化，新的能源与西藏农村，两者之间是如何相互调整、相互适应、相互接受的，笔者从民族学的角度关注西藏农村沼气工程在西藏的实施过程，可以更好地了解现代化背景下正在变化的西藏社会，并为探究一些因地制宜的政策提供思考和启发。

关键词：沼气；变迁；灶神；禁忌

2007年12月26日，国务院新闻办发表《中国能源状况和政策》白皮书，着重提出能源多元化发展，可再生能源发展正式列为国家能源发展战略的重要组成部分。“低碳”成为21世纪经济发展和生活方式的重要指标，节能减排、低碳环保的生活理念开始深入社会经济生活的各个方面，而在农村，最切合这一理念并予以实践的，就是开发利用可再生能源，由此，沼气和太阳能等可再生清洁能源的开发利用成为新农村低碳生活的一个重要方面。随着西藏民生工程的开展，大量的能源建设工程如沼气池、太阳灶、以电代薪等新型能源工程开始走进西藏农牧民的生活，而西藏农村作为一个具有浓厚藏族传统文化的区域，由生计方式、价值观念、生态文化和生活习俗等表现出的特殊性不言而喻。酥油、牛粪、水等，是西藏农牧民们维持生计的重要资源，也是他们所熟知的传统能源，很多仪式、禁忌、文化等都与这些传统能源息息相关。

如今，新的能源已经大规模进入西藏农村，当地的传统能源使用状况和社会生活已经悄然发生了变化。沼气，以其对农村有机废料的科学、合理的循环利用，成为国家大力推广的农村绿色新能源。它的背后，是一套完整的科学理论和生产实践的支持，然而，在进入那嘎村，或者说进入西藏这个带有浓郁藏传佛教色彩的地域时，却引起了一场轩然大波。在内地发展和成长起来的有着成熟技术和理念的沼气能源在一定程度上也代表了一种外部文化，对藏族传统文化观如洁净观、神灵信仰等形成了巨大挑战。新能源与西藏农村，两者之间是如何相互调整、相互适应、相互接受的，西藏村民这些承载着传统的文化主体又是怎样看待这个新能源，以及如何运用农村人的智慧最大效用地利用这些新能源，从民族学的角度关注西藏农村用能变化引起的社会文化变迁，正是笔者迫切想要了解和展示的，因此，笔者对西藏自治区堆龙德庆县古荣乡的那嘎村实施的农村沼气建设项目进行了一次跟踪田野调查。

田野点简介

那嘎村隶属于拉萨市辖区七县之一的堆龙德庆县古荣乡，村委下辖9个村民小组，其中农业组6个，牧业组3个，共297户，牧民82户，农民215户，总人口1514人，牧民474人。特困户22户，其中牧区6户，农村16户。[①] 那嘎村位于拉萨河谷延伸地带，有明显的高原河谷垂直气候特征，村境内农牧组气候差异较为明显。那嘎村村委会距离拉萨市约60公里，车程一个半小时左右，境内125乡道贯穿那嘎村，2013年古荣乡至楚布寺路段修为柏油路。如今，境内除海拔最高的牧业九组外，其余各组均通路通电。村民传统的生计方式农牧兼备，那嘎村的农田分布在六组至五组间的河谷地带，传统农作物以青稞、油菜、豌豆、土豆为主。牧业组分布在六组以上及7个沟谷中，海拔超过4000米，以畜牧业为主。农业组和牧业组

① 那嘎村委会提供数据资料。

虽然生计方式各不相同，但日常生活交往互动频繁，其生计产品互为补充。笔者曾两次前往那嘎村进行调研，这里虽比较偏僻，环境艰苦，但是民风淳朴，所到之处村民极为热情，村民日出而作、日落而息，生活既劳碌匆忙，也悠闲自得。但是，在现代化的进程中，传统的观念和生计方式正面临挑战，这些冲突与博弈，体现在老年人的固守、中年人的压力、年轻人的热情与迷茫中。那嘎村面临的选择，是当下许多民族地区的农牧民群众正在面临和经历的问题。

一 “谣言”与“宣传”——“科学”与“迷信”的博弈

沼气进入那嘎村这个传统的社区时，就像其进入西藏多数地方一样，面临着一定的阻碍，这种阻碍并不来自对沼气科学性的质疑，而是来自文化的差异。在内地已有50年发展历程的沼气项目，其自身已经突破了文化的种种限制，只是以一项单纯的、科学的新能源技术存在着，但是到了西藏，却不得不面对诸多的文化禁忌。在这场博弈中，沼气以“科学”的姿态逐级推广和宣传着，面对这个势必会造成威胁的新技术，“传统”也在奋力抗争，它转化成被村民广泛传播的“迷信”与“谣言”，成为推广“科学”的阻碍。从一开始，这场新旧文化观的博弈就开始了，一方是以村民为主导的散播“谣言”、维护“传统”活动，另一方面则是以政府为主导的宣传推广“科学”技术、破除“迷信”活动。

（一）“迷信”与“谣言”

关于这一点，恐怕感受最深的就是农牧局负责宣传和实施沼气项目的工作人员。在对相关工作人员进行采访时，从他们的讲述中更能体会到这种传统文化观念的阻力。

个案1：

相关工作人员访谈：“老百姓一个是嫌脏，说用粪水脏。二是说里面会生虫，怎么说的，说开火时虫会从管子里面爬出来，怎么可能，怎么可能呢！那个管子里面都是气体，怎么可能有虫子爬进去呢？根本是不可能的。还有一家，最气人了，我们把温室给他搭好，所有的都弄好，可是第二天他就全部拆下来了，说是家里有病人，温室对病人不好。然后沼气池子盖好了也不加料，让他加猪粪，他不加，说猪粪对灶神不好，他们家牲畜少，料很少，我们说我们出钱买料他都不行，就是不加。但是报名建池的时候他报名了，报名了建好了又不用了。如果领导下来视察验收，一问为什么不产气，那就全是我们的责任，会说我们没有把工作做好。真是没办法，讲不通道理，讲了也没用。不光是农牧局，专门基层党建工作组开了会，也是这个样子，年轻一点的还可以接受（用沼气），年纪大的都接受不了。”

包工队何师傅：“这边好像不怎么习惯用那个粪水，这里有嫁到其他地方去的（人）嘛，可能看别人做得不好，不产气，回来就宣传了嘛，所以刚开始都没有人愿意做沼气。刚开始的劝导工作很费劲的。”

笔者在调查时，也发现了这样的情况，在问及建沼气池有何顾虑时，很多村民都说“听说（沼气）会生很多小虫子，那个虫子会乱爬，爬到蔬菜上，刚开始不敢弄，就看人家弄得怎么样再说”。几乎所有沼气用户在开始选择是否做沼气时都听到了这样的谣言，并产生了顾虑。在多方走访之后，笔者认识到这种顾虑的根源来自以下三个方面，而这几个方面，恰好体现了藏族传统文化观念与沼气这个新能源文化的碰撞和摩擦，使得沼气一进入西藏农区就面临着阻力。

（二）沼气挑战的禁忌：“杀生”“灶神”“洁净观”

“杀生”

在藏区，杀生绝对是一项首要禁忌，这种文化从藏族社会中对“屠夫”“铁匠”的普遍歧视中可见一斑。笔者几次去那嘎村，对村民的忌杀生习俗感悟非常深。以笔者所见为例，七、八月间那嘎村温度也较高，有很多苍蝇、蚊子，但是没有一户使用杀虫剂，苍蝇太多的时候也只是开窗驱赶；在野外喝酥油茶时，不断有小飞虫飞进茶碗，主人只是时不时一面用手盖着茶碗，一面催促笔者赶紧喝茶，以免更多的飞虫掉入碗中死去；去内地念书的村主任孩子，对笔者讲述内地与自己文化的差异时，也提到刚开始去时特别不能理解舍友在宿舍拍死蚊子的做法，觉得很残忍；而那嘎村农田里也不会用农药杀虫，甚至一些农用化肥都退出了那嘎的市场，因为村民发现使用某些化肥会使田间飞虫数量增加，这会使人们在田间劳作时无意间杀死更多的虫子。

那嘎村的沼气模式是河谷农区三位一体模式，也就是沼气+蔬菜种植+温室的模式，沼气原料本来就是由各种畜粪堆积而成，自然也是吸引蚊虫的温室，而种植的蔬菜如果管理不当，便会造成蚊虫较多的现象，由于农药不能进沼气池，因此也不能对蔬菜喷农药，如果蚊虫增多，那洗菜择菜的过程中免不了要杀死更多的虫子，增加了罪孽。这既是村民对于沼气诸多顾虑的原因之一，也是关于沼气有虫的谣言愈演愈烈的原因①。

“灶神”

村民对沼气的第二个顾虑便是沼气与灶膛禁忌的冲突。那嘎村有着丰富的灶神文化和灶膛禁忌，村里有一个明显区别于其他村寨的特征，整个那嘎沟几乎没有人养猪养鸡，除了鸡蛋，村民几乎很少吃猪肉鸡肉，人们经常会把出行遇到下雨或者不顺的部分原因归结为吃了猪肉、鸡肉。在进行了深入的走访之后，笔者发现灶神的禁忌在那嘎村较为严厉，人们普遍认为猪鸡二者杂食，会不小心将化为虫豸的“鲁”神吃掉，而“鲁”神作为藏族文化中掌管瘟疫疾病的神祇，是藏族普遍敬畏和供养的神祇之一，而灶神也是“鲁”神的一种，所以人们对灶膛的洁净尤为重视。加之那嘎沟内有两座非常有名的噶举派寺院即楚布寺和乃朗寺，以及多处修行地，使得这一区域的宗教氛围更为浓厚，灶神信仰和灶膛禁忌更为深入和严格。

沼气是用来替代薪柴的能源之一，在沼气原料中，畜粪是主要的原

① 刘志杨：《乡土西藏文化传统的选择与重构》，民族出版社，2006，第277~282页。将村民不愿意种植蔬菜大棚的原因归结为蔬菜大棚是受到“污染”的内部，而与藏族内外有别的洁净分类产生冲突。笔者除此还认为大棚内部的蚊虫与藏族“忌杀生”观相冲突有关。

料，而猪粪、鸡粪等更是惹怒灶神的雷区。通过畜粪发酵而成的沼气，在用来做饭时，如果想到其中含有猪粪、鸡粪等，是一件多么让人心里不舒服的事，而这样的行为会不会惹怒灶神，会不会降灾，这些都足以让村民害怕和恐惧。不过，因那嘎村境内不养殖鸡和猪，所以沼气的原料基本以牛粪为主，加之少量羊粪，因此对于猪粪的顾虑要少很多，但在那嘎村以外的其他乡镇，这却是一个不容回避的问题，很多选择做沼气的家庭要么在选择原料时避开使用猪粪、鸡粪，要么从自己内心彻底打破对这种禁忌的认同，接受事实。另外，由于沼气池料都是废弃的粪料，即便是没有使用猪粪，出于对粪便和恶臭气味的厌恶，从心理上认为沼气废料不洁净的想法，同样使人们担心灶膛的洁净会被污染。在那嘎村，沼气灶一般被设置在厨房里，距离铁灶比较近，人们担心恶臭的气味会污染灶膛洁净，进而得罪灶神，招致灾祸。

“洁净观”

有关沼气带来的对藏族传统洁净观的挑战，也是一个不小的问题。这个问题主要是出在沼气原料——畜粪、人粪和沼气气味上。粪便作为排泄物是“污秽的”，这是所有民族和文化所奉行的通则①，在藏族的洁净观中尤甚，较为注重家庭内部的洁净，如那嘎村一般家庭厕所也较为密封，臭味不会散发出来，而在家庭内部经常煨桑，以产生的烟气进行庭院、房屋净化。

沼气原料在发酵以后，会产生一些化学物质，比如硫化氢，就有一股臭鸡蛋味，而每隔几天就要出料一次，意味着要经常与粪水打交道，这对注重家庭内部洁净的藏族来说，无疑也是一件需要忍耐和考虑的事。

笔者认为，以上三点是在采访过程中谈及建沼气时，村民考虑最多的顾虑，在一定程度上也代表了新的技术在进入一个传统社区时，面对它即将对传统文化观造成的威胁和带来的改变，人们在考量如何取舍时的犹豫和选择。正如作家阿来《鱼》故事中对“吃鱼”这一事件的心理挣扎一样，沼气进入那嘎村的过程，看似是科学扫除“迷信”思想的一次科技知识普及过程，实际代表的是传统文化在面对现代化的挑战时，作为文化载

① 作为燃料的牛、羊粪在藏族文化观里是“洁净的”。

体的个体内心在取舍博弈中的迷惑与选择。在面对传统的禁忌和文化时，是舍弃还是坚守，相信在每一个村民的心中都默默进行着像《鱼》中主角一样的斗争。

（三）沼气的宣传与实施

面对这样一个基本以排斥和观望为主流态度的西藏农村，农牧局以及各主管单位的工作人员，开展了大量的宣传工作。

首先，农牧局先后组织了三批村组内部人员去曲水、林芝、达孜等地参观学习，对此，作为村内沼气负责人的次珠有着体会："我们这边就是这样，光说不行，要亲自看了才相信，沼气也是这样。有的人说这个沼气好，就不用买液化气了，有的人说不好，虫多得很，味道大得很，但是到底怎么样，到底好不好，是不是人家说的那样子的，自己亲眼看了才知道嘛，我们村主任，还有我，还有其他村子的，县农牧局专门组织我们去曲水、林芝那边参观学习，我们看了之后，回来就要给村民们讲这到底是什么样子的，有什么好处，有什么不好的都要讲，然后他们（村民）再自己做决定要不要弄沼气。"

其次，便是挨家挨户的动员与开会，搞试点。据施工队的何师傅说，古荣乡的第一家沼气便是他们施工队自己挖的，而原本这个项目是要求农户自己投劳。

个案 2：

县农牧局工作人员访谈：

第一次建沼气，先是宣传，由农牧局和乡里面动员，然后自愿报名。加入村报上来 50 户，先试点 3 户，产气以后，组织村主任、组长党员参观，参观完了，里面就自然而然传开了，如果不产气，施工队承诺的，一分不少地将国家补贴 3000 元退还给户。去曲水、达孜的参观学习搞了 3 期，那边开展得早，2008 年就是着重维修和维护。

施工队何师傅访谈：

这边第一家是古荣村，古荣村是整个乡第一个做沼气的村子，他们有的人嫁到别的地方了，回来说这个不产气，没有火，村子就没有人做，第一个是我们自己做的。我们自己挖坑，放料，然后把水加里面，每天自己下粪，然后半个月吧，就有火了，就产气了。那他们就相信了，慢慢做沼气的人就多了。

我们唐老师（唐仁浩）是第一个做西藏沼气的，在达孜搞试点，是第一个燃沼气的，本来政府不支持做这个，他们认为做不出来，那时候没有钢木，都是用砖做的，人家说不产气的话，你就把砖扛到外面去，不能留到人家家里，还要把那个坑自己填平。做了半个月以后，有火了，自治区农牧厅的，拉萨市农牧局都来看，觉得这个可以，然后这个计划就推广了。唐老师2006年在西藏农牧厅科研大会上说了，西藏可以修铁路，我就可以燃沼气。

随着沼气政策的进一步宣传，2010年，沼气项目第一次正式进入那嘎村，有86户实施了沼气建设。2011年笔者去时，还有部分家庭申请了沼气项目，正在准备建沼气池。可见，沼气这一新技术正式被村民所接纳，而在笔者对村民及农牧局工作人员的采访中也发现，真正使村民接受这一新技术的，还有两个关键的因素，那就是沼气的政策补贴和与沼气一体的蔬菜大棚。

二　补贴和蔬菜大棚

（一）政府补贴——政府、施工队与村民的合作

沼气项目有明确的国家财政补贴：“农村薪柴替代工程沼气项目：2009年沼气建设计划每户国家补助3800元，其中中央财政补助3000元，自治区财政补助600元，地（市）、县（市、区）各补助100元。”[①] 关于补助的具体分配，和施工队的合作过程，县农牧局的工作人员给笔者做了一些解释：3800元中，3000元是国家补贴，800元中500元是投劳部分，300元是村民自筹资金。这项补贴按每年的任务又不一样，2009年国家拨

① 中共拉萨市委宣传部编印《中央、自治区、拉萨市惠民政策汇编》，2011。

的补贴是 3000 元/户，2010 年拨的是 3300 元/户。按这个要求，砂石料、混凝土搅拌都是村民自己投劳，温室也都是自己投劳，钢管、薄膜这些由农牧局发放，但是在按这个方法实行以后，效果并不好，群众积极性并不是很高。为了提高群众沼气建设的积极性，政府决定每户发放 920 元现金补贴，也就是说，只要决定做沼气，便能得到政府的 920 元现金补贴，这部分的补贴中，村民只需要投劳和备沼气原料即可，沙石料、建材等都由施工队来准备。而建好的温室中需要种植的蔬菜种子也由农牧局提供，2008~2010 年农牧局买蔬菜种子的资金将近 5 万元。这样一来，村民不但可以得到一个沼气、一个蔬菜大棚，还会得到 920 元的现金补助，农村的现金收入本来就少，在这样的条件下，很多人选择了做沼气。

从笔者在村里看到的一份补助明细可以看出 920 元的补助中，村民的投劳是如何结算的。

表 1　堆龙县古荣乡朗村农牧国债沼气建设投劳补助明细

组名	姓名	建设日期	挖坑座/元	沙石座/元	打砼小工/元	抹灰小工/元	温室大棚座/元	合计	领款人
5 组	ZX	9 月	200	200	240	80	200	920	ZX
5 组	LB	9 月	200	200	240	80	200	920	LB
4 组	LZ	9 月	200	200	240	80	200	920	LZ
4 组	DW	9 月	200	200	240	80	200	920	DW

（数据由那嘎村村委会提供）

承包商由市农牧局能源办推荐，推荐过来以后先进行试点，试点产气了之后，农牧局才认可，然后由农牧局开介绍信给市能源办，市能源办再下施工通知。2009 年时堆龙德庆县有 11 家施工队，整个堆龙德庆县有 11 家试点，2011 年减少到 4 家，其中有 1 家是专门搞沼气维修的。施工队与农牧局也签了合同，要保证每个沼气池的正常产气，如果不产气，就要把 3000 元补贴退还给该户。在沼气工程完工产气后，县农牧局、财政局、乡政府等相关负责人员会来村里按户验收，验收合格后才拨给施工队相应的经费。笔者所访问的来自四川由唐仁浩带队的施工队与农牧局签订了 160

户的合同，去年的合同量已完成，而笔者去采访时已完工 30 多户。[①] 施工队的何师傅对完成任务量显得很有信心，他说：现在正值农忙时节，等这个时间过了，人们就有时间施工了，加上报名的人员，已经差不多能完成合同任务。那嘎村 2010~2012 年的沼气计划为 150 户，2010 年完成 68 户，2011 年完成 56 户，2012 年完成剩下各户。

（二）蔬菜大棚

蔬菜大棚也是吸引村民建设沼气的最主要因素之一。由于饮食习惯的变化，除了在早上喝酥油茶吃糌粑外，面食、米饭炒菜已成为村民日常的饮食内容，尤其是年轻人。笔者所居住的阿佳拉巴家，午饭和晚饭一般都是以汉餐为主。而汉餐的普及，增加了村民对蔬菜的需求，每隔三四天会有一辆卖菜车来村中售卖蔬菜、肉和蛋类。一般是西红柿、辣椒、番瓜、蒜苗等，蔬菜的均价一般在 5 元左右。

但是那嘎村现金收入来源甚少，很多人没有现金来购买蔬菜，因此，村民在购买蔬菜时，还存在着物物交换的现象。一般是一藏克青稞（28 斤）换一斤或 2 斤蔬菜（按蔬菜的价格不等），有时一个月用于换蔬菜的青稞达到 200~300 斤，用现金购买蔬菜的人家，一个月用于购买蔬菜的花费也在 50~70 元不等。而经过 2010 年修建沼气后，与沼气配套修建的温室大棚在解决蔬菜问题方面却发挥了重要的作用，自己种植的蔬菜能解决至少一半对蔬菜的需求，很多人表示修了沼气之后，就很少买菜了，都是吃自己种的，那嘎村贩菜的车也因此减少了来村子的次数，基本上是每半个月才来一次。蔬菜大棚带来的良好效益也促使很多未建沼气的村民在来年选择建沼气。

就政府是否能单纯解决村民对于蔬菜大棚的需求，笔者通过询问相关工作人员得到了答案：温室项目每年是几百个，但是必须整体连片，但是那嘎村的地形没有地方整体连片建温室，要建的话必须占用耕地，而那嘎村的耕地面积本来就少，要占用耕地必然会得不偿失，引起矛盾，因此，即使把温室项目给那嘎村，实施起来也很困难。

---

① 以上数据和信息来自农牧局工作人员和沼气施工队技术人员访谈资料。

（三）宗教的支持

笔者这里还想提到一个原因，即来自村民所说的宗教支持。据村民说，最开始，人们对沼气普遍都持有普遍怀疑和抗拒的心理，后来村中有这样一个说法，村民说："听说大宝法王出了一本书，是专门关于环境保护的，里面说可以做沼气，沼气可以减少烟尘对环境的污染。"村民认为既然大宝法王都认可这是一件可以做的事情，再加上政府的政策这么好，那就应该认可沼气项目。如果说，在面对政府补贴和蔬菜大棚这样的激励时村民还有些犹豫的话，这样的说法无疑使沼气建设得到了宗教方面的许可，促进了沼气项目的建设。由此不禁使人想起一些由于宗教力量介入而使得一些危害社会的不良行为得以遏制的例子，比如笔者所在的一些藏区由于喝酒赌博成风，在当地高僧活佛的指引下，当地人开始立誓戒赌戒酒，取得了不错的效果。再比如藏族传统的镶有水獭皮、豹皮等珍稀动物皮毛的藏装边饰在宗教保护环境爱惜动植物生命的倡导下，退出了藏装市场，使得珍稀动物免遭猎杀，得到了保护。由此，我们可以看到，在有宗教信仰的地区推广一些造福人类、保护环境的政策法规时，不仅可以借助司法、政府的力量，还可以借助宗教的力量，使得政策法规的实施取得更好的效果。

三　沼气使用状况调查

那嘎村的沼气项目 2010 年开始实施，至今已有 4 年，这项新技术是否真的能如它进入农村的初衷一样，对那嘎村的薪柴消耗起到替代作用呢？

（一）沼气效用

在 93 份问卷中，当问到您做饭主要使用的能源是哪几种？93 人（100%）选择了牛粪燃料，36 人（39%）选择除了牛粪还选择了液化气，7 人（8%）选择了沼气。被访者中沼气用户比较少，但是经询问，已经做了沼气并且产气的人家中午一般会用沼气做饭，或者烧水。

下面是笔者对某户 2 天内的用能调查：

表2　户用能调查

时间	2011年8月2日	2011年8月2日
早	牛粪（30斤）	牛粪（27斤）
中	沼气	沼气
晚	牛粪（25斤）	牛粪（24斤）
备注	使用电能0.4度（打茶、电灯、电视）	使用电能0.4度（打茶、电灯、电视）摩托加油一次12元（500ml）

从上表中可以看出，村民一般在中午使用沼气。由于温度的原因，沼气的产量不是特别高（据调查村民家中沼气气压表显示一般在8～12℃，如果达到12℃，则表明沼气量比较充足），笔者了解到，沼气的日使用量为一个小时左右，中午烧水做饭基本够用，但由于早上烧茶和晚上取暖的需要，一般不适用沼气，而用铁炉烧牛粪。在做沼气的人家，可以明显体验到沼气对液化气的替代作用，那嘎村燃料资源较为充足，但是为了方便，很多人家购买了液化气用于中午做饭，一般一年用量为3～5罐（大罐10斤装），在使用沼气以后，正常产气的家庭使用液化气频率下降，很少用甚至不用。那嘎村沼气的使用时间为10个月左右，冬天最冷的2个月（12月和1月）里不产气。

除此之外，温室的经济效用也比较明显，很多家庭表示如果比较勤快，大棚里的蔬菜会长势较好，不但夏天很少或基本不用买菜，即使临近冬天也能吃到新鲜的蔬菜。

（二）出现的问题

2012年笔者调研时，那嘎村仅有一家不产气，原因主要是在原料发酵阶段不小心混入了含化学成分的洗衣粉水、肥皂水等，使沼气细菌中毒，成为一座死沼气，其解决办法只能是将原料舀出，重新换料、装料。除此之外，其他沼气都已投入使用。

沼气出现的问题主要还是管理方面。

第一点是由于缺乏一些相关的维修知识和经验，村民经常由于开关未开、管道阻塞等小疏漏而不能正常用气。第二点则在于日常管理和维护，除了注意维修和保护以外，一定要勤换料，但也就是这个“勤”字，成为沼气后续生产的难题。有些人家主要劳动力平常都在外打工，家里只有老人和小孩，但是让老人和小孩管理沼气显然是非常困难的，而有些原因则被归结为“懒”，县里工作人员认为村民“懒得换料、懒得加料”，时间长了肯定产的气就都用完了。

关于“懒惰”的问题，美国人类学家叶婷就藏族农民不从事蔬菜大棚的种植问题，专门就汉族和藏族懒惰的原因造成的现象进行了大量的分析。[①] 但除了经济因素外，这种现象也应加入文化的分析。就村民对于沼气表现出来的“懒”，笔者试图从以下几点来进行分析。

一是沼气的替代作用不明显。就一项新技术来说，便捷和节省资源、节省劳力是其通行的王道，在面对沼气时，村民们并没有表现出像对电能那样的渴望与主动，在推广实施时，也是因优惠的政策补贴和对蔬菜种植的需求而选择建设沼气，但是这些既定的“好处”得到之后，管理沼气就显得不那么重要了，尤其是就沼气的效果来说，那嘎村本来就不乏燃料能源，很多地方都能买到牛粪，农牧结合的生计模式也使牛粪资源能自给自足，沼气对传统牛粪燃料的替代效果相对甚微。沼气对液化气倒是有一定的替代效果，但是其效果也是在刚开始产气的前几年里，就液化气来说，每罐 108 元，加上运费 10 元，共 118 元，对稍有经济能力的家庭来说，这项支出在家庭经济承受范围内，一般家庭年使用液化气量为 3~5 罐，这部分燃料支出也就是 360~600 元，且液化气操作简单方便，换气也相对方便。而沼气每 2、3 年后就需要大换料，费工费力，每天还要勤管理、勤换料，要付出相当的劳力。奔忙于生计的村民面对这样一个费时费力且收效较微的后续管理必然会趋于放弃。

为了防止沼气项目被弃于流产，农牧局也在加紧做后续的配套设施健全工作，一个是关于沼气知识的普及和培训，一个是综合服务网点的建设。

个案 3：县农牧局相关工作人员访谈

我们目前建立了 2 个综合服务站，上面要求是 3 个服务站，10 个

① Emily Ting Yeh. *Taming the Tibetan Landscape: Chinese Development and the Transformation of Agriculture*. Ph. D. dissertation. UMI. 2003.

服务网点，现在有2家综合服务站，一个在加入村，一个在马乡，年底准备在德庆乡建一个服务站，现在的问题主要一是找不到人，二是要发工资，所以就说不能单列沼气服务站，单独的服务站就只能是个框架，也没有办法发挥服务站的功能，所以我们是结合农机维修和沼气服务为一体。现在加入村的服务站运转特别好。农牧局给他们投了98000元建服务站，把全部维修的设备和零件都配备，服务站的人员都是本地的村民，要求就是有基础、有经验，然后他必须带1~2名技术员，技术员是由村委会负责挑选，工资也是村委会给，维修所得的这些钱，由村委会派人管账目，再从这个收入里面给服务站工作人员发放补贴，剩下的所得就是村委会的收入，这样一来是解决了就业，二来是壮大了村集体的经济。

服务站前期的费用都由我们农牧局承担，包括周转基金、前两个月的人员工资。因为刚开始运转，没有收入，村委会没办法承担，服务站的维修定价都是低于市场价，而且贫困家庭是分文不收，工资是一个人500元，这样运转起来之后就放手由他们自己来做了，如果服务站和服务网点都建起来，那管理沼气就方便了，有专门的抽粪机，节约了劳力，也有专门的维修人员进行维护。

农牧局的工作人员提供了一个比较合理的解决方案，但在农村家用沼气方面，收效甚微。

二是沼气就文化层面来说，对村民无法产生积极的吸引力。

除了前文所述的关于一些禁忌和洁净观的冲突外，笔者想就饮食方面谈一些自己的看法①，也试图从这一层面来分析沼气或者蔬菜大棚对藏族民众来说缺乏诱惑力的原因，观点浅薄，仅做探讨。

纵观藏族文化产业，唐卡、藏医、歌舞、寺院等无不为发展民族产业做着贡献。然而论及餐饮，却似乎略逊一筹，也许因地缘关系，物产匮乏，或者因为宗教原因，较为轻视口欲，藏族的传统饮食再简单不过，酥油、糌粑、牛羊肉和奶制品便是全部，笔者在那嘎村也发现，村民炒菜、

① 南文渊：《藏族生态伦理》，民族出版社，2007，第319~333页。

米饭、白面的饮食习惯，形成也不过三四十年，至于什么蔬菜、水果，营养搭配的饮食观点近十几年才进入藏区，这样的时间，比起汉族近千年的饮食习惯和讲究，还不足以成为一种文化积淀，那嘎村的饮食观普遍还是以吃饱为基本原则，而不是吃好、吃奇，这也是藏族传统中有诸多的饮食禁忌，很少吃飞禽走兽和各种水生动物的原因。在一个乡村家庭内部的劳作和分工中，人们也是重农牧业劳作多于注重家务工作，比如藏族妇女会花更多时间进行田地、畜牧劳作安排，而不是将重心放在做好三餐、安排饮食上，藏族村民对伙食的营养搭配等的注重普遍不如内地乡村。大量蔬菜进入藏族人餐桌的时间也不是很长。

综上原因，笔者认为，在炊灶和饮食方面的改善并不能对藏族民众产生足够的吸引力，因为其背后的饮食文化不能提供这种内驱动力。尤其当这些改善与更深层的文化信仰产生冲突时，更是困难重重。

结　语

在后续的调查中，笔者了解到，到2014年为止，那嘎村的沼气工程已经停止，所有沼气几乎都停产报废，那嘎村目前还在使用的沼气仅5座。那嘎村的沼气热似乎已经告一段落，不过原本为沼气池保温的附加项目蔬菜大棚反而仍在使用中。

作家阿来《鱼》的故事中，文中的主人公在钓鱼过程中经历了一场心理之痛，勇敢地迎接了蕴蓄已久的来自自己灵魂深处的关于两种文化的交战，更勇敢地迎接了对自我的挑战。其结果，所有鱼的禁忌被作为藏族个体的“我”驱除了。[①] 文中阿来细致地描绘了文化个体在变化过程中的心理和生理感受，说明文化的交融不仅是自我与本我在心理上的激烈斗争，还有跨越文化禁忌时在生理上引起的一系列本能反应，使我们更深入而形象地理解处于文化冲突中的文化个体心理。那嘎村的沼气建设过程对村民根深蒂固的灶神禁忌、洁净观、忌杀生等传统观念无疑是一种强有力的冲击，每个村民都在心中进行了激烈的挣扎和选择，虽然沼气建设已经告一

① 阿来：《阿来文集中短篇小说卷》，人民文学出版社，2001，第204~216页。

段落，但是新的知识和思想已经得到了广泛的普及和传播，这是一场文化的冲击，是两种文化的博弈，虽然沼气项目已经尘埃落定，但文化的碰撞与融合还在继续，类似的变化在西藏社会的各个角落不断发生着，人们在现代化的大背景下一直不停地调适着传统与现代的关系，个体在这个大浪潮中的文化困境与选择，也是笔者想要通过沼气项目这一事件来关注和思考的。

从村民用能的变迁，我们不难看到村民对待不同能源的不同态度，对待常规能源时，是积极主动地去接受，对待新能源时，则需要政策及政府的积极引导，笔者认为，这中间其实也显示了新能源应用在便捷性方面的弱势。纵观农村沼气项目的实施，以轰轰烈烈开场，以报废弃用收场的情况不在少数，农村公共产品的供给和村民实际需求不一致而导致的资源浪费现象比比皆是，而由此探寻一条有效的农村公共产品供给模式也是需要政策制定者和执行者认真思考的问题。

生态文明视野下的生态补偿市场化机制研究

——以武陵山生态功能区为例

罗康隆（吉首大学）

摘　要：生态文明既然是有别于工业文明的新文明类型，那么，生态文明的实质显然与工业文明以追求利润为目标的社会运行方式截然不同。生态文明必须是以人为本，以生态的属性为转移的社会运行方式，这一实质性的转换必然带有全局性、系统性和彻底性。在这样的背景下，生态功能区的生态补偿转换成市场化的市场补偿也就势在必行。本文选取武陵山区生态功能区展开有关推动生态补偿市场化的具体研究，意在为实现真正意义上的生态补偿市场化运行奠定基础，提供必要的对策。

关键词：生态文明；生态补偿；市场化

一　问题的提出

中共中央、国务院于2015年5月上旬正式颁发了《关于加快推进生态文明建设的意见》，该文件中明确指出，必须加快生态补偿的市场化运行，这将意味着生态补偿的市场化运行已经正式启动。在这样的背景下，展开生态报偿的市场化研究，似乎有点滞后于形势的感觉，但实则不然。

生态文明是个全新的事物，生态文明建设虽然已经启动，但要真正实现生态文明则依然是一个理想。生态报偿的市场化运行也是如此。当下距离实现生态报偿的市场化运行，还有很多的事情要做。本文选取武陵山区展开有关推动生态报偿市场化的具体研究，意在为实现真正意义上的生态报偿市场化运行奠定基础，提供必要的对策。使那些容易实现生态市场交易的项目，尤其是能够实现生态报偿的市场交易所选定的预期项目，包括水资源服务交易、生物多样性服务交易、碳汇服务交易三个部分，率先实现市场化，作为其他项目实现市场化的先期示范。

二　生态文明的实质

“生态文明”的实质是一个亟待澄清的理论问题。面对全球性的生态恶化问题，中外学人都展开过卓有成效的研究，并基于不同的立场和学术背景，意识到“生态文明”出现的必然性。然而，当代人类所面对的大背景却是“工业文明”的全球化，对“工业文明”的批判显然摆脱不了“工业文明”的潜在影响。不同的国家又各有其不同的国情和利益追求。长期的利益和短期的实惠又相互纠缠。这就使得对“工业文明”的批判总难以做到彻底，也难以提出根本性的解决方法，最终会使中外学人对“生态文明”的理解互有区别、各有短长。即令是在中国学人中，由于个人的经历、学养的差异以及受社会氛围的左右，同样会呈现对“生态文明”实质的认识存在着明显的差异。

围绕“生态文明”实质的探讨，此前已有的多数研究成果，都是由特定的学科去分别完成。其中立足于经济学、政治学、法学、社会学所做的探讨，在数量上占据了绝对优势。然而，这些学科仅属于短时段的学科，其研究的问题和解决的方案必然具有短时有效性。可是，人与自然的和谐共荣关系恰好是一个世纪的长时段命题。它不仅超越了不同的时期，实质还要跨越不同的文明类型，几乎与人类社会相始终。这就注定了短时段的学科所形成的结论不可能具有综合性和长效性。要切中“生态文明”的实质，就必须借助长时段的学科，借助高度综合型的学科，才能得出理想的结论。就这一意义上说，民族学、人类学和历史学应当具有更大更重的发言权。另外，哲学也理当具有正误的裁断权。

有鉴于此，决定立足于人类学，特别是从生态人类学出发，形成一个基本的认识，即“生态文明”是人类历史发展进程中的一种全新的文明类型。它必然是针对“工业文明”的不足和缺陷，通过文化突变而创新的人类新时代和造就的一代新人，而绝不是“工业文明”的延伸，更不是“工业文明”的附庸。“生态文明”不是对“工业文明”的漏洞实施修补，而是从根本上解决人与自然和谐共荣关系的重建问题。因而，有理由将“生态文明”正确地称为人类历史上的“第六大文明”。

人类社会与生态的和谐共荣关系显然是人类社会关注的永恒主题，也是人类社会实现可持续发展的根基所在。不过当代所倡导的“生态文明”和“生态文明建设”行动，显然与此前的各种文明形态都有所不同。不认识到这样的差异，对“生态文明”实质的把握，对生态服务有偿化障碍因素的认识，对生态服务有偿化普及的实际操作，都会遭到各式各样的有形和无形的障碍。大致而言，“前工业文明”的各种文明类型大多是立足于自身所处的自然与生态系统去探讨人与自然的关系，而不是立足于全球的多元文化并存和生态系统的多样性去立论。在思维方法上，明显存在着视野上的局限性。中国传统的哲学理念，虽然号称“家国天下观”，但其实质却是立足于黄河流域及周边地区的农耕文明去立论，根本没有意识到天下还大得很。其他的各种文明类型也大致如此。“工业文明”则不同，其长处在于逐步形成了全球观，视野所及几乎触及地球表面的每一个角落，触及了千姿百态的生态背景。但其短处也不容忽视，“工业文明”的实质就是要将自己的价值观强加于一切民族和一切生态系统。由此引发的生态问题则一律推给别人，自己从来不承担任何生态责任。当然他们也承担不了这样的责任。

有鉴于此，立足于“工业文明”去探讨人与自然的和谐共荣肯定无法切中“生态文明”的实质。立足于“前工业文明”去探讨“生态文明”的实质也会走向另一种歧途，总会把个别的生态问题无限放大为普世性的问题，以至于混淆了生态的客观差异。只有立足于“生态文明”的要求对不同的文明类型的生态问题去伪存真，“生态文明”的实质才能为普通民众所接受。

按照这样的研究思路，对人与自然关系的具体认识显然得排到次要位置。而人与自然关系的实质却应当排在第一位，而且需要做出逻辑性的哲理思辨。我们必须注意到生态系统与人类社会在结构和运行中分属于两个完全不同的自组织体系，其间的联系仅止于人类只能依靠生态系统为生。即人类只能利用生态系统而不能创造生态系统。但人类具有无可比拟的能动性和社会整合能力，以至于人类可以在一定限度内超越具体的生态系统，甚至对生态实施必要的加工改造。但由此而产生的生态后果，具体的个人和社区都可能会感到无能为力，必须仰仗人类社会之间的协调一致才能应对来自生态的挑战。在这样的要求面前，仅关注一时一地的人与自然的关系远远不够，仅关注人类高效利用生态也远远不够，正确的选择只能是既要发挥人类的主观能动性，更要关注不同人群之间的协调，才能切中人与自然关系的实质。

基于以上认识，“生态文明”的实质显然不能立足于具体的文化生态下结论，也不能将生态问题作为纯粹的自然问题去对待，而必须坚信人类能够伤害生态系统也应当具备恢复生态系统的能力，关键在于人类如何去利用生态系统，并对生态系统负起责任来，使生态问题就地解决，并将这样的理念确立为人人必须克尽的义务，那么“生态文明”的实质研究也尽在其中了。我们坚信沿着这样的思路得出的“生态文明”实质的认识才比较接近“生态文明”的根本属性。

三　武陵山区功能区生态补偿机制市场化探索

“生态文明建设”关系到一个新时代的确立，从事“生态文明建设”不是一项不可推卸的义务，而是需要按全新的要求人人都要做新时代的新人，都要进入新时代的新社会。关注生态、维护生态必须纳入社会常态化运行中得到全面落实。通过什么样的路径去避开各种干扰因素的交互牵制，尽快形成市场交易实体，是当前建设生态文明建设的首要问题。人们不仅在这一过程中积极地参与，更重要的还要将义务和权利有机地结合起来，纳入社会的常态化运行，使自己成为符合“生态文明”要求的新人。因此，对生态文明建设的实质研究是摆在我们面前不能回避的重大现实问题，也是最具挑战性的理论问题。如果这一问题不能得到解决，那么其研究就失去了研究基础。因此，这是需首先解决的问题。

要实现生态功能区生态报偿的市场化，就必须解决进入市场的基本前提，那就是：确定生态功能区进入市场的“物品”是什么？是生态系统、生态产品还是生态服务，抑或是在生态功能区所投入的劳动，等等，这些进入市场的“物品”何以能够成为“商品”，何以具有使用价值与价值的基本属性？如果生态功能区的生态服务可以成为商品，那么，就需要对生态服务量化指标体系的建构，并对这一系列指标体系的实施加以验证。只有这样的研究工作得以完成，才使生态服务成为商品获得了可能性。在生态服务市场化过程中，生态服务是否需要分出层次来？比如有最基本生态服务（安全的水资源、氧气、食品等），中层的生态服务（基本的经济建设活动所需要的生态服务等），高端的生态服务（如生态旅游等），等等。这一分层生态服务市场交易平台的建立与实际运行，都是生态服务市场化机制研究的领域。还有生态功能区集体公权的产权定位问题，如果这样的“产权”不能定位，那么提供生态服务的“卖方”就不能确定，卖方不能确定，买方的付款由谁来获取也难以确定。这样一来，生态服务的市场化就不会实现。这也是需要解决的重要问题。

就武陵山区而言，目前存在着五大严重问题。其一，生物多样性退化。最近 30 多年来的资料表明，区域内绝大部分野生动物分布区显著缩小，种群数量锐减。世界性濒危物种 740 种中，区域范围即占 90 多种，10%~15%处于濒危状态。导致武陵山区生物多样性减少的主要原因有对生物多样性保护意识淡漠，生境破坏时有发生；对生物资源开发过度，有些甚至是掠夺式的开发；环境污染严重；对外来物种入侵问题重视不够以及制度的不健全等。其二，水土流失和石漠化严重。武陵山区水土保持能力下降，生态恶化与贫瘠化呈现恶性循环，目前仍有 48.19 多万公顷土地存在侵蚀的风险，占区域总面积的 7.35%。其三，自然灾害威胁大。受地形、地貌、气候等因素影响，区域内冰冻雨雪、泥石流、干旱等自然灾害频繁，每年约有 70%以上的市县受到不同程度的灾害威胁，因灾经济损失巨大。自然灾害频发不仅对经济发展和人们的生命财产安全构成严重威胁，而且不同程度地影响了区域生态系统的稳定性和健康状况。其四，生态脆弱与资源开发的矛盾突出。区域内资源利用中的矛盾问题依然突出，主要包括矿产资源无序开发、农林产业布局不尽合理、生态保护与建设滞后、水利水电资源开发导致湿地生态功能衰退、旅游开发破坏生态等问题。其五，生态报偿与市场化机制不健全。为配合国家主体功能区战略的实施，中央财政实行重点生态功能区转移支付政策。从以行政手段为主向综合运用法律、经济、技术和行政手段的转变，有利于推进资源的可持续利用，加快环境友好型社会建设，实现不同地区、不同利益群体的和谐发展。

武陵山生态功能区出现的“五大问题”，可以归结为三大背景：一是学科建构的分离，二是计划经济后遗症的延伸影响，三是工业文明定式的方式干扰。要推动武陵山生态功能区生态报偿市场化，把武陵山生态功能区建设成为我国生态报偿市场化的示范基地，只要解决如下两大领域的问题，这五个具体的问题也就迎刃而解。这两个领域就是武陵山区生物多样性与水土保持的指标体系研究；武陵山生态功能区“生态报偿”市场化机制研究。

其一，武陵山区生物多样性与水土保持指标体系的建立。要使生态服务成为可以常态化交易的第三产业服务商品，就必须使生态服务获得一系列最基本的商品属性，即在买卖双方中能够达成共识的一系列商品属性。为此，本子课题拟解决的主要问题是要针对不同的生态服务项目，构建一整套专用的度量指标体系，以便简洁、直观地表达出该生态服务项目的质量、功用、规格、服务对象等，使交易双方一看便知出售和购买的商品功用以及能获得的利用价值，从而使在这一基础上的“计价付酬”成为常态化的市场交易。

因此，要实现生态报偿的市场化，其首要条件就是要建构并完善武陵山生态功能区生物多样性与水土保持生态服务功能的生态服务计量指标体系。正因为以往的研究聚焦在生物多样性与水土保持的指标体系，难以为生态功能区生态服务所利用，也就使得其研究成果难以为生态功能区的生态报偿服务，不能为其市场化铺平道路。该研究需要将功能区的水量、海拔高差、滞留时间三者同时纳入度量指标框架之内，反映出其间的函数变化关系。

将上述三项资料在时空坐标上加以整合，就可以做到大气降水的不均衡性与水资源流出武陵山区变化波幅和频度曲线。有了这样的曲线图，就可以知晓流出水量的波幅和频度实况，就可以标识出水环境优化对下游服务功能的实况。因为能够直接改变这一曲线的决定因素正在于武陵山山区生态系统的结构。而这样的结构是武陵山区各族居民可以操控的，实现这样的操控也需要提供劳动力和技术。因而，生态系统对江河下游水资源维护方面的生态服务功能，最终都可以落实到武陵山区各族居民的劳动与创造上来。由此带来的水资源使用价值的提高，就成了一项可以直接度量的生态服务项目。

其具体的内容有两个方面：一是指标设计与软件编制，具体步骤是搜集武陵山区近30年以来的大气降水时空数据和各水文站的流量水位数据，以此为基础，编制度量指标体系，编制相关程序，务必能够反映以降水为起点，水系流出口的流量水位和水质变迁相结合，设计成可以标识的图示，从图形的波幅和频度收窄，去客观揭示武陵山区生态系统的总体优化水环境服务价值。二是做出具体验证，需要对武陵山区代表性的生态类型做出分类。比如，水田、旱地、经济林、牧场、用材林，等等。分别进行适度的选点，建立田野观察基地。具体测量大气降水，出水口的水文变化数据。以这样的项目所计量结果去作为市场化交易的依据也就水到渠成了，接下来所做的工作就在于市场交易的建设和完善了。

其二，武陵山区“生态报偿”市场化机制。目前，我国生态报偿机制仍然存在诸多问题。诸如生态补偿机制的具体内容和建立的基本环节是什么；生态补偿的定量分析目前尚难完成，制定各地区域生态保护标准比较困难；生态补偿立法远远落后于生态问题的出现和生态管理的发展速度，许多新的管理和补偿模式没有相应的法律法规给予肯定和支持，一些重要法规对生态保护和补偿的规范不到位，使土地利用、自然资源开发等具体补偿工作缺乏依据；生态建设资金渠道单一，使所需资金严重不足等。生态报偿涉及公共管理的许多层面和领域，关系复杂，头绪繁多。

生态服务功能价值如何评估，生态环境保护的公共财政体制如何制定，重要生态功能区的保护与建设怎样进行，都需要采取措施加以解决。归结起来，主要研究两个方面的问题：一是生态服务中介企业的创设；二是配套法律法规的立法。

培育与创设生态服务中介企业是一项全新的事业，是生态文明建设必需的有机构成部分，没有这样的中介企业，跨流域、跨地区、跨文化的生态服务结算和问责就将没有责任承担主体，全国范围内的生态质量监控也就会形同虚设。因而如何从无到有培育与创设这样的企业乃是一项刻不容缓的重大研究内容，本研究组的研究内容包括，生态服务中介企业的职能运营方式与盈利空间、风险预测、业务范围、经营规范等，这些内容都需要拼接已有的经验和有关的法律法规，仿效其他实体企业的已有反思，先构拟后实施，然后在运行过程中逐步健全和完善，就是要在现有的条件下率先培育与推出这样的企业，并在试运行中确立此类企业的经营规范和管理规范，在时机成熟后加以推广。

配套法律的立法。生态文明是前所未有的新文明类型，生态文明必备的生态服务中介企业也是一项全新的事物，是此前完全根本没有的企业，因而目前已有的相关法律及其立法指导思想均难以满足此类新企业的创设、运行与监管之需要。因而以现有的法律为依据，立足于生态文明的核心价值观，全面系统地探讨关于此类企业的法律依据和立法需求，乃是该小组的核心研究内容。如下三个问题需要加以研究：①立足于国家资源有偿利用的政策精神，优先探讨湖南湘西酉水流域的专门资源管理制度之构建和生态服务中介公司的性质及其经营业务范围，并把所获得的经验落实到相应的立法建议中。②立足于碳汇交易的兴起，将重点探讨武陵山生态功能区作为碳汇积累实体，生态服务中介企业在承接碳汇交易这一中介业务中所产生的各种问题、纠纷及其解决办法，从中归纳出有助于推动碳汇交易的立法建言。③立足于武陵山区生物多样性保护功能区生态管理定位，将重点探讨此项业务交由生态服务中介公司经营后引发的种种问题、纠纷及其解决办法，从中归纳出有助于推动生物多样性服务交易的立法建言。

市场化统一标准的生态补偿机制的建立，应当本着可持续发展和社会公平理论，将环境信息与市场信息进行集成，通过对生态环境破坏程度和造成价值损害程度影响因素进行技术分类与财务分析和审计测试，用数理统计方法将多层次综合评判与模糊综合评价相结合，建立生态污染等级和经济损失等级的数量函数，确定综合评价模型和价值补偿标准。政府作为统一政策和标准的制定并实施监管，从而摆脱长期以来政府在补偿标准问题上行政干预过多的困境，最终形成以企业中介为中心，政府和司法为辅助手段的价值补偿运行机制。同时，建立以承担代理业务的中介企业为纽带，以政府监管、司法裁决、相关部门协助执行为辅助手段，去建构生态报偿的市场化常态运行模型，以保障生态报偿标准得到遵守和执行。

结　语

生态文明绝不等于工业文明的延伸或为工业文明的负效应做出具体的消解和应对，而是要推动一项史无前例的新文明的形成。人类的认识具有延续性，旧有的文明既不能全盘否认，也不能机械延续，必须进行理性的取其精华去其糟粕，排除其习惯性的干扰。而此前已有的研究，基本上尚未意识到这一关键问题，以至于在面对工业文明话语霸权的干扰时感到困难重重和束手无策，最终使得类似的研究对生态补偿大多停留于口头上的呼吁这一水平上，或者把生态补偿推给国家，企图通过强制手段去实施，而忽视了政府的职能是全社会的服务机构，其强制力只能施加于违法的个人，而不能施加于遵纪守法的企业和个人，国家的监管也只能局限于对违法行为的个人和企业，不能实施于个人和企业的日常生活和生产。在市场化的基础上，新的生态观、新的生态行为、新的技术体系、新的治理机制等，需要从头做起。

三江源区生态移民的困境与可持续发展策略

周华坤　姚步青　石国玺　马　真　张春辉　赵新全
（中国科学院）

摘　要：在大量实地调研、政策研究和文献总结基础上，结合国内外有关三江源以及生态移民研究现状，分析了青海省三江源地区生态移民的特点和现状，指出了三江源地区生态移民面临的困难与存在的问题。认为移民文化素质普遍不高，生产、生活方式传统落后，后续产业培育效果不明显，生态移民技能培训滞后，迁入地小城镇基础设施薄弱，生态移民缺乏切实可行的政策支撑是三江源移民工程面临的主要问题与困难，并提出了相关建议和解决措施。认为只有加快小城镇建设的发展步伐，加强移民的后期扶持力度，多渠道、多形式培育后续产业，实现生态移民的顺利转产，大力发展特色产业，建立完善的多元化生态补偿机制，加大培训力度，构建一套适合于三江源区的特殊生态移民支持政策，加强宣传，建立新的生态移民管理机制，方可实现三江源区生态移民的可持续发展。

关键词：三江源；生态移民；可持续发展；生态畜牧业；后续产业

我国的移民可划分为工作移民（或就业移民）、工程移民、生存移民、生态移民四种类型。国家或某一组织为恢复和保护生态环境，采取工程治理措施，对由此产生的移民群体实行有计划、有组织、有资金扶持的异地搬迁安置，称为生态移民①。生态移民与前三类移民有相同点，但也有区

① 刘英：《生态移民——西部农村地区扶贫的可持续发展之路》，《区域经济》2006 年第 6 期，第 37~38 页。

别。与其他地区的移民不同的是，青海三江源自然保护区生态保护和建设工程的移民则属于自愿移民与工程移民相结合的生态移民，三江源生态移民的主要目的是保护三江源生态环境，促进人与自然的协调发展。从长远发展来看，一方面，通过实行计划生育政策，控制人口过快增长；另一方面，通过推行人口迁移流动政策，进行人口的合理布局调整，尽快减轻这些地方人口增长的压力。从目前看，减轻人口压力，最紧迫、最有效的措施就是进行生态移民。即有计划有组织地将三江源地区的人口向条件较好而又具备接纳能力的地区迁移，以杜绝人类在这些地区的过度开发性活动，保持该地区生态系统的平衡。按照国家移民计划，青海省将三江源国家级自然保护区内居住的牧民整体搬出，停止在保护区内的生产活动，保护和恢复区域内的生态环境，是一种适应客观规律的主动退却战略，是实施西部大开发战略的重要组成部分①。为了加强三江源生态环境的保护，从根本上改善区内广大农牧民生产生活条件，中央和青海省政府决定在三江源地区实施大规模的生态移民工程。根据《青海省三江源自然保护区生态环境保护和建设总体规划》，青海省三江源区在 2004~2010 年间，对三江源 18 个核心区的牧民进行整体移民，计划涉及牧民 10142 户、55774 人，涉及 4 个藏族自治州的 16 个县，力争在 5 年内将三江源核心区变成“无人区”。2004~2010 年，生态移民工程在青海省相关州县逐步展开。其中果洛州移民 1124 户，玉树州移民 2376 户，海南州移民 600 户，黄南州移民 646 户，格尔木市移民 128 户，大都安置在自然、经济、社会条件相对较好的地方。为使区域内资源、环境、人口与经济社会达到可持续发展，必须调整移民思路，深入分析三江源生态移民的特点、存在的问题，并采取有效的对策与措施，保证移民工作顺利实施。

一　三江源生态移民的实施及其效果

近年来，三江源区生态环境日趋恶化，区域内天然草地退化严重，土地沙漠化加剧，冰川、湖泊、湿地面积萎缩，水土流失严重，生物多样性

① 陈桂琛：《三江源自然保护区生态保护与建设》，青海人民出版社，2007，第 143~147 页。

种类和数量锐减[①]。生态移民是三江源生态环境保护和建设工程的重要组成部分，是三江源生态环境治理和恢复的重要选择。保护和建设三江源地区生态环境的核心和基础工程是生态移民，截至2007年年底，三江源地区已经建成35个生态移民社区，近6万生态移民搬迁进城。生态移民工程实施以来，取得了一系列成效，逐步走上了“人口集聚→城镇扩张→发展经济”的“移民经济”模式，促进了区域经济发展，产生了良好的经济效益和社会效益。根据三江源地区自然、经济、社会等发展水平，对移入区进一步优化畜群、畜种结构，走可持续发展之路，使就近就地安置移民成为生态畜牧业、牦牛奶生产加工、欧拉羊繁育、牛羊育肥等产业的受益者，确定藏毯业、生态旅游业、住宿餐饮业、批发零售业、采集业、运输业及居民服务等环保型三产为新的经济增长点。

（一）推动了特色产业的发展

在移民工程实施过程中，三江源区随着减畜措施的实施，划区轮牧、季节性休牧正在推广，更有利于发展生态畜牧业。同时，由于畜牧业基础设施得到很大改善，促进了欧拉型种羊繁育和牦牛奶基地的建设。如在青海省科技厅、青海省农牧厅、青海省三江源办的支持下，在青海省畜牧兽医科学院的技术支撑下，黄南州泽库县智格日村利用暖棚发展育肥羊产业，全村86户牧户，户均养殖羊21只，暖季在100栋暖棚中种植蔬菜，有效增加了牧民收入。兴海县自2005~2007年度三江源农牧民科技培训以来项目受益人口达1190人，其中从事牛羊育肥的15人，年人均增收2000元，从事养殖业236人，年人均增收800元，从事农机驾驶与维修50人，年人均增收1800元，摩托车修理65人，年人均增收2500元，从事暖棚蔬菜种植48人，年人均增收600元，汽车运输65人，年人均增收7500元，从事商业活动的有6人，年人均增收15000元[②]。泽库县宁秀乡智格日村在2003年实施退牧还草项目建设，将128

① 赵新全、周华坤：《三江源区生态环境退化、恢复治理及其可持续发展》，《中国科学院院刊》2005年第6期，第471~476页。

② 乔军：《对三江源生态移民权利保障的思考》，《攀登》2006年第25期，第124~126页。

户 674 人进行了易地搬迁，目前，智格日村成为生产发展、村容整洁的“三江源”生态移民典范。同时，对全村 8.18 万亩草场中的 8.09 万亩草场进行了季节性休牧和划区轮牧，并减畜 2736 个羊单位。据统计，在已搬迁的 100 户牧户中，从事暖棚种菜的有 30 户、牛羊育肥 6 户、运输业 6 户、经商 10 户、劳务输出 46 人。经测算，2006 年年底，智格日村人均纯收入比搬迁前（搬迁前人均纯收入为 1370 元）提高了 16.9%，比全乡人均纯收入提高了 2.45%。

（二）推动了城镇化进程

青海省三江源办和各州县三江源办在移民工程中坚持“人口集聚→城镇扩张”的发展模式，移民促进城镇化进程的作用已经凸显。生态移民过程中，有部分牧民移居到城镇定居，使城镇人口增加，并加速扩张。还有部分牧民集中到移民点，形成了一个个村落，改变了牧区长期分散定居的状况，聚集了人气，推进了集镇建设，为小城镇建设奠定了基础。推进城镇化建设效益最明显的范例是黄南州河南县县城改造工程，该县通过项目建设，吸引了 531 户 3092 名牧民到县城定居①。

（三）推动了二、三产业的发展

由于城镇人口增加，拉动了社会消费的增长，餐饮服务业、商贸流通以及房地产、建筑等市场都有新的发展。不少牧民开始从事零售业、餐饮服务业、运输业、摩托车修理和家庭小型农畜产品加工业等行业。如泽库县的宁秀乡宁秀村移民，2006 年家庭总收入中经商、运输业、劳务收入占了 43.84%，特别是 2 户从事运输业的移民，户均收入达到了 2 万元。据中国社会科学院民族学与人类学研究所的研究，果洛州玛多县异地搬迁生态移民的同德移民新村的 105 户藏族移民搬迁后 2007 年的主要收入来源中劳务、副业和工资性收入占 38.6%。还有部分移民在城镇商铺中代销村庄亲属种植或加工的农畜产品，不仅自己的收入增加，还

① 青海经济研究院：《落实科学发展观 促进全面协调可持续发展调研报告——对同德等三县三江源项目实施、生态移民、后续产业的调研报告》，《青海经济研究》2008 年第 6 期，第 26~36 页。

拓宽了农畜产品的销售渠道，起到了连接市场的纽带作用。移民在城镇的自我创业、自我积累和发展，活跃了城乡贸易，加快了农牧民进入市场的步伐。同德县制定和落实切合当地实际的各项优惠政策，鼓励移民群众特别是青壮年劳力从事二、三产业，取得了较为明显的成效。2007~2008 年共有 666 名移民从事运输、经商、餐饮、建筑等二、三产业，创收 213 万元，年人均实现收入 1600 元。862 名移民采挖虫草，创收 133.6 万元，人均 1550 元。据不完全统计，泽库县在已搬迁的 328 户牧户中，从事暖棚种菜的有 60 户、牛羊育肥 22 户、运输业 12 户、经商 38 户、劳务输出 56 户、其他 42 户。

（四）推动了生产生活条件的改善

移民工程最直接的体现是：使部分贫困人口稳定解决温饱，甚至个别移民走上了发家致富的道路，同时移民区良好的基础设施和生活条件使靠天吃饭的状况得到扭转。移民区通水、电、路，广播电视、电话、教育、卫生等公共服务水平也有很大提高，生活方便，文化生活比较丰富。河南县宁木特乡梧桐村、浪琴村和优干宁镇荷日恒村人均纯收入由移民前的 1520 元、1635 元、2644 元，分别增加到目前的 1836 元、1838 元、2989 元①，生产生活条件得到明显改善。

（五）增强了可持续发展能力

生态移民后，缓解了人口数量、分布与自然生态承载力之间的矛盾，草畜矛盾基本消除，牧区草场得以休养生息。群众的生产经营方式得到转变，特别是牧区减畜和实施休牧育草、划区轮牧、半舍饲圈养，大力发展以种草养畜为主要内容的生态畜牧业，使生态环境有效改善，增强了草原畜牧业的可持续发展能力。同时，人口素质、科技应用水平也得到提高，增强了可持续发展能力。

然而，工程实施过程中还存在诸多问题，值得政府、社会关注。

---

① 芦清水、赵志平：《应对草地退化的生态移民政策及牧户响应分析——基于黄河源区玛多县的牧户调查》，《地理研究》2009 年第 1 期，第 143~152 页。

二　生态移民过程中存在的问题和面临的困难

芦清水和赵志平①以黄河源区玛多县牧户调查为例，从牧户角度，通过牧户调查、遥感数据、自然要素和社会经济要素综合分析，研究生态移民政策和牧户的响应情况及原因，来判断生态移民是否成功，进而提出政策改进建议，认为移民牧户结构的特征导致通过移民实现草地载畜量明显减少的目标难以实现，对生态移民的模式和效益提出了质疑，生态移民需要慎重考虑各个方面的因素。

目前，在生态移民工程实施过程中面临如下问题。

（一）对“三江源”地区实施生态移民工程没有全面而深刻的认识

“生态”是当前出现频率最高的词之一，然而生态知识远未得到普及。在多数人的观念中，生态只是自然灾害和人为祸害结果的简单代名词。对生态的简单理解导致对移民的狭隘认识，因此对生态移民的总体认识仍停留于“异地安置”的概念②。如何将生态学的基本原理与“三江源”地区的生态现实相结合，将是个较长的探索过程③。当前，牧区的生态移民建设普遍缺乏生态科学的理论指导，相关的各种“工程”中程度不同地存在着盲目性和急躁性。因此，各级决策部门的领导和当事民众应当加强联系，紧密合作，共同探索，提高对生态移民的理论认识。

（二）“三江源”地区农牧民文化素质普遍不高，成为制约生态移民适应新环境的主观因素

“三江源”地处青南地区，是青海省文化教育最落后的地区，牧民平

① 杜发春：《黄河源的草地退化与生态移民：青海省玛多县案例分析》，2008 年，“草原牧区环境变化与社会经济问题”研讨会，北京。

② 李含琳、魏奋子：《西部区域生态移民的科学性和运作模式：对甘肃省民勤县以水定人的调查和分析》，《天水行政学院学报》2006 年第 5 期，第 7～11 页。

③ 李含琳、魏奋子：《西部区域生态移民的科学性和运作模式：对甘肃省民勤县以水定人的调查和分析》，《天水行政学院学报》2006 年第 5 期，第 7～11 页。

均受教育程度不足三年，成人文盲率高达45%，大多数牧民不通汉语，信息闭塞，基本不掌握其他生产劳动技能，而且有些人把孩子上学当作一种负担，不愿让自己的孩子上学。当地政府为了普及九年义务教育，提高入学率，想尽一切办法动员适龄儿童入学，但有的家长为了完成任务，出钱雇别人的孩子顶替上学。农牧民的文化素质低、劳动技能差，很难从第一产业转移到第三产业中，择业渠道非常窄，这严重制约着当地社会文化经济的发展。长期以来，由于自然地理条件、居住分散等原因，三江源牧区教育事业发展相对滞后，牧区教育水平普遍不高，牧民文化水平较差，导致牧民群体对新环境的社会适应能力很弱。大武镇河源移民新村的扎陵湖乡异地搬迁生态移民的生产生活调查显示，53户生态移民家庭被访对象中：文盲占37.7%，小学文化程度的占52.8%，初中以上文化程度的仅为9.5%。直接的影响是：第一，生态移民在产业转换过程中对新的劳动技能不能很快掌握，技能无法掌握就意味着失去需要这种技能的工作岗位，限制了牧民的顺利转产。第二，生态移民无法完整完全地理解政府政策，衍生出一些理解的偏差甚至误解。这或者可以说是政府宣传不到位，落实不到位。但是，牧民文化水平低造成的对政策的无法完全理解和充分运用也是一个重要的原因，这导致了政府优惠政策的空心化，形同虚设。理论上的优惠政策在事实上根本无法得到体现。因牧民文化水平低而导致对政府优惠政策理解和运用的不到位，确实是一个客观存在的事实。第三，汉语水平不高，语言交流困难，与不同群体之间的深入交流受到限制，不利于新的社会网络关系的构建，获得社会支持的机会减少。

（三）“三江源”地区农牧民传统生产、生活方式是生态移民的难点

生态移民所涉及的问题是多种多样的，但是经济仍然是移民建设的核心问题，对此应该有明确的认识。那种认为在生态移民中，只要解决了经济问题就能万事大吉的思想是片面的。改变牧民千百年来遵循的传统生产、生活方式是一件艰难的工作，这往往比教会一种生产技能更加困难。改变生态移民的传统生产、生活方式，适应新的环境是一大难点。

（四）“三江源”地区生态移民过程中对人口迁移和文化适应问题缺乏足够关注

生态移民主要发生在民族地区，这就与民族问题联系在一起。这些问题包括生存方式、民族语言文字的使用和发展、受教育的权利、风俗习惯、宗教信仰所需的环境①。从目前情况看，“三江源”地区移民的大多数定居在一些小城镇周围，这当然有利于民族人口的城镇化，但同时也引发出一系列令人深思的问题②。一部分少数民族人口进城后，由于语言环境、生活方式、生产经营方式、人际关系等方面的突然变化，等待他们的将是更多的意想不到的麻烦和困难。

生态移民独特的文化是民族的根本，三江源区 90%以上的人口是藏族，因地理位置和通信条件的限制，藏族传统文化在该地区保存相对完整，具有很强的代表性。生态移民工程实施后，广大藏族牧民从游牧到定居，从草原到城镇，这其中的文化现象必然会发生变化。如何在这种文化变迁过程中既保持传统和特色，又寻求发展和实现传统文化的现代重构，这是移民工程中应该关注的问题。但由于过分关注生态环境的保护和经济的发展，三江源生态移民工程中并未就移民文化保护和发展做出相关规定，显然缺乏对生态移民原生态文化的足够关注。

（五）生态移民后续生产生活面临困境，后续产业培育效果不明显，生态移民技能培训滞后

为推动三江源生态移民适应新生活，走向脱贫致富之路，青海省及相关各州县均采取了一系列积极措施扶持移民发展后续产业，拓展就业空间。但事实上，牧民一无技术，绝大多数除放牧外别无从事其他生产活动的技术和经验积累；二无资本，缺乏像农耕民族那样长期的生产生活资本积累；三是语言交流困难，成为生态移民在安置区广泛开展社会交往，重

① 马宝龙、僧格：《成效·困境·对策：三江源生态移民实践研究》，《甘肃民族研究》2007年第2期，第21~23页。

② 张娟：《对三江源区藏族生态移民适应困境的思考——以果洛州扎陵湖乡生态移民为例》，《西北民族大学学报》（哲学社会科学版）2007年第3期，第38~41页。

构新的社会关系网络的最大障碍；四是文化素质普遍较低，限制了转产行业和就业空间的拓展。另外，搬迁前牧民的衣食住行等基本能够自给，搬迁后所有这些都需要从市场购买，生活开支明显增加，单纯依靠政府补助生活，捉襟见肘。政府提供的饲料粮补助又是以户均为标准，对于家庭人口数多的牧户来讲，将无法满足基本需求。因此，生态移民后续生产生活问题突出。移民后农牧民家庭收入来源主要依靠补助和虫草采集业，大多数移民没有形成自己的主导产业。主要原因是选择移民点时没有结合特色经济进行研究和规划，所以在培育后续产业方面显得措施乏力。如泽库县宁秀乡智格日村移民的家庭去年总收入是 77.9 万元，其中采集业收入 42.9 万元，占总收入的 55.1%，而经商、运输业收入只占 17.97%，说明移民的收入仍然依赖于传统增收项目采集业。贫困山区和牧区农牧民文化素质低、劳动技能差，造成移民转移生产生活方式困难。搬迁安置的绝大多数牧民除了放牧外，无任何适应社区生产生活的技能和专长，普遍存在依靠补贴过日子，等待政府发展后续产业和安置就业的思想。而在移民项目中又缺乏配套的科技和职业技能培训，使后续产业培育遇到很大的障碍。由于一部分移居到城镇的牧民青年子女，由于文化素质偏低，又不愿意干重体力活，整天游手好闲，缺乏谋生技能，成为社会治安的不稳定因素。

（六）迁入地小城镇基础设施薄弱，基础设施建设质量问题日趋凸现

三江源迁入地原城镇基础设施尚不能满足现有居民的生产生活需求，再加上移民迁居，其矛盾将会更加突出。如玉树县隆宝镇是三江源生态移民安置的 23 个城镇之一，到目前为止，该镇镇区尚未解决通电、通水，暂时还达不到安置移民的条件①。高质量的住房建设和完善的配套设施是生态移民“迁得出，稳得住”的基本条件。三江源生态移民工程中，青海省及相关州县都建立了比较完善的机制严格监控移民定居工程的建设，但其

① 景晖、苏海红：《三江源生态移民后续生产生活问题研究》，《西部论丛》2006 年第 9 期，第 32~34 期。

中也不乏基础设施建设质量问题的出现。马宝龙和僧格[①]在果洛州玛多县扎陵湖乡移民安置社区大武镇河源新村的53户问卷调查中发现，建成仅2年的住房，92.5%的住房分别存在墙皮掉灰，院子围墙裂缝或者塌陷的问题；77.4%的房屋存在漏水漏雨问题；90.6%的房屋屋墙裂缝。另外，该安置社区环卫设施和卫星电视接收装置配套不健全，严重影响了广大移民正常的生产生活。

（七）针对生态移民的优惠政策落实乏力，生态移民的适应发展缺乏切实可行的政策支撑

为促进生态移民后续产业的发展，青海省农牧厅、工商局等多部门曾经联合下发通知，明确规定给予三江源生态移民一些优惠政策，如减免部分收费、组织各类技能培训、优先考虑就业等。但在马宝龙和僧格对扎陵湖乡移民的调查中，样本53人中有32人表示“知道一些优惠政策”，在32人中，认为“优惠政策根本没有落实”的占56%之多。这表明针对生态移民的优惠政策在基层落实乏力，付诸实践阻力重重。一系列在理论上行之有效的措施，在扎陵湖乡生态移民群体的实践中，效果微乎其微。根据西北民族大学社会学学院对在果洛州玛沁县大武镇河源移民新村的扎陵湖乡异地搬迁生态移民的生产生活调查发现，53户生态移民家庭中参加机动车修理技术培训的，累计只有23人次，机动车驾驶技术培训的5人次，地毯纺纱技术培训的19人次，消防知识培训的5人次。这些技能培训中普遍存在的问题是：第一，根据河源移民新村工作人员的介绍，消防知识、妇幼保健知识、烹饪技术、家庭卫生常识几项培训，政府组织并主办了数次培训班，但是问卷调查中的数据统计结果显示：53户生态移民家庭成员并没有接受这些项目培训。这一发生在双方身上的矛盾和悖论值得深思。第二，政府组织的各类培训虽然有用，但是因为语言交流的困难，牧民参加的积极性并不是很高，即使有参加的愿望，也因为“老师讲的听不懂（汉语讲授），就不愿参加”。第三，政府组织的各类培训缺乏系统性、持续性，如河源移民新村参加机动车修理与驾驶技术培训的人虽然很多，但

① 马宝龙、僧格：《成效·困境·对策：三江源生态移民实践研究》，《甘肃民族研究》2007年第2期，第21~23页。

即使经过培训了，能拿到驾驶执照真正从事驾驶工作的却寥寥无几，此类培训只是有始无终。这样，原本积极的政府扶持政策被架空，政府的主导力量在生态移民的后续发展中被无端消解，造成的结果是原本缺乏后续发展动力支持的生态移民群体陷入了想发展而无力发展的困境。

三　促进三江源生态移民可持续发展的建议和对策

三江源生态移民由游牧到定居，由草原到城镇是其生产生活方式发生急剧而深刻转变的过程。由于移民普遍缺乏基本生存技能、文化水平不高、语言交流困难、缺乏资本积累，要实现“迁得出，稳得住，富得起”，政府就必须以制度保障为主，建立长效机制，采取一系列措施支持移民发展[①]。生态环境和牧民能否实现“双赢”，关键是牧民能否在新居住区致富。这是生态移民的关键，是影响三江源生态保护和建设成败的决定因素，也是保持社会安定团结的因素之一。所以，政府必须在提高生态移民的生活水平、改进生产方式、增加移民收入等方面下功夫，通过地方参与和政策导向，使其走可持续发展之路。

（一）加快小城镇建设的发展步伐

生态移民要在移入新区得到较快的发展，必须要加快小城镇建设的发展，吸纳因生产生活方式的转变而分解出来的剩余劳动力。通过加强生态移民区生产、生活的基础设施建设，统筹规划、加快建设、促进小城镇可持续发展。一是建设和发展具有特色产业体系的小城镇。三江源地区的小城镇建设要以产业化为依托，重点发展二、三产业[②]。二是建设和发展旅游观光型小城镇。三江源多数地区自然风光独特，悠久的历史和灿烂的文化造就了奇特的自然景观和人文景观，旅游资源丰富，“原生态、绿色、无污染”是其特点。有些都属于精品旅游资源，随着社会经济的发展和人

① 徐君：《三江源生态移民研究取向探索》，《西藏研究》2008 年第 3 期，第 114~120 期。

② 张贺全、逯庆章：《青海三江源地区实施生态移民的分析与思考》，《青海草业》2007 年第 4 期，第 25~28 页。

们生活水平的提高，人们对天然、原生态的产品追求持续上升，再加上青藏铁路和玉树巴塘机场的开通。这对于三江源地区的小城镇来说是非常好的机遇，应该大力发展观光型的产业，开发当地的旅游市场，建立自己独特的旅游品牌，建设和发展以旅游为特色的小城镇[①]。在城镇规划中应统筹规划好移民安置问题，在乡镇府所在地，已初具规模的集镇、交通枢纽等地增加移民安置数量，促进城镇化进程。移居到城镇的移民其后续产业应着力在第三产业方面培育和发展，鼓励他们自主创业，从事零售业、运输业，并积极引导到餐饮等服务业和建筑、农畜产品加工业务上，提升城镇服务业等第三产业的发展水平，促进城镇经济社会加快发展。

（二）加强移民的后期扶持力度，多渠道、多形式培育后续产业，实现生态移民的顺利转产

简单的政府补助的移民方式只能解决温饱问题，而加快发展移民区地域经济，培育移民后续产业，建立长效增收机制，才能从根本上解决贫困问题。生态移民会带来一系列社会问题，妥善解决移民后续发展产业问题，是移民能否“移得出、稳得住、留得住”的关键，也是影响未来生态移民工程顺利实施的关键。一要在以草为本、大畜牧业安置为主的原则下，围绕舍饲圈养的养殖业进行多元化选择，发展草业、乳业、牦牛业、畜产品加工业、庭院经济、中藏药、藏毯、绿色食品和保健品、高原旅游业等。二要围绕特色农牧业发展移民地区畜牧业经济。新移民村移民对产业发展还没有明确的目标，只要通过项目、技术等措施稍加引导，即可较快培育出规模化的特色产业，利于发展“一村一品”模式，从而促进县域和镇域特色产业体系的形成。因此，在后续产业以农牧业生产为主的移民工作中，要围绕特色产业基地和生态畜牧业等产业进行搬迁。在移民规划中明确其主导产业，并通过整村推进、支牧资金项目等多种措施加以引导，防止移民盲目发展未经论证的产业。移民后续产业扶持上，应着力抓好与扶贫开发整村推进、退耕还林、退牧还草、财政支农支牧资金项目、农牧业龙头企业等一系列项目的结合，通过这些项目的实施扶持移民后续

---

① 高丽文：《三江源地区城镇协调发展面临的问题与对策选择》，《产业与科技论坛》2008年第4期，第85~87页。

产业。三要开发新兴产业，培育龙头企业。移民从事的主要产业是舍饲圈养的养殖业，政府对移入地产业结构重新调整，突出开发有地方资源优势和与当地生态环境相关联的特色产业。以市场为导向，培育龙头企业。重点扶持畜牧业深、精加工企业的发展，按照“专业化分工，集约化经营，企业化管理”的要求，把一批辐射面广、牵动力大、带动性强的畜产品深加工企业，如雪舟、雪山、三普、雪峰等适度迁移，使之成为促进产业发展的骨干力量，为畜牧业的产业化提供市场支撑。在现行分户经营体制下，农牧业生产主体多而分散，缺乏有效的组织和分工协作，应对市场能力弱，风险大。政府应当积极引导牧民以股份制形式实现规模化生产，依靠龙头企业联结千家万户，实现小生产与大市场的有效对接。牧民要转换生产经营方式，通过推动传统畜牧业向设施畜牧业转变，建立饲料和牧草人工种植基地，转换生产经营方式，由粗放型畜牧业向集约型畜牧业发展。

将移民转产与安置地社会经济状况实际结合起来。设置既符合当地产业优势，又符合牧民传统作业习惯和劳动技能的产业项目，政府可以引导资助牧民经营。①藏族民俗旅游点、藏饰品生产、畜产品加工以及藏药开发等，解决一部分生态移民的就业和增收问题。②组织各种免费培训班，帮助个别有文化、有资金来源的牧户，从事运输、餐饮、服装加工等个体行业，需要说明的是，政府所举办的这种培训要聘请藏汉双语的教师讲解，要有持续性，还要有针对性。③政府在资金扶助上应发挥积极作用。可以尝试建立小额贷款机制，对那些有发展愿望，拥有一定发展基础的牧户提供贷款，解决发展的启动资金。

（三）建立完善的多元化生态补偿机制，适当调整生态移民补助标准

按照“受益者补偿原则”，通过立法建立三江源区生态补偿机制，是根本性的选择。三江源区生态补偿机制所形成的资金，主要用于该地区生态环境的保护和建设，同时还要兼顾为该地区生态环境的保护和建设做出牺牲的当地农牧民，如大量生态移民的利益，为他们提供必要的社会保障制度，帮助他们发展有利于生态环境保护的新产业，从根本上解决他们的

后顾之忧。政府应该建立生态补偿机制，通过转移支付、征收生态补偿费以及吸收一些关注三江源生态环境的有志之士参与等方式，治理保护三江源，加大对移民的生产条件的改善，提高移民的生活水平。只有移民的生产条件改善了，生活水平提高了，移民才会安心待在新区，三江源的生态环境恢复和保护才有真正的保障。所以必须探索建立一个由政府、社会、企业等各方面共同筹集补助资金的渠道和机制，改变现有户均补助饲料粮的标准，以按户人口数或者按原有草场面积大小补助，并延长对三江源区生态移民的补助年限。

（四）加大培训力度，制定合理的培训方案，加强移民子女基础教育

转产农牧民的整体科技文化水平都比较低，基本上都没有接受过技能培训，没有一技之长，导致转产变业的难度非常大。因此，农牧民的就业培训工作显得非常重要。对农牧民的培训主要是政府在运作，这就要求政府要充分发挥其职能，加大培训力度。但是，培训工作不能盲目地进行，要有科学、完整的培训方案，要形成一个合理的培训体系，只有这样培训才会有效果，而一个完整的培训方案包括：培训需求分析、培训对象、经费、时间地点、培训内容的分析，培训者的培训，培训效果的评估等内容。一是政府可以组织一些短期汉语扫盲培训班。聘请藏汉双语老师对移民进行培训。通过汉语扫盲培训，解决移民基本生活语言交流上的困境，打通移民与安置区居民之间交流的最大障碍，为生态移民与安置区居民之间广泛开展互动交流提供条件。二是强化移民子女基础教育，提高移民家庭子女社会化程度。生态移民的适应需要一个漫长、艰难的过程，可能是一代，或者几代人。所以，长远来讲，生态移民家庭的发展，重心在移民子女身上。因此，应当高度重视生态移民子女基础教育，从起点上缩短与其他群体子女之间在受教育上的差距，促进移民子女一代较快融入城镇定居生活。

（五）构建一套适合于三江源区的特殊生态移民支持政策

以往的生态移民，大部分从农村到农村、从农村到城镇。直到 20 世纪 90 年代末，部分地区开始在牧区实施生态移民。其中大部分是从游牧到定

居放牧、从半农半牧到农村或城镇①。正因如此，我国以往的生态移民政策，主要针对这些类型的生态移民。像三江源生态移民一样，牧区藏族群体的生产生活方式发生根本性转变的很少见。所以，三江源生态移民政策的制定，不能套用现有较成功的生态移民政策，那些通过3~5年政府的扶持，可以自立，通过短期培训解决就业等的措施对三江源区的藏族生态移民来讲，效果微乎其微。因此，构建一套特殊的生态移民政策未尝不可。如该区藏族生态移民在享受国家补助的时候，最好也纳入“低保”范围，政府为搬迁移民购买医疗保险等。尽量减少生态移民群体本身承担因搬迁而带来的潜在的生产生活风险，解决其基本生存的后顾之忧，实现“稳得住”，为其寻求再发展提供基本保障。地方政府提供强有力的政策保障，一方面，健全和完善透明的、运作成熟的监控体系，加强定居工程建设的质量监控，严把住房建设和配套设施建设的质量关；另一方面，建立优惠政策落实督导制度，协调各部门利益，有效落实政府针对生态移民的一系列优惠政策，进一步加大对生态移民后续产业发展的支持力度。

（六）发扬移民传统文化，促进移民适应能力的提高

三江源区地处青藏高原腹地，独特的地理环境下形成了它独特的民族宗教、民俗文化、风土人情等，是中华民族文化的重要组成部分②。要充分认识到三江源独特文化对维系生态移民群众凝聚力，维护移民社区稳定等方面的重要作用。要清醒地认识到生态移民过程中文化变迁带来的诸多后续影响，给生态移民文化以更多的关注。三江源地区生态移民牺牲个人、家庭的利益，从高山牧场到城镇、从游牧生活到定居，为三江源生态保护建设做出了巨大的贡献。应该保护他们传统的生活和生态文化知识，提倡他们发挥原有的劳动技能，尊重他们的宗教和习俗，给予他们更多的人文关怀。应该增强文化自觉意识和文化保护责任意识，尊重藏族生态移民群体特殊的生活和风俗习惯，发扬传统文化在确保移民稳定、移民发展中的积极作用，促进移民适应能力的提高。

---

① 马茹芳：《关于三江源区生态移民的思考》，《草业和畜牧》2006年第4期，第45~46页。

② 葛根高娃：《关于内蒙古牧区生态移民政策的探讨——以锡林郭勒盟苏尼特右旗生态移民为例》，《学习与探索》2006年第3期，第61~66页。

（七）调整产业结构，大力发展特色产业

一是积极鼓励农牧民从事高效农业、养殖业、种植业等，引导农牧民走科学化、集约化、经营化之路。在种植业方面，可以借鉴内蒙古生态移民的成功经验①，他们采取“公司+基地+农户”的股份制方式与生态移民进行合作，获得了很好的效果。三江源地区也应该尝试这种形式来发展当地的种植业和养殖业，农牧民可以进行药用植物的种植，与青海藏药企业进行合作，实现双赢的目的。二是大力开发建筑业、社会服务业等就业岗位，鼓励转产农牧民从事传统服务和社区服务工作。

芦清水和赵志平通过调查研究，建议为了使生态移民的政策吸引多畜户移出移民移出区，达到减少草地放牧压力的目的，政府应该在移民移入区大力发展第二、三产业，保障移民的就业，提高移民的收入。因移民移入区位于三江源区，所以政府可以在移民移入区建立畜产品加工企业。三江源区的饲草无污染，奶源丰富，牛羊肉质量高，但是，当地的畜产品加工企业却很少。可以利用三江源区产的鲜奶，建立奶制品加工企业，收购牧民每天生产的鲜奶，制成高档婴儿奶粉、奶制品出售。同时，还可以利用当地的优质牛羊毛、牧民每年核减的牲畜等产品，发展劳动密集型的加工企业。另一种方式是在移民移入区大力种植当地的野生药用植物，建立药品生产企业，招募现有的移民。

（八）加强以“实现后续发展”为主题的广泛宣传，打破传统思想对生态移民的影响

调查发现②，政府在实施生态移民搬迁之前对生态移民政策进行了广泛宣传。但是，当移民顺利入驻后，政府在“如何实现后续发展”方面宣传力度不够。部分移民在经济发展途径的选择上徘徊不定，生产生活缺乏计划性，从业就业存在观念偏见等。所以，政府应该建立一个长期的、持续性的宣传机制，运用强有力的宣传来打破传统思想对生态移民群体的影

① 周海虹：《三江源自然保护区转产农牧民就业问题的思考》，载《青海农技推广》2008年第3期，第6~7页。

② 秦大河主编《三江源区生态保护与可持续发展》，科学出版社，2014。

响。通过解放思想，帮助其树立正确的从业就业观念，建构正确的、有计划的生产生活，促进移民提高自主适应意识和自主发展能力。

（九）建立新的生态移民管理机制

生态移民重在发挥长效，必须避免生态移民的回迁现象。所以，建立新的生态移民管理机制势在必行。①实行土地置换。按照一定的生产、生活标准，以及土地和牧场的质量，用迁入地的土地和牧场置换迁出地的土地和牧场，在搬迁结束后，彻底结束移民与迁出地的关系。在法律介入的前提下，坚持土地置换，完善土地承包合同，有利于稳定移民，防止回迁，实现长远发展目标。②采取整体搬迁。目前的移民多采用的是分散迁移——集中重组村庄的模式，移民缺乏归属感，从而影响生态移民工程的进行。所以，生态移民必须实行整体搬迁，以淡化移民“背井离乡”的感觉，使移民有归属感。③完善移民的属地管理。对移民要一视同仁，在子女上学等方面提供便利，以解决移民的后顾之忧，从而稳定移民情绪、稳定社会。青海省三江源区办已在同德县巴滩地区对果洛州玛多县移民新村进行了生态移民管理机制方面的尝试，效果较为明显①。

三江源生态移民适应安置区新的生产、生活环境的过程，是影响未来生态移民工程顺利实施的关键，必将是一个漫长的、艰难的、复杂的、系统的过程，这一过程需要政府、学界等高度关注，需要聚集全社会的智慧和力量，并充分利用当地已有的自然、社会资源，促进生态移民适应能力的不断提高，从而推进生态移民群体与安置区各个群体之间的整合进程，最终使三江源生态移民能实现“迁得出、稳得住、富起来”的目标。

三江源生态保护二期工程于2014年全面实施，三江源国家公园体制试点工作正在三江源区开展，据悉在完成三江源生态保护一期工程所有项目的基础上，三江源生态保护二期工程和三江源国家公园建设更多关注生态移民的后续产业发展和生态补偿机制的建立和完善，为生态移民看病、入学、低保、养老、创业等发展需求提供全方位保障，将把应急式的生态保护向常态化的保护机制升级，相信三江源生态移民的明天会更好。

---

① 秦大河主编《三江源区生态保护与可持续发展》，科学出版社，2014。

山水的“命运”*

——鄂西南清江流域发展中的“双重脱嵌”

舒　瑜（中国社会科学院）

摘　要： 清代以来鄂西南清江航运的兴盛促进了区域性船工组织的发育，并形成了经济活动与自然紧密贴合、区域社会网络与超区域体系密切衔接的流域社会。20 世纪 80 年代之后，清江梯级开发，大坝的修筑使得清江从自然“流域”转变成人工“库区”。伴随着清江航运的衰落、船工组织的解散，流域社会瓦解，原子化的村落和个体化的家户依赖对周遭山水的“资源化”开发，直接进入全球化市场体系，形成人对区域社会和自然的双重“脱嵌”。高山蔬菜种植和网箱养鱼作为两个典型案例，显示出双重“脱嵌”的生态后果和社会后果。清江流域的社会变迁为反思发展问题提供了新的启发。

关键词： 流域社会；资源化；脱嵌；发展

近年来，以“水利社会”为视角的区域社会史研究方兴未艾，人类学家王铭铭将“水利社会”界定为“以水利为中心延伸出来的区域性社会关系体系”（王铭铭，2004）。流域社会作为“水利社会”的一种重要类型而备受关注，这方面的研究主要集中在某一流域内的诸多村落如何通过水力资源配置的制度安排、民间习俗的运行、象征体系的构建等得以形成一个

* 本文为管彦波研究员主持的国家社科基金特别委托项目、中国社会科学院创新工程重大项目“21 世纪初中国少数民族地区经济社会发展综合调查”［13（A）ZH001］子课题“21 世纪初湖北长阳土家族自治县经济社会发展综合调查”的阶段成果。本文的写作得到课题组负责人管彦波研究员、中央民族大学张亚辉副教授的帮助，在此表示谢忱。

区域性的社会关系体系[①]。这些研究提醒我们，传统社会中，除了宗族、婚姻、集市、行政等，流域也是一种重要的区域社会组织方式。那么，在现代化发展的冲击下，这种组织还能不能延续？如果发生改变，产生了哪些社会组织后果与生态后果？本文基于鄂西南清江流域长阳土家族自治县的历史文献和田野调查资料，试图从人类学视角，呈现和诠释一个流域社会在经历现代工程对自然的改造、全球化市场经济的冲击后，其社会组织、社会与自然的关系所发生的变化。

聚焦于现代化问题的发展研究已成为人类学的一个特定议题。在各种相关理论视角中（杨清媚，2014）与本文最相关的是，作为一种知识系统的发展主义或现代化理论如何破坏了传统社会的知识系统和与此紧密相连的社会结构和社群生活。阿帕杜雷（A. Appadurai）引用印度西部一个叫娃迪（Vadi）农村的案例，指出现代化农业知识系统，对农村带来消极影响，不单是在物质上的，还包括对社群文化生活的破坏。娃迪农村传统以皮制水桶汲取井水，从事农业耕作。由于资源匮乏，农民大多要分享水井以及作为动力的耕牛，这是维系社群共同生活的一个重要基础。而现代化电力科技的引入不仅取代了畜力，同时也取代了农民根植于此的合作生活方式，结果不仅是降低了大部分并不富裕的农民承担风险的能力，同时更导致一种合作互助的生活价值的解体，而且这种对旧有社群合作生活的破坏，几乎是难以逆转的。阿帕杜雷更进一步指出，虽然现代科技农业会催生出新的社群合作方式，但这种新的合作只是策略性和工具性的，而非像原有的是一种强调合作互助的生活价值（阿帕杜雷，2001）。马格林（S. Marglin）通过对美国发起、在墨西哥推行的农业“绿色革命”的分析，指出高科技农业对传统农作物和生产方式的摧毁不仅是一场生态灾难，同时也彻底破坏了当地的社会结构。当农村旧有的社区组织解体之时，农业便由一种生活方式化约为一种生存手段，农民变成农业企业家和农工。马格林指出，现代科技知识系统往往想取代农民的知识系统获得垄断地位，

① 在历史学研究中，行龙针对河流、泉水、山洪、湖水四种水源形态，划分了“流域社会”“泉域社会”“洪灌社会”“湖域社会”四种类型，以此作为分析工具进行水利社会史研究（行龙，2005，2007，2008）。钱航、张俊峰等人针对库域型社会、泉域型社会进一步展开研究（钱杭，2008，2009；张俊峰，2006）。人类学者张亚辉、张应强等从历史人类学的视角对水利社会、流域社会史做出论述（张亚辉，2008；张应强，2006）。

把他们的文化社群生活化约成纯技术性的问题，只剩下一种科学家或工程师的答案。在马格林看来，所有知识系统都必然嵌入社群生活之中，现代科学主义的最大问题，是想抽离于其特定的社会背景，成为凌驾一切的普遍真理。因此，保护农民或者原住民的非现代化知识系统，并非是怀旧的浪漫主义，而是恢复或增加农民和原住民的知识和文化生活选择的重要策略（马格林，2001）。

上述研究表明，现代技术在传统农业社区中运用，不仅改变了生产手段，同时也改变了社会的组织方式和社群的知识、价值，社群的生活方式。这些分析为本文的研究提供了基本的启发，但是：首先，相比印度或者墨西哥的农村村社，中国传统的流域社会是更高级的社会组织层次（它是由流域中的许多村社和集镇构成的），不仅规模大得多，组织方式也复杂得多；其次，现代化对流域社会的冲击，并不仅限于现代技术的运用，更重要的是与技术运用相关但完全不同的跨区域甚至跨国的市场体系的强大力场。

此外，对于现代化如何冲击传统社群中的知识和价值，还有必要用象征人类学来深化前述发展人类学的分析。知识系统不仅是嵌入社群生活中、与人和人之间的关系相关，更是嵌入生态系统中、与社会和自然的关系相关。正如拉图尔（Bruno Latour）所指出的，前现代人都是一元论者，他们关注并着迷于自然与社会之间的关联，“通过将神性、人类、自然要素与概念充分地混合到一起，前现代人限制了这种混合在实践中的扩展。改变社会秩序，就必然意味着改变自然秩序，这使得前现代人不得不慎之又慎；反之亦然”（拉图尔，2010：48）。然而，面对混合物，现代人必清理之、净化之、纯化之。现代人采取了二象之见：将人类的表征与非人类的表征永久地割裂开来，一边是社会，另一边是自然。在这个现代世界中，实验室里的科学研究以最典型的方式将自然对象化、客观化，自然变成无法发声却被赋予了意义的客体（拉图尔，2010：46-49）。现代意义上的“生态”正是从混融的社会-自然关系中“脱嵌”出来的客体化的自然。葛兰言（Marcel Granet）通过对《诗经》的研究指出在上古的中国乡村已经形成以“山川”为圣地的年度节庆仪式。在上古中国人的观念中，山川的季节节律与君王之德行是同构的，山川之德表现为有序的自然节律，社会秩序与自然秩序是一致的。山川作为丰产的源泉，林木丰茂、物种繁衍、青年男女在此欢愉结合；反过来，季节节庆所激发出的生命力又重新充盈着山川（葛兰言，2005）。基于此，本文正是要关注在传统流域社会解体的过程中，社会与自然关系如何发生变化，与此同时，社会内部自身的组织方式又出现了怎样的变化。

一　清江流域的航运史及船工组织

鄂西南的清江流域，是今土家族聚居的核心区之一，清江也被称作土家族的“母亲河”。清江流域居住的主要有土家、苗、侗等少数民族，聚居的土家族数量占优。苗、侗等其他少数民族是在清代“改土归流”前后陆续迁徙而来最后聚集于此。清江，古称夷水，又名盐水，因“水色清照十丈，分砂石”而得名。属长江水系，是长江中游湖北境内仅次于汉水的第二大支流。从湖北省利川市齐岳山以西的庙湾发源，其干流自西向东流经湖北利川、恩施、建始、巴东、长阳等县市，于宜都市注入长江，全长425公里，流域面积1.67万平方公里。清江干流分上、中、下游三段。上游为发源地至恩施城，属高山河型，河曲发育，河道蜿蜒于岩溶峡谷之中，伏流比比皆是。中游为恩施城至长阳县资丘镇，中游河段绝大部分流经深山峡谷之中，河道岸坡陡峭，是主要支流汇集河段，属于山地河型。下游为资丘镇至长江入口，属半山地河型。清江经巴东县于盐井寺西入长阳县境，流经渔峡口、枝柘坪、资丘、黄柏山、麻池、鸭子口、都镇湾、大堰、龙舟坪和磨市等乡镇，自西向东横贯县境148公里。

作为鄂西南地区最重要的水上通道，清江历史上一直是民族迁徙、人群流动的走廊，而大规模的航运主要是在清雍正“改土归流”之后得到长足发展。此前，以水运为依托的川盐外运的盐道、围绕市集贸易发展起来的商路以及官府驿道都对清江流域跨区域交通网络的形成起到奠基性的作用。[①]“改

① 清江流域是川盐外运的重要环节，是川东一带的运盐之路和通向湘西北和江汉平原的盐转运之路的组成部分。“川东所产盐经水运汇集四川忠县西沱镇（原名西界沱），经陆运过石柱（四川），翻越齐跃山脉到利川，经水运到恩施，从恩施经清江水运过长阳、宜昌，再经长江水运扩展至鄂中各地”（莫晟，2012：49）。

土归流”之后，大量汉族移民进入清江流域。有研究指出，这些汉族移民由政府统一安排，同一地区的移民多来自同一移民地，大多是以家族形式移居。清江流域各地移民以江西、湖南和湖北本省的移民为主（莫晟，2012：24-26）。随着汉族移民与当地民族之间的接触日益频繁和商业贸易的发展，外来日用百货大量涌入，当地山货、土特产源源不断地输出，清江流域呈现出百货流通、商贾云集、市场繁忙的景象。

资丘是清江航运的终点，上下交通的咽喉，也是长阳商业贸易的中转站，而且还是鄂西恩施、鹤峰、巴东、建始、五峰等县进出口物资的集散地。鄂西地区的粮食、桐油、木油、皮油、中药材、猪毛杂皮、生漆、茶叶、斗纸等通过木筏或陆路运输集中在资丘，由资丘商号收购整装，再通过航运输送到外埠。而从外地输入的布匹、百货、食盐等，除销售县内居民以外，鄂西地区的其他商民，也是在资丘采购。航帆蔽空，商旅云集，繁华一时的资丘曾被称作“小汉口”。此外，巴山、磨市、鸭子口、津洋口、都镇湾、龙舟坪等成为清江沿岸的著名港口。

从清代到民国，清江干流可分段通航。资丘向王滩天然地把清江分成东、西两部分，向王滩以下木帆船可以航行直达长江，称为“长水”运输；向王滩以上，因险滩阻隔，只能放木排，不通舟楫，唯有进行“一峡送一峡”的“短水”运输。民国《长阳县志》记载：

> 今各滩有峡船运载客货，一峡送一峡，名“短水”。其由大花坪直送向王滩者，名“长水”，群视为利薮。盖清江自巴东县桃符口至县属招徕河入境，招徕以下至资丘，险滩有五：波索滩、龙翅滩（今改太平）、碓窝滩（此滩已平复）、有青洞滩、向王滩，俱难通舟楫。往者，巴东、施南土货，自桃符口上船，至波索滩起岸；毛坪上船，至青滩起岸；滩下上船，至太平滩起岸；滩下上船，至青洞滩起岸；滩下上船，至向王滩起岸；滩下上船，从此迳载至宜都出大江，凡各滩岸，俱土人世业，各设有峡船，接装货物，逐滩交卸，以取利资，名曰“短水”，计波索滩起，向王滩止，陆路一百二十余里，峭壁崎岖，非一二日可至，水次舟楫，半日可到。嘉庆十一年，巴东人谭某，与本地人在大花坪开立埠头，另设船只，独揽自大花坪直送向王

滩上，名曰“长水”。而短水遂鲜装运。青洞滩船户覃某等因“长水”专利，各据峡口相阻，以致构讼，旋断旋翻。二十四年，青滩等处埠头阻遏“长水”。谭某即纠众争斗，经官断，令长短水听客自便，各峡之船尚未满意，覃某等公议，各峡止容本地人为止，不复留巴东人入伙。其长水、短水合而为一，得利均分，请息立案，自此可免纷争互斗之患矣。（陈丕显，2005：75-76）

从这段记载可知，长水运输得通航之便，被视为利薮，为大商人争相垄断，而短水运输因不能通航只能逐滩交卸、接装货物，俱为土人世业。但相比峭壁崎岖、翻山越岭的陆路，水路运输依然较为便捷。嘉庆年间，外地人独揽长水专利，本地船户各据峡口相阻，以致纷争不断、诉讼不息。最后当地船户达成公议：长水短水合而为一，得利均分，并只容许本地人经营，纷争得息。这条史料展现了清代中期清江流域航运图像的一个片段。

清江航运的兴起促进了区域性社会组织的发育，反过来区域性社会组织的发育成熟又保障了航运的顺畅进行。航运的发展需要调动整个流域的分工协作，各峡口各自为政、相互孤立的状态势必被打破。航道通畅的背后需要一套运作良好的社会组织作为支撑。资丘上游河段，短水运输“逐滩交卸”的特点，更是必然强化各滩船户之间的交互协作，否则这一接力的链条随时可能中断。一般来说，船工来自流域沿线的各个村落，多由成年男性构成，形成类似“兄弟会”的组织，他们在航行过程中风险共担，患难与共，结成一个命运攸关的共同体，这个共同体内部有着明确的劳动分工、行业禁忌、祭祀仪轨以及劳作习俗，祭祀共同的行业神。[①] 从整个流域的社会组织来看，类似“兄弟会”的船工组织是最基本的组织单元。不同地域的船民们自发结成帮派，通常以通航江河或地域为界，大船帮下

① 劳动分工上有驾长、桡手、号工及烧火之别，各施其责，享有不同的待遇。“驾长”在船工中地位最高，大型船上通常有前、后两个驾长。船工们有很多行业禁忌，遵循不成文的规则如“八不准”和“四不开航”。在日常用语中对翻、倒、沉、漂、打烂等字眼讳莫如深，在行船、泊岸和日常生活中也有不少忌语。清江船工号子根据行船的不同劳动，分成了竖桅号子、开头号子、摇橹号子、伸篙号子、拉纤号子、收纤号子等几大类（陈孝荣，2013：81-82；邓晓，2005a，2005b）。

面有小船帮。船帮的首领多由当地权势人物担任，他们的职责是主持帮会、订立帮规、接洽业务、调解纠纷、安全监督、疏滩保航等。船帮如果要到对方码头停船起货，必先拜码头，相互商量。将流域沿线各埠头、峡口串联起来的区域性社会组织，例如民国时期形成的"长阳船业公会"①，它使得流域内不同埠头之间的交流协作成为可能。另外，还有围绕着航运事业而形成的商会、煤业公会②等行会组织相继建立。在这个航运组织体系中，层级越低内部联系越紧密，层级越高内部联系越趋松散。层级越低的组织内部，成员的同质性更高，更重要的是他们有一套共同的信仰、仪式和行为规范的塑造。因此，船工组织作为流域社会的组织内核，是最为稳定的，也是整个社会得以组织化的关键。

从这一社会组织的影响力和辐射范围来看，类似"兄弟会"的船工组织所关联的不仅仅是这些男性船工，还有他们每个人所牵附的家庭、家族以及村落。流域沿线的各个埠头修建与相邻村落社会紧密相连，例如，根据《公埠同施》碑记载，石板溪渡口始于明隆庆四年（1570），民国元年（1912）由覃辅连领头修建码头，李家祠堂负责管理，士绅李益培具体负责，义渡田在枝柘坪（《长阳土家族自治县交通志》编纂领导小组，1990：39）。船工组织内部成员之间的互助关系，如婚丧嫁娶等仪式的互助、参与，使他们深度地牵涉进彼此的社会关系网络中。可以说，船工组织作为最稳定最紧密的组织内核，它带动的是整个流域沿线村落的关联与互动。

船工组织作为流域社会最基本的社会组织，具有涂尔干（Emile Durkheim）所说的法团（corporation）性质。在涂尔干看来，法团是伴随着城镇手工业兴起的，它既是一个具有道德纪律的职业群体，同时也是一

① 长阳船业公会最初成立于民国13年（1924），其宗旨在于祛除河道积弊，维持船业运行。民国29年（1940）2月，县政府为配合抗日战争，对船业公会进行了改组，成其为半军事化的团体组织，受军政双重领导。会址设在资丘镇东街头，会内设有常务理事、书记、会计、办事员、监事等若干人。下设事务所3个，办事处6个，分布在清江沿岸，管理进出口船只，各港口的货物登记和装卸秩序等。船舶装运货物，需要按照会章向船会缴纳会费和疏滩经费各5%。船业公会有会员445人，船445只，船工1126人（《长阳土家族自治县交通志》编纂领导小组，1990：58-59）。

② 资丘商会于民国11年（1922）成立，公举吕良炯、皮幼泉为正副会长。其宗旨在于开通商智，联络商情，改良商品；煤业公会于民国15年（1926）成立，其宗旨在调查地质，改良工程，调处同业争端（陈丕显，2005：164）。

个宗教社团，拥有各自特有的神灵和仪式（涂尔干，2000）。关于清江的传说和祭祀仪式正是由船工组织所承载的。今天，清江沿岸还流传着一首《向王天子开清江》的创世古歌："向王天子一支角，吹出一条清江河，声音高，洪水涨，声音低，洪水落，牛角弯，弯牛角，吹出一条拐拐弯弯的清江河"（长阳土家族自治县民族文化研究会，1995：8）。船工代代传唱的《向王天子驾船歌》清楚表明，船工们的行为不过是在重复实践向王天子最初造船、驾船的神圣行为（长阳土家族自治县民族文化研究会，1995：82）。歌谣中的"向王天子"，被清江流域的船工尊为保护神，船工们在航行时形成一整套敬献向王天子的仪式。木帆船从资丘起航，顺江东下，每经过一道险滩，都要焚香放炮，祈求向王天子的护佑。

农历六月六为一年一度的"向王节"，专门祭祀向王天子。这天是清江船工一年中最隆重的节日。船工们都要停航靠港举行祭祀活动。当天清晨，在船头摆设祭宴，杀公鸡、母鸡各一只，煮熟以后，由驾长把整只的公鸡供奉在船头，母鸡供奉在船尾，公鸡的头朝船前，母鸡的头朝船尾。据说，船头的公鸡是敬献向王天子的，而船尾的母鸡则献给德济娘娘，因为船工相信"向王天子掌舵，德济娘娘拿艄"，前后都有神灵保驾，才能四季安康。船前船后两只献祭的整鸡摆好之后，再由驾长提着一只全红色的活公鸡走到船头，掐破最高的鸡冠尖，把鲜红的鸡血洒在船头和江水中。这时，焚香烧纸，鸣鞭放炮，全体船工在船头和船尾磕头，虔诚致祭。祭毕，船工们分享供品，把鸡头留给驾长，表示敬驾长；鸡翅和鸡胯子分给划挠的，表示敬副手，鸡的正身由烧火佬（炊事员）吃，预示四季食物充足。当天晚上，船工们还要在清江燃放河灯，顺江漂流，点点灯火，自西向东，蔚为壮观，表达船工对向王天子的哀思。这个仪式大致延续到 20 世纪 50 年代或者更晚一点，随着船工组织的解散而退出了历史舞台。①

明清时期，清江流域的长阳、巴东、建始、恩施、五峰等县都建有向王庙，仅长阳境内就曾有 44 座。民国《长阳县志》载："向王庙：一在县

① 近年来，随着长阳旅游业的发展，祭祀向王天子的祭典又在各种仪式场合被重新操演。对仪式过程的描述综合了前人所收集的材料（长阳土家族自治县民族文化研究会，1995：119；郑子华，2008：102-103）。

西二十里资丘，一在县西关外，一在县西六十里都镇湾”（陈丕显，2005：118）。长阳向王庙多分布在清江沿岸，如昔日的港口资丘、鸭子口、渔峡口和龙舟坪等地。向王不仅供奉在向王庙，其他较大的庙里也会有向王塑像。可见，对向王的尊崇是整个清江流域区域性的文化现象。那么，这位备受尊崇的向王究竟是何来历？

同治七年（1868）所立资丘向王庙碑记载：“向王庙创自康熙年间……向王为古廪君，久沐神庥……”（郑子华，2008：100）早在乾隆时期，当地著名的竹枝词诗人彭秋潭就曾写道：“土船夷水射盐神，巴姓君王有旧闻。向王何许称天子，务相当年号廪君。”可见至少清代中期以来，“向王即廪君”的说法已经开始流行。然而，已有学者的研究表明：廪君与向王原本各有所指，只是到了清代才被人们等同起来（龚浩群，2004）。比如，明代嘉靖《归州全志》就载：“向王庙，在州东，相传本州东阳人姓向名辅，隋大业初于所生之地显著灵异，人祀之”（转引自龚浩群，2004）。乾隆《长阳县志》也提到：“向王庙，在县西二里。向王本归州东阳人，名向辅，隋大业初，穿山凿石，屡著灵异，清江一带祀之”（转引自龚浩群，2004）。根据这些地方文献看，早在明代，向王信仰已经出现；且向王确有其人，正是归州（今秭归）人向辅，因开辟河道有功，屡著灵异，清江沿岸祀之。最晚到乾隆时期，关于向王身份来源的两种说法（“廪君说”和“向辅说”）开始并存，而后，“廪君说”被广为接受并逐渐覆盖了“向辅说”。

潘光旦认为廪君传说是今巴人后裔土家族的起源传说（潘光旦，1999）。廪君的传说讲的是巴郡南蛮郡巴、樊、瞫、相、郑等五姓约定通过掷剑和浮舟的比赛来推选君长，巴氏之子务相胜出，是为廪君。之后廪君带领五姓族人开疆拓土，射杀盐神、获取盐池、建立都城，死后化为白虎。廪君的传说可视为一个典型的“神圣王权”传说，他之所以能够成为五姓的王，是由于他拥有常人不具的神异禀赋——掷剑击中石穴，乘土船而不沉。向王被等同于廪君，实质是要抬高向王的位格，赋予他“神-王”的地位，清江的开辟因而被说成是其巫术性力量的展现，即通过他的号角“吹”出了清水江：

> 巴姓部落越来越大，人越来越多，觉得这山里再难住得下了，便沿夷水向外处走。向王手拿一支牛角走在前边，一路不停地吹，吹山山崩，吹地地裂，吹到那里，水涨到那里，江水随牛角声的高低而起落。（长阳土家族自治县民族文化研究会，1995：8）

这个传说意在表明正是向王号角“吹”出的声音“制造”了清江的流水。王的巫术性力量开辟了清江，清江的生命力因而来源于王，其奔腾向前生生不息的力量正是王的生命力之旺盛的表现。正如弗雷泽（James G. Frazer）所揭示的那样，王权社会的整体性正是通过“王”来体现的，社会的生命力依赖于王的生命力之旺盛（弗雷泽，2006）。当清江被说成向王天子用牛角“吹”出来的，其本身就是王的生命力的体现，那么，社会的生命力就与汹涌澎湃的清江息息相关了。

清代以降，向王天子逐渐被等同于廪君，这个转变过程背后必定有着复杂的政治经济动因，其中最重要的原因应与清雍正十三年（1735）“改土归流”以后，“蛮不出境，汉不入峒”的禁令被解除所带来的族群关系变动和族群认同有关，具体原因本文暂不做分析。本文关注的是这个转变带来怎样的社会后果以及推动这个转变的社会力量究竟来源于哪里。向王主要被船工视为保护神①，祭祀向王的仪式也一直是由船工组织担纲的。向王从行业保护神变成整个社会的神-王，“向王天子”的说法广为传播，这个过程至少说明社会的转变，即航运已成为该社会的头等大事，围绕着清江水运形成的区域性社会关系体系正在成形。流域社会的整合过程同时伴随着区域性象征符号的构建，原本来自归州的向王作为地方神祇已经很难整合整个流域的信仰认同，必然被位格更高、覆盖面更广、影响更大的区域性神灵所取代，而在清江流域源远流长的廪君就成为最合适的选择。

在向王从行业保护神上升为整个社会神圣王权的过程中，船工组织也成为流域社会知识体系的主要担纲者，他们在流域内分工协作的一整套生

① 根据龚浩群对廪君神话流传情况的调查，关于廪君的传说主要流传于有文化的知识群体，大多数群众并不熟悉，而向王的传说则主要是由船工群体所传承的（龚浩群，2004）。

产实践知识及其关于向王崇拜的仪式象征活动，构筑起流域社会的知识体系。

长阳的船运组织一直延续到20世纪50年代初期。1953年废除了封建把头和行帮，组织民船申报户口，实行船舶定港定位，把民船运输纳入国家管理范围；在农业合作化高潮中，船工被组织成5个运输合作社。1958年，5个运输合作社合并为木帆船合作运输公司。几经更迭，2005年长阳航运公司由集体所有制企业改制为有限责任公司。从20世纪70年代开始，随着陆路运输的发展，船舶运输因需多次转运、多次装卸，环节多、耗损大，费用一般高于公路运输，致使很多托运方弃水就陆，清江水运逐步退到次要位置。而后80年代以来，受到高坝洲、隔河岩大坝修建的影响，清江货运业务日趋萧条，航运公司将主要运力转向长江运输，同时发展水上客运和旅游。

二 大坝的修筑：从流域到库区

从20世纪80年代开始，清江干流梯级开发工程启动，特大型水库蓄水发电站陆续在长阳建成。随着隔河岩、高坝洲、水布垭三级水利枢纽工程的陆续建成，长阳县形成“一坝”（隔河岩大坝）“两库”（隔河岩库区、高坝洲库区）的新格局。隔河岩水利枢纽属清江梯级开发工程，是以发电为主，兼有防洪、航运、养殖、旅游等功能的特大型水利工程。1987年12月工程截流，1993年第一台水轮发电机组投产发电。

随着隔河岩、高坝洲水电站的兴建，两坝库水形成后，清江航道水深沿程加大，区间内的航道条件得到改善。隔河岩库区（隔河岩到石板溪）通航里程94.5公里，高坝洲库区（高坝洲到隔河岩大坝）44公里。但从客观上来说，清江流域梯级开发使得原本畅通的河道被“两坝”（隔河岩大坝和高坝洲大坝）切断为三段库区水域，加之设计之初航道规划等级过低，过坝设施（升船机）设计不够合理，造成过坝通行能力低等因素，导致清江水运只能实现区间性通航（湖北省港路勘测设计咨询有限公司，2014）。大坝的兴建使得原本从资丘以下可以“通江达海”的清江流域由此变成只能区间性通航的库区水域。航运业退居水利事业的次要地位，水力发电以及由此带来的库区渔业养殖、旅游观光业开始发展起来。

从流域到库区的变化，改变了水的形态以及山水的关系，昔日高山环绕、峡谷深切、江流湍急的态势化作高峡出平湖、百岛棋布的格局。这种变化从当地人对山水的感知中可见一斑：

> 站在鄂西清江边，昔日雄壮的清江号子已藏进历史的书页中，再也不见了。呈现在我眼前的，是一条碧绿的江水站在日光里顾盼生辉。那一份清澈、悠闲、素净、淡泊与深远，直惹得两岸的青山更加青翠。……再抬眼朝那些青山和山谷望去，那里除了淡淡的白云、飘飞的炊烟之外，也没见清江号子挂在任何地方。顿时，一种别样的情感就在我心里泛滥起来。那份曾经的雄壮、野性、张扬与阳刚，究竟到哪儿去了呢？我见过的清江号子是在上个世纪八十年代以前。那个时候的清江还是一匹脱缰的野马。无论是在高坝洲，还是隔河岩，或是招徕河，均没有筑闸。八百里清江只是任由它的性子，在山里野性地生长。尤其是到了暴雨季节，它的暴脾气就开始在山里怒吼，冲走房屋，淹没农田，甚至让河水改道。而到了冬季，它却又比幺姑娘还乖，只见一条细泓在山里蜿蜒。（陈孝荣，2013）

这段描述对比了大坝修筑前后水流状态的变化。大坝修筑之前的清江明显被描述成充满野性、变幻无常的形象与大坝建成之后的“悠闲”“素净”的碧水青山形成鲜明的对比，似乎从一种野性豪迈的男性形象变成温柔驯良的女性形象。而作者感慨的正是“那份曾经的雄壮、野性、张扬与阳刚，究竟到哪儿去了”。隔河岩库区形成之后的今天，在长阳著名的旅游景点及城市中心广场都能看到一座引人注目的雕塑，即廪君昂首阔步吹着弯弯的牛角号乘风破浪的形象。健硕有力的身躯，昂扬激越的姿态无不在展现一个充满野性生命力的王者形象。这一形象矗立在缓缓流淌的清江边显得别具意味。它无时无刻不在提醒着身栖于此的土家族儿女“向王天子吹号角，吹出一条清水江”的传说。

大坝建成之前的清江，属山溪性河流，河水补给主要依靠降水。季节性的降雨不均，直接影响水位和水量的变化，由此而导致水运相应变化，俗谚有：“一场大雨江爆满，十个太阳滩搁船”之说。清江的航行充满了冒险，航道窄、险滩多，行船时常常要提防搁浅和触礁。“七滩八渔共九州，七十二滩上资丘”（“滩”“渔”系指以此二字命名的险滩）正是航行艰险的写照。船工组织正是深嵌在这样的自然之中，凭借当时的工具和技术手段，人们并不能完全改造自然、支配自然。船工组织通过向王天子的信仰来与“未知”的自然达成联系，向王天子构成了这个社会的集体表征，这套集体表征的传说和仪式都是由船工组织来承载的。船工们的每一次实践都是在重复向王天子最初的“创造”。船工组织正是流域社会最基本的社会组织。

今天，清江水流的变化容易被直观感知，而船工组织的崩解对社会带来的影响却不轻易为人所知。首先是随着船工组织的崩解，联结流域社会的纽带断裂，流域内部变成原子化的村落；其次，航运的急速衰落与新兴陆路发展的滞后，致使长阳境内的交通运输方式发生巨大转变。当前长阳县域的道路交通呈现出外向型发展、内部交通条件严重滞后的局面：沪蓉高速，318 国道、宜（昌）万（州）铁路穿境而过，这让长阳与武汉、上海、广州等大城市的交通更加便利，但长阳境内的交通状况却令人担忧，县域内部交往的通畅性受到一定阻碍。

此外，最重要的还是新的生产和交换方式的出现及其所带来的知识体系的转变。

三　山水“资源化”与作为新型知识体系的现代农业

山和水构成了长阳基本的生态景观。位于鄂西清江中下游武陵山区的长阳，历史上的地貌被描述为“八山半水一分半田”，为典型的山区地形，山地为国土面积的主体。同时，地貌、气候、土壤、植被等都呈现出显著的立体型分布，人类的生计活动以及资源获取方式也随着这一垂直分布的特性而呈现出明显的生态适应性。由河谷区的农渔结合，过渡到低山的农林牧副结构，最后过渡到半高山以上地区的林牧结构。

在精细化的现代农业发展起来之前，长阳境内曾长期存在稻作农业、旱地农业以及刀耕火种并存的情况。民国《长阳县志》载："长阳偏僻小县，山坡多，平原少。计田亩若枝柘坪、榔坪、磨市，地势开拓，又得溪流灌溉，故多种稻；他处所有塝、塃诸地，则稻、粮兼种；至若山岭岗坡，则以黍、稷、麦、菽、薯、芋等为宜。……若垦殖，恒在深山穷谷，刀耕火耨，菑畬以养地力，与不易一易再易之法，俱称妙用。故篝车不致失望"（陈丕显，2015：160）。根据尹绍亭的研究，刀耕火种的土地利用方式看似粗放，实则包含着山地民族传统土地利用的系统知识和处理人与自然关系的智慧，这些传统知识包括土地分类的知识、轮歇周期的知识、种植物生长特性的知识等等（尹绍亭，2008）。

随着清江流域梯级开发、"一库、两坝"的形成，山与水的关系发生变化，水域面积增加、耕地减少，基本地貌被重新表述为"七山二水一分田"。过去，山是贫穷的象征，山区意味着穷困落后，如今，山成为致富的宝库。长阳县先后提出过"山上长阳"和"水上长阳"① 的思路来开发山水资源、发展特色经济。依托大坝建成后高峡出平湖、百岛棋布的山水景观，旅游观光业正在形成长阳的新兴产业。以"八百里清江美如画，三百里长阳似画廊"著称的"清江画廊"已成为长阳的城市名片。被"驯服"的清江以柔美秀丽的姿态成为供游客观赏的画廊。山水的资源化、审美化正是自然被对象化、客观化的典型表现。以下分别以"高山蔬菜种植"和"网箱养鱼"为例阐述长阳如何将山水"资源化"。

长阳县的高山蔬菜种植，始于1986年，经历了由小菜园到大基地，由小农户到大市场，从小生产到大产业的转变，实现从国内市场到国际市场的跨越，已逐渐走上了一条规模化、精细化、产业化的发展道路。目前全县共有高山蔬菜种植面积50万亩，连片30万亩，年产量100万吨，实现产值20多亿元，占全县农业总产值的40%以上。仅火烧坪乡高山蔬菜年总种植面积8万亩，基地面积5万亩，年产量25万吨，可实现产值4亿

① 自"八五"（1990~1995年）以来，长阳提出"五山经济"（五山：高山无公害蔬菜、白山羊、半高山魔芋、低山茶果、山间根艺盆景）的构想；1993年以后，为了充分利用大型水利工程所带来的人工湖等湿地资源，继"山上长阳"之后提出了"水上长阳"（水上长阳：是在深度开发山上长阳的基础上，努力培植以水产养殖、水上旅游、水力发电、水上运输为主的"四水经济"）的战略构想。

元，已带动全县 5 个乡镇发展高山蔬菜。[①] 高山蔬菜产业已成为长阳农业经济的重要支柱。过去被称为"高老荒"的火烧坪乡，如今依托高山蔬菜种植，找到脱贫致富的"金饭碗"。

高山蔬菜是在海拔 800~1800 米的高山上，依据气温垂直递减的原理，利用高海拔区域夏季自然冷凉的气候条件生产夏秋季上市的反季节蔬菜，以满足市场的需求。高山种菜古已有之，并非当代的发明，但传统的高山蔬菜是零星的、粗放的、山区农民自种自食的小规模栽培；品种也较为丰富，主要有马铃薯、魔芋、生姜、芸豆、山药、白菜、萝卜、山黄瓜以及野菜等。真正意义上的现代高山蔬菜（尤其是反季节蔬菜）规模化商品生产开始于 20 世纪 80 年代中期。以火烧坪乡为例，20 世纪 80 年代，火烧坪农民开始尝试栽种反季节蔬菜，收效甚佳。附近的粮田和荒山因此被菜地取代。蔬菜耕种面积迅速增长，最初仅有 200 亩，到了 1990 年已达 1 万亩，目前，火烧坪已形成连片基地 4.5 万亩的规模。

高山蔬菜依托于山，网箱养鱼仰赖于水。随着国家对清江流域的梯级开发，在长阳县境内形成了 13.6 万亩的优势库区水面，总库容达 43 亿立方米，库区内无工业污染，水体水质清澈、溶氧充足、酸碱度适中，长年水质达到《国家地表水环境质量标准》规定的Ⅱ类水体水质标准，为发展水产业提供了优越条件。与此同时，库区水面的形成在全县淹没农田 8 万多亩，造成移民 3.7 万余人，长期以来，依靠发展水产养殖和从事渔业捕捞成为库区沿岸失地移民的主要收入来源。

截至 2013 年年底全县共有网箱养殖户 820 余户，有滤食型和精养型网箱 20214 只、约 40 万 m^2，产量 11251 吨；围栏养殖 1000 万 m^2，产量 6300 吨。清江水产养殖集中在淋湘溪、天池口、资丘、陈家坪、西湾、静安、巴山、厚浪沱、鸭子口、刘坪、高桥、樟木垒、平洛湖、巫岭山、沿市口、花桥、朱津滩、三口堰、芦溪、磨市、黄荆庄、柳津滩等水域。全县精养投饵性网箱 18 万 m^2，全投饵或半投饵性鱼类产量 8500 吨。[②]

作为当前长阳山水资源利用的两个典型案例，高山蔬菜种植和网箱养鱼都是以现代农业知识体系为主导的一整套科学养殖实践，规模化、标准

① 数据由火烧坪乡政府提供，2014 年 7 月。
② 数据来自长阳县水产局，2014 年 7 月。

化、精细化、机械化的生产技术和经验通过农业专家、科技人员教授给农民。

对于高山蔬菜的生产，根据农产品质量安全监管的需要，长阳县配套了从选种、测土到深加工等各生产环节的技术[①]，并积极采用国际标准，对高山蔬菜等特色农产品制定农产品质量安全标准。利用各类农资连锁店、科技示范场、科技示范户开展农业技术推广服务，形成多层次的农技推广服务网络，县里提出“一户一名科技明白人”的目标，每年培训农业技术骨干近千人，培训农民2万多人次。如2012年，长阳县组织专班开展“测土配方施肥”培训，参加农民达3000多人次，辐射带动全县测土配方施肥40万亩。现代农业知识的推广还有另外一个重要途径就是强化县院（校）科技合作，长阳县与省内重点大学、科研机构等院所建立了长期合作关系，以县科技示范园为载体，引进新品种、新技术、新工艺，并对高山蔬菜无公害生产的农药及肥料控制，开展了联合攻关。

标准化的发展，依托于机械化的普及。长阳县通过开展“三牛”替换工程，大力推广微型耕机、插秧机、机动喷雾器等各类农业机械，提高农业机械应用水平；提高拖拉机、联合收割机的登记率和驾驶操作人员的持证率；请厂家技术人员对联合收割机进行检修，对驾驶员进行技术培训，对新购的联合收割机上牌办证，旧的进行年检，为原来使用拖拉机车牌的联合收割机更换专用车牌。到2015年，全县机耕、机播面积占到耕地面积的80%以上，机收面积占到总播面积的30%以上。

标准化、机械化的推广背后有强大的现代农业信息服务体系做支撑，长阳县在全省率先建立了县级农业信息网络，初步探索出了“五个到哪里”的现代农业科技推广新模式，即“板块基地建设到哪里，技术力量就倾注到哪里，基础设施就配套到哪里，龙头企业就联结到哪里，市场物流就畅通到哪里”；做到“技术服务到乡，公路硬化到村，沟渠灌溉到田，水肥利用到地”。

① 包括优良品种种植、测土配方、轻型简化栽培、秸秆综合利用、无公害农产品标准化生产、畜牧高产优质配套养殖、农业机械化配套应用、种子种苗快繁、节本增效生态农业综合利用、生物防治为主的病虫害综合防治、优质高效模式栽培、转化增值精深加工等10多项。

网箱养鱼同样需要依托技术的标准化。长阳县近年来大力推广在精养网箱外再进行套养的立体养殖技术和网箱养殖标准化生产技术；制定了《无公害清江鮰鱼质量控制措施》《清江库区网箱养殖技术操作规程》，及根据国际国内市场水产品质量安全的最新标准制定《斑点叉尾鮰禁用药物清单》《斑点叉尾鮰建议用药物清单》，并将这些技术资料制成警示牌，逐一发放到户；与省内外科研单位联合开办渔业健康养殖和标准化生产培训班和现场会，同时组织县内水产专业技术人员，长年坚持在网箱养殖重点区域开展分片集中培训；各养殖户被要求每天据实填写《网箱养殖日志》，对每天的天气、水温、养殖鱼类健康状况、投入品使用情况等进行详细记载，主管部门不定期对网箱养殖日志填写情况进行抽查，对未按标准操作者进行处罚乃至限制市场准入。据当地统计，目前，全县水产标准化生产技术普及率达到85%。

在现代农业体系中转型成功的家户多是家中青壮劳力迅速接受和掌握科学种植养殖技术并能敏锐洞察市场行情的新富群体。仍旧抱持着传统小农生产方式的老一代农民已经不能适应新的生产劳动，他们有关农家肥的施用知识、按节令生产的农作周期、套种混种等小规模的栽种方式都已经被前述充斥整个生产过程的各种标准化技术所取代。现在的农户能够依靠的只有各类技术人员、专家学者、种子商人、化肥商人来为他们解决栽培技术、施肥管理、选种播种的问题，他们的知识体系已经基本为现代农业知识所垄断。

四　山水资源化的生态与社会后果

山水成为被对象化的客体，成为被开发利用的资源，产生了越来越显著的生态后果与社会后果。

高山蔬菜种植在获得可观的经济收益的同时，生态问题也日益凸显出来。首先是加剧造成水土流失的危险。国家规定耕地与林地的坡度分界线为25度，但是由于高山蔬菜种植的经济效益突出，陡坡种菜甚至毁林开荒的现象依旧普遍，光头山已经出现，原本茂密的森林被连片的菜地所取代。一般来说，高山蔬菜的种植区域主要位于山顶平坦部位及低缓鞍部，陡坡上的土层遭逢降雨便会迅速流失。从维护山地生态系统的整体而言，其系统的稳定取决于植被保护，土壤颗粒依赖植物根系的固定来保持着水土平衡。蔬菜根系较浅，不像林木一样拥有发达的根系从而能够起到良好的水土保持作用。加之长阳特有的地质构造，土层原本较薄，保土能力较弱，易受侵蚀。高山蔬菜的规模化种植，极大地改变了高山区（海拔1200米以上）土地的利用方式，改造着高山的植被覆盖景观，对整个立体型山地生态系统的稳定构成潜在的威胁。高山区域本应是水土保持的重点区域，一旦高山区水土流失严重，它将严重地影响着整个生态系统的平衡。

其次是土壤污染的问题。一方面，由于普遍进行规模化种植，同一片土地连续种植同一种或同一类蔬菜，品种相对单一，连作问题严重；另一方面，因为主要依靠化学肥料来为土壤补充营养，致使土壤环境恶化，陷入肥料施用越多，病害越频繁，防治越难，恢复难度越大的恶性循环中。过量施用氮肥，导致大部分土壤酸化较严重（覃江文等，2014）。另外，由于完整的产业链尚未形成，每年采收时节，大量的次品和下脚料腐烂在田间地头的景象随处可见，造成巨大污染。仅火烧坪乡一年产生的蔬菜废弃物就高达10万吨。规模化生产所使用的地膜，目前尚不能自然降解，每年产生的地膜废弃物也是非常可观的，且因地膜不易回收，大多只能进行焚烧处理。由于高山蔬菜种植基本在高山、中山区域，高山区土壤的污染物通过降水冲击必然影响到中山、低山和河谷地区。在污染治理方面，农村的面源污染是公认的比工业点源污染影响范围更大、治理更艰巨、投入更多的污染方式。高山蔬菜规模化种植所依赖的化肥、农药、地膜等的大量使用，以及生物废弃物未经处理的随意堆积，对生态环境造成的污染不可忽视。

再次，目前长阳县高山蔬菜的规模化、产业化发展主要是依靠不断扩大种植面积来实现的，但长阳特殊的资源环境对规模化、产业化的发展有着潜在的制约因素，最突出的是水源的问题。长阳的地质构造，以岩溶地质居多。这种地质环境蓄水能力原本就弱。以火烧坪乡为例，乡镇所在地的生活用水是依靠二级水泵从山腰处的源泉处提取，用水成本较高。蔬菜生产所需水量基本是依靠降水，遇到恶劣气候条件时，收成容易受到较大威胁。因此，在高山区水资源极为珍贵稀缺，这对该地区进一步发展蔬菜深加工等产业链的延伸产业建设构成深层次的制约。

网箱养鱼对水质的污染主要来自投放的饵料、肥料、药剂以及鱼类的排泄物、底质释放等几个方面（程素珍等，2010；刘潇波等，2004）。网箱养鱼具有密集性强的特点，不仅要求投食间隔短，而且投饵量也很大，这就加速了水体的富营养化进程。未被食用的鱼饲料和粪便不仅污染了水体，而且会形成有机质淤积在水底。据统计，全县清江水域年投饵量在15000吨左右，年排放污染物为化学需氧量918.9吨、氨氮133.73吨、总氮222.89吨、总磷53.49吨。围栏围网养殖水域不同程度地存在畜禽粪便等直排现象。清江水质最差的是高坝洲库区下游，在南岸坪水域，柳津滩村有网箱4200多只，宜都市有网箱8000多只，网箱面积严重超标，水质污浊、悬浮物多，气味腥臭、能见度低，已成为清江水环境污染最直接的污染源。[①] 破坏水生生态系统的主要因素就是水体富营养化和水底有机质，它们在氧化过程中消耗掉水体中的大量氧气，危及对水生动物的生存，并且容易滋生藻类形成水华危害水体。

另外，库区水域面临着水生生物多样性保护的艰巨任务。隔河岩大坝和高坝洲大坝隔断了库区大部分鱼类的洄游通道，破坏了诸多鱼类的自然繁殖条件，鱼类资源由建坝前的70多种锐减到45种。在库区水域由人工生态系统向自然生态系统的转变过程中，原有自然物种起着决定性的作用。网箱养鱼引进的外来物种会破坏原有的食物链环节，影响自然生态系统平衡的建立。与此同时，网箱养鱼带来的分层沉积的有机质不仅对水域造成污染，而且易导致某些自然物种的灭绝（熊洪林等，2006）。

库区不同于自然性的河流湖泊，养殖网箱多设在库湾相对静水区，残饵、排泄物和腐尸等会在养殖区及其周边形成污染区域，其污染浓度由网箱中心向外围递减。对于库区水域而言，蓄水后的库区水体水流速度放缓，导致水体稀释自净能力减弱，即便是在污染负荷不再增加的状态下，库区水体中污染物指标也将逐步增加（李晓等，2009）。在这种情况下，规模化发展网箱养鱼的结果，必将加重水体富营养化，导致库区水域生态

① 本段数据资料来自长阳县政协调研课题组：《关于清江流域水环境保护调研情况的报告》（讨论稿），2014。

系统结构和功能的破坏。

一方面，现代农业生产方式造成了生态冲击，另一方面，这种生产方式及其知识和操作实践，也对传统社群的社会文化生活构成冲击。在高山蔬菜种植和网箱养鱼这两项现代农业科技体系主导的生产实践中，家户成为最基本的生产单位，国家的技术推广、资金扶持、信息支持都是以每个种养殖户为对象。“一户一名科技明白人”的技术推广目标，成为科技普及入户的基本方式。将家户联结在一起的机制并未真正运转起来，初创的合作社建设尚未将大多数社群团结在一起。家户独立化生产中的商业因素越来越大，而社群合作越来越少。由于规模化的经营，过去传统家户间相互“换工”的方式已经不能有效解决在短时间内完成大规模收获的效率问题，出钱雇工，甚至高价跨县雇工抢收的情况已经很普遍。以火烧坪乡为例，到了最繁忙的采收季节，甚至出现只能不断抬高工价才能请得到雇工的情况，工价连年增长，雇主叫苦不迭，为了及时完成大规模的抢收，种植户不得不投入更多的资金成本。目前，长阳高山蔬菜的产业化发展已经卷入全球化市场之中，外来资本陆续进入，种植已扩大到邻省的乡镇，社会问题初现端倪。家户生产规模越来越大（通过租赁的方式，家户种植菜地最多的可达两百来亩），资金投入越来越多，成本越来越高，而市场风险越来越大。在面临市场大波动，损失惨重的情况下，菜农自杀的现象已开始出现，暴富之后的家庭矛盾、贫富分化等问题也凸现出来。在经济全球化的大背景下，资本在全球范围内自由流动，寻找可供开发的资源，这正是山水被对象化和资源化的大背景。

结语：双重“脱嵌”

今天长阳县高山蔬菜种植和网箱养鱼所带来的生态问题，不仅是过度开发造成的自然生态问题，更深一层看，也是社会与自然、区域社会与外部关系转变的复杂后果。

在依托航运孕育出来的流域社会，区域性的社会关系被有序地组织起来，借助与更大范围的社会体系进行物资交换的需要，在区域内部建立起层级分明的物资流动和社会组织网络，将整个流域的村落和集镇有机地结合在一起，我们不妨称之为超域体系与区域社会的“嵌合”[1]；与之相关的另一面，自然与社会也是彼此“嵌合”在一起的。航运组织的分工协作与自然河道的节奏有机结合在一起，形成节律性的“短水运输”与“长水运输”相衔接。从更深层次看，社会的活力与自然的生命力被视为同构的，清江的野性力量被等同于向王的生命活力，以向王崇拜为表征的一整套传说和仪式都在表明这一同构性。

此后人与自然关系的转变，与社会的组织方式变化有直接关系。流域社会原本构成一个区域性的资源、物资交换体系，生产和交换都紧紧贴合自然生态的脉络。航运实现了物资的远距离交换，它使得流域两端不同的社会-生态类型被有机勾连起来。清江正是处在云贵高原东缘与江汉平原的过渡地带，“药材、皮油、桐油、牛羊皮，载往汉口或由宜都洋庄收买转输；竹、木、斗纸往荆沙；煤则上至宜昌，下至沙市而止。苞谷、杂粮、酒酟等，县属流通，出境者少。兽皮、兽毛、蚕丝、山茶、竹木、果实、皆输出之货，不为专业。若输入品类，则盐、糖、色布、烟叶、杂粮、各种洋货、日用所需，为各市场必备之品”（陈丕显，2005：163）。清江航运串联起来的正是高原与平原物资的交流与互补。在以应用大型工程技术和进入全球化市场体系为代表的现代化发展冲击下，这一交换体系被打破，区域性的贸易体系转变为原子化的村落和独立生产的家户直接与脱域的市场对接，长阳出产的高山蔬菜、清江鱼基本外销到武汉、上海、广州等周边大城市甚至出口海外，而不在本县域内销售。全球化市场体系诱迫原子化的村落和个体化的家户，以向内开发山水资源、依赖对周遭山水的“资源化”寻找生存之道。在“资源化”过程中，原本与经济活动和

---

① “嵌合”（embededness）是经济史和人类学家卡尔·波兰尼提出的概念，指的是在前市场经济社会中，经济活动与政治、宗教、社会等其他活动并未明确分化，或者虽然分化，但尚未形成一个自我调节、自我强化的体系，仍然从属于社会整体之需要的状态。与之对应，“脱嵌”（disembededness）意味着经济活动借助全面、彻底的市场体系而脱离社会的控制，并把人和土地都变成商品的状态。本文借用了这一对概念，但用法与波兰尼的原意不完全一致。我们同意波兰尼，认为经济活动和市场体系不应该完全自成一体，为了自身的运转和扩张而破坏和压迫社会；不过并不主张经济活动回到与其他活动不分化的状态，也不主张取消市场机制的价格调节和资源配置的作用。我们所说的嵌合状态，指的是经济活动的组织与社会联结、自然脉络相互扭结或者有某种同构性。波兰尼的用法参见刘阳对《大转型》一书的评论（刘阳，2007）。

生产组织相贴合的自然，在规模化和标准化的生产组织和知识运用下，成为无差别的生产资料，失去了原先的节奏和脉络，变成了平面化、实体化的客体，从而与社会“脱嵌”。与此同时，在越来越多地卷入全球化市场、成为巨大的外部市场资源性商品供应地的过程中，长阳当地内部的贸易网络则进一步弱化，社会内部原本纽结在一起的纽带松散化，使得卷入全球化市场体系的村落和家户与市场体系之间的抽象性联系，反而要远远大于它们与本区域其他村落和家户之间的具体性联系。这种脱域体系（卷入其中的家户是其代表）与区域社会的“脱嵌”，跟社会和自然的脱嵌，二者相伴而行。

其实，在人类学文献中，并不缺乏对原住民的地方社会如何卷入世界资本主义市场体系的描述和讨论。西敏斯（Sidney Mintz，1986）、萨林斯（萨林斯，2003）、陶西格（Michael Taussi，1980）等人的研究都生动展示了地方社会如何被卷入世界贸易体系的过程，以及如何生发出地方本土的应对方式。西敏斯追溯了资本主义世界经济体系下糖在英国的“庶民化”过程，工业革命开拓了海外殖民地，作为宗主国的英国和加勒比海甘蔗种植园之间的世界经济体系开始形成，糖成为英帝国税收的重要来源，具有携带性的权力（carrying power），在这个政治经济的权力格局中，加勒比海地区被深刻地沦为原料产地和宗主国的附庸。陶西格在《南美洲的魔鬼与商品拜物教》中展示了南美洲种植园工人和矿工魔鬼崇拜的社会意义。魔鬼崇拜正是当地乡民被整合进工人阶级队伍所经历异化过程中最生动形象的符号象征，这些新兴的工人阶级认为资本主义的生产是一种不对等的、自我毁灭性的生产，背离了人与自然之间互惠共存、循环延续的前资本主义生产方式，必然会导致土地的贫瘠和矿产的消亡。当地一直以来都有着各种仪式祭祀土地女神，直到殖民者入侵后才出现了魔鬼“帝欧”（Tio）的信仰。萨林斯没有迫不及待地证明日益扩张的世界体系如何一步步把殖民化、边缘化的人民变成“没有历史的人们”，他指出“一部世界体系的历史必须发现隐遁于资本主义之中的文化”，他以泛太平洋地区作为观看“世界体系”本土性运作的舞台，他强调要从当地人的宇宙观来看待资本主义与本土文化之间双向作用的过程，在被卷入世界体系的过程中，地方社会本土应对的方式会被强烈地激发出来。

但在这些研究和讨论中，被资本主义体系冲击和殖民的对象大多是文明程度不高、社会组织简单的社会，而且对资本主义冲击的回应，大体上都只是在象征层面。我们这里讨论的清江流域则明显不同，在全球资本主义市场体系冲击之前，这里本身就是一个大的文明国家的一部分，曾依托前资本主义的市场体系形成了复杂而紧密的区域性经济和社会关联，而且，资本主义体系的冲击是在强有力的国家在场甚至着意推动的情形下发生的，有可能对资本主义体系冲击做出比简单社会有力得多的回应。费孝通（费孝通，2001）在20世纪30年代所描述的江村蚕丝业也面临着本土的传统手工业如何通过现代技术改良来面对世界市场的问题。他关注到以费达生为代表的回乡士绅在丝业技术改革方面的活动以及他们在地方现代化事业中的作为。在费孝通看来，丝业改良活动中产生的运销合作社，正是地方的文化创造，地方社会新的知识群体的形成是有可能主动应对市场的。费孝通的讨论超出了前述人类学文献把对资本主义市场冲击的回应局限在象征领域的做法，体现出文明社会回应冲击时的能动性。

本文所描述的鄂西南清江流域的社会转型，是区域性的流域社会向原子化村落转型的过程，船工组织的消失和现代农业能手的出现，正是转型过程中社会知识更替的突出表现，船工组织作为流域社会最基本的社会组织，他们在流域内分工协作的一整套生产实践知识，及其关于向王崇拜的仪式象征活动，构筑起流域社会的知识体系，向王天子-廪君的信仰和知识一直是整合流域社会的主要力量；而接受了现代理性知识和科学技术的现代农业能手，他们正在成长为这个社会新的知识群体。他们所参与的现代农业实践在带来经济高速增长的同时，也对传统社群的社会文化生活、社群价值以及生态环境构成巨大冲击。在被深刻卷入世界市场体系的过程中，这一新知识群体能否重建地方社会，充分发挥地方的主体性来应对市场，关系到当地发展的前景。

本文对鄂西南清江流域的社会和生态变迁的描述和分析，目的不是重述一个原生态的地方社会如何受到世界资本主义市场体系的冲击、其田园牧歌式的旧景致如何值得怀念的老故事，也没有强调地方社会的象征体系在冲击下发生了如何创造性地转化。而是想提出，传统流域社会依托超区域体系的经济活动来编织区域社会网络、使经济嵌入社会和自然的智慧和实践，在今天仍然具有启发意义：我们今天对世界市场的接纳和参与不应该是被动的，而是应该结合国家在场的力量、社会组织的参与以及当地人的能动性，在一定程度上重新组织经济活动，使其既能有效参与更大范围的市场分工，又能为重建村落层面和区域层面的社会互动、联结提供框架。

2013年民族地区生态工程进展研究报告

——以生态移民与退耕还林为例*

张　姗（中国社会科学院）

摘　要：生态移民与退耕还林是我国民族地区两项重要的生态工程。生态移民工程是被调查地区占比最大的移民类型，形式以政府主导的自愿式移民为主。被调查移民的整体回迁意愿不强，其中，生活生产不适是影响回迁的主要因素。生态移民政策及效果得到被调查对象较为广泛的认可，但仍有不少被调查对象对相关政策不甚了解，未来政策内容的宣传力度仍有待提高。民族地区一直是退耕还林工程重点实施地区，由于自然条件与地理环境的不同，不同省区民族的实施情况存有差异。目前，退耕还林的职业培训内容普遍以造林种草为主，实施和宣传力度有待提高，以期让更多的退耕（退牧）户知晓并参与其中。退耕还林效果整体评价较好，大部分被访者希望可以继续实行与推进退耕还林，但小部分被访者希望停止实施退耕还林，值得退耕还林工程工作者与研究者的注意与重视，未来政策有待进一步完善。

关键词：民族地区生态工程生态移民退耕还林

20世纪50年代尤其是80年代以来，随着我国民族地区社会经济的快速发展和人口的增长，局部地区的生态环境受到不同程度的破坏，生态问题已成为掣肘民族地区可持续发展的一个重要问题。为了建立更为和谐的

* 本文为国家社科基金重大委托项目、中国社会科学院创新工程重大专项“21世纪初中国少数民族地区经济社会发展综合调查”（项目编号：13@ZH001）的阶段性成果，作为《中国民族地区经济社会调查报告2013年调查问卷分析综合卷》（中国社会科学出版社，2015）部分章节，已经出版发表，特此说明。

人与自然关系，1992 年联合国环境与发展大会后，中国政府率先组织制定了《中国 21 世纪议程——中国 21 世纪人口、环境与发展白皮书》，作为指导国民经济和社会发展的纲领性文件，开始了中国可持续发展的进程，生态移民与退耕还林即为其中两项重要的生态保护工程。2002 年，国家发展计划委员会、国务院西部地区开发领导小组办公室发布的《“十五”西部开发总体规划》把生态移民与退耕还林都纳入西部大开发的规划之中。同年，由国务院发布的《退耕还林条例》中明确指出：“退耕还林必须坚持生态优先。退耕还林应当与调整农村产业结构、发展农村经济，防治水土流失、保护和建设基本农田、提高粮食单产，加强农村能源建设，实施生态移民相结合……国家鼓励在退耕还林过程中实行生态移民，并对生态移民农户的生产、生活设施给予适当补助。”① 十多年过去了，这两项工程实施的情况如何？群众的生产生活有何改善？他们是如何看待与评价工程实施的效果？带着这些问题，我们在内蒙古、甘肃、云南、贵州、青海、新疆 6 省区 16 个县进行了问卷调查②，以期总结经验教训，为今后的生态移民与退耕还林工作提供政策参考与建议。

一　生态移民

在人类历史发展中，人口的迁移是一个普遍的现象。在人口迁移的诸多类型中，生态移民是指由于生态环境恶化或为了改善和保护生态环境所发生的迁移活动，以及由此活动而产生的人口迁移，具体又可继续细分为自发性生态移民与政府主导生态移民、自愿生态移民与非自愿生态移民、整体迁移生态移民与部分迁移生态移民，等等。③ “生态移民”这一概念较早由世界观察研究院（World Watch Institute）的 Laster Brown 于 20 世纪 70 年代提出④，而我国真正意义上的生态移民主要出现在 20 世纪 90 年代以

① 国务院：《退耕还林条例》，中华人民共和国国务院第 367 号令，2002。

② 此次调查以家庭作为单位，每家抽取一人为采访对象。

③ 包智明：《关于生态移民的定义、分类及若干问题》，《中央民族大学学报》（哲学社会科学版）2006 年第 1 期。

④ 税伟、徐国伟、兰肖雄、王雅文、马菁：《生态移民国外研究进展》，《世界地理研究》2012 年第 1 期。

后。1983~1999 年，宁夏、甘肃、新疆等西部有关省区开始采取异地安置扶贫方式探索生态移民，其中 1998 年长江大洪水发生后进行了大规模的移民建镇活动。2001~2003 年，我国在云南、贵州、内蒙古、宁夏 4 省区开展国家主导的异地扶贫搬迁试点工程。2004 年异地扶贫搬迁试点范围由 4 省区扩大到云南、贵州、内蒙古、宁夏、广西、四川、陕西、青海、山西 9 省区。自 2005 年起，我国生态移民逐渐步入快速发展轨道①，涉及区域更加广泛，人数也更加众多。

（一）由政府主导的生态工程性移民类型占比最大，多为自愿式移民

调查地区有过移民搬迁经历的 490 户居民的调查结果显示，移民搬迁的类型以生态保护等大型公共工程项目移民为主，占比 53.7%，外地迁入的自流式移民也占有一定比例，占比 14.7%，非工程移民的比例为 9.0%。从民族角度来看，97.0%的景颇族被访户属于生态保护等大型公共工程项目移民，而从省区来看，内蒙古被访户中属于生态保护等大型公共工程项目移民的比例最高，占比 72.0%。总体而言，在调查地区目前的移民类型中，由政府主导的生态工程性移民占比最大。

表 1 居民搬迁移民的类型分布

单位：%

		生态保护等大型公共工程项目移民	非工程移民	外地迁入［非本地户籍且不属于选项（1）和（2）的情况］	其他	合计	样本量
总计		53.7	9.0	14.7	22.7	100	490
民族	汉族	56.5	4.5	25.4	13.6	100	177
	景颇族	97.0	-	-	3.0	100	33
	蒙古族	66.2	13.2	14.7	5.9	100	68
	塔吉克族	50.6	-	-	49.4	100	79

① 梁福庆：《中国生态移民研究》，《三峡大学学报》（人文社会科学版）2001 年第 4 期。

续表

		生态保护等大型公共工程项目移民	非工程移民	外地迁入［非本地户籍且不属于选项（1）和（2）的情况］	其他	合计	样本量
省区	内蒙古	72.0	9.3	15.5	3.1	100	193
	云南	50.8	10.0	13.8	25.4	100	130
	新疆	45.7	1.9	8.6	43.8	100	105
	贵州	11.8	11.8	29.4	47.1	100	34

* 在数据统计时，本部分对于个案数不足 30 个的结果未予以呈现，特此说明。

根据搬迁意愿，可以将生态移民划分为自愿式生态移民和非自愿式生态移民两种类型。通过对参与政府主导搬迁的 450 户家庭的调查，自愿式生态移民占比 54.2%，非自愿式生态移民占比 29.6%，无所谓家庭占比 16.2%。由此可见，在政府主导的生态移民中，自愿式移民与非自愿式移民并存，其中以自愿式移民居多。从民族角度来看，佤族受访者中非自愿式生态移民的占比最低，没有非自愿移民；而蒙古族的自愿式移民比例最低，占比 32.2%，非自愿式移民比例最高，占比 52.5%。这种民族之间的差异，应该引起相关工作者与研究者的注意，政府在制定与实施生态移民政策时，应注意民族之间不同的生活习惯、生产方式、民族文化的差异，在实现生态保护的同时，也要保障移民者的合法权益。

表 2　政府主导生态移民中移民者的主观意愿

单位：%

		愿意	无所谓	不愿意	合计	样本量
总计		54.2	16.2	29.6	100	450
民族	汉族	56.3	16.5	27.2	100	158
	景颇族	84.6	0.0	15.4	100	78
	裕固族	60.8	11.0	28.2	100	291
	佤族	60.6	39.4	0	100	33
	塔吉克族	57.8	14.5	27.7	100	325
	鄂温克族	45.1	23.1	31.9	100	91
	蒙古族	32.2	15.3	52.5	100	59
	其他民族	42.1	25.8	32.1	100	159

续表

		愿意	无所谓	不愿意	合计	样本量
省区	内蒙古	51.1	14.1	34.7	100	170
	云南	44.2	24.8	31	100	129
	新疆	77.8	6.1	16.2	100	99
	贵州	33.3	30.0	36.6	100	30

（二）整体回迁意愿不强，生活生产不适是影响回迁之主因

评价移民工程是否成功，除了各项数据的考核指标外，从迁移者角度对其进行评价也是重要的一个方面，而迁移工程是否得民心，老百姓是否接受了移民安置，一个明显的表现就是有无回迁意愿。在回答此问题的486户受访者中，67.9%的家庭表示没有回迁意愿，32.1%的家庭有回迁意愿，由此可见，大部分的生态移民满意移民后的生活。从受访者的民族角度来看，景颇族的回迁意愿表现最弱，仅有6.3%的人想要回迁；蒙古族的回迁意愿最为强烈，想要回迁的家庭占比48.5%。结合上文中对移民者搬迁意愿的统计结果，我们不难发现：回迁意愿与搬迁意愿紧密相连，自愿式移民比例高的民族回迁意愿弱，非自愿式移民比例高的民族回迁意愿强，其中蒙古族的情况尤为明显。

表3 移民是否有回迁的想法

单位：%

		没有	有	合计	样本量
总计		67.9	32.1	100	486
民族	汉族	66.9	33.1	100	175
	景颇族	93.8	6.3	100	32
	塔吉克族	83.3	16.7	100	78
	蒙古族	51.5	48.5	100	68
省区	新疆	80.6	19.4	100	103
	贵州	67.6	32.4	100	34
	云南	64.6	35.4	100	130
	内蒙古	62.7	37.3	100	193

以是否有回迁意愿的被访户作为调查对象，探究其具体回迁原因，主要包括生活习惯不适应、就业困难与收入不稳定、生活条件太差、生产方式不熟悉、生产条件太差、与居住地居民关系不融洽等。通过限选三项的问卷分析我们得知：回迁原因中比例最大的是生活习惯不适应，占比 44.3%，民族关系不融洽占比最低，仅为 8.0%，除此之外的三种因素占比差距不大，就业困难与收入不稳定占比 29.5%，生活条件太差占比 27.8%，生产方式不熟悉占比 25.6%，生产条件太差占比 25.0%。由此可见，让受访者产生回迁意愿的因素是多种多样的，搬迁之后的生活不习惯影响最为突出，其次就是生产生活因素，而民族关系不融洽所产生的影响最弱。分析影响移民者回迁意愿的原因，才能在接下来的生态移民工作中有的放矢地解决问题，让移民百姓不仅愿意搬迁，而且愿意长留。

表 4　移民想回迁的原因

单位：%

		生活习惯不适应	就业困难、收入不稳定	生活条件太差	生产方式不熟悉	生产条件太差	与居住地居民关系不融洽	其他	样本量
总计		44.3	29.5	27.8	25.6	25.0	8.0	10.8	176
民族	汉族	53.4	43.1	20.7	22.4	20.7	8.6	6.9	58
	蒙古族	44.1	5.9	11.8	47.1	11.8	–	11.8	34
省区	内蒙古	47.3	18.9	16.2	36.5	13.5	4.1	12.2	74
	云南	35.5	38.7	46.8	21.0	38.7	12.9	6.5	62

（三）生态移民政策及效果得到广泛认可，政策内容的宣传力度有待提高

由于视角不同，对生态移民政策的评价标准也有所不同，其中移民满意度与实际的生态环境保护效果是评价生态移民政策的一项重要内容。由上文的分析我们可以得知：调查地区移民类型中，由政府主导的生态工程

性移民占大多数，其中自愿性移民占了近六成的比例，搬迁之后没有回迁意愿的移民占比近七成，从而说明被访移民的安置情况基本上是可以的。那么受访者对于政府主导的移民搬迁政策及效果是如何评价的呢？从 5800 余户的调查问卷统计分析来看："不清楚" 选项的选择比例最高，对于各个评价对象，选择不清楚的家庭均超过 50%，这也就说明大部分受访者对于政府的移民搬迁政策是不太了解的。同时，无论是对上级政府，还是对当地政府、对接受移民搬迁的地方政府，受访者对政策本身的总体满意度均高于实际效果满意度，即政策的实际实施情况与被访群众的内心期待尚有一定的差距。

表 5　居民对政府实施的移民搬迁政策及效果的总体评价

单位：%

	满意	一般	不满意	不清楚	合计	样本量
对上级政府的移民搬迁政策总体满意度	25.6	14.3	3.7	56.4	100	5892
对上级政府的移民搬迁政策实际效果满意度	21.7	15.8	4.9	57.6	100	5886
对当地政府的移民搬迁政策措施总体满意度	22.2	15.6	4.7	57.5	100	5885
对当地政府的移民搬迁政策实际效果满意度	20.6	15.7	5.2	58.4	100	5882
对接受移民搬迁的地方政府的相关政策措施满意度	21.5	14.7	4.6	59.2	100	5885
对接受移民搬迁的地方政府相关政实际效果满意度	20.9	14.8	4.6	59.7	100	5887

除了对政府政策的评价，被访移民对当地的生态环境保护效果又有着怎样的切身感受？这在调查问卷中也有所反映。500 户被访家庭中，49% 的受访者认为当地生态趋于好转，12.8%的受访者认为没有变化，15.8% 的受访者认为趋于恶化，另有 22.4%的受访者表示不清楚。整体而言，大多数人对生态移民工程的生态环境保护作用是持肯定态度的，即便是在上文中提到的回迁意愿最为强烈的蒙古族被访户中，认为趋于恶化的比例也仅为 15.3%。同时，在问卷调查所涉及的民族中，景颇族对移民的生态效果最为认可，78.8%的被访户认为当地生态环境趋于好转，这也恰恰与此前统计中所显示的景颇族被访户最低的回迁意愿比例相吻合。

表 6　移民对当地生态变化的判断

单位：%

		趋于好转	没有变化	趋于恶化	不清楚	合计	样本量
总计		49.0	12.8	15.8	22.4	100	500
民族	景颇族	78.8	—	—	21.2	100	33
	塔吉克族	65.8	8.9	1.3	24.1	100	79
	汉族	53.3	15.0	10.6	21.1	100	180
	蒙古族	44.4	6.9	15.3	33.3	100	72
省区	新疆	56.6	12.1	6.1	25.3	100	99
	内蒙古	53.4	12.5	11.5	22.6	100	208
	云南	43.4	16.9	25.7	14.0	100	136
	贵州	30.3	—	27.3	42.4	100	33

二　退耕还林

退耕还林工程，包括退耕地还林、还草、还湖和相应的宜林荒山荒地造林，是中国实施自然生态系统修复的标志性工程，也是迄今为止世界上最大的生态建设工程。新中国成立之初，中央政府就已关注退耕还林的必要性，如 1952 年经周恩来总理签署、政务院（今国务院的前身）通过的《关于发动群众继续开展防旱抗旱运动并大力推行水土保持工作的指示》指出："由于过去山林长期遭受破坏和无计划地在陡坡开荒，使很多山区失去涵蓄雨水的能力……首先应在山区丘陵和高原地带有计划地封山、造林、种草和禁开陡坡，以涵蓄水流和巩固表土。"① 1991 年颁布的《中华人民共和国水土保持法》更是从法律的角度禁止在 25 度以上陡坡地开垦种植农作物，对于已在禁止开垦的陡坡地上开垦种植农作物的，指出应当在建设基本农田的基础上，根据实际情况，逐步退耕，植树种草，恢复植被，或者修建梯田。尽管如此，近几十年来全国范围内的水土流失与生态破坏现象还是比较严重的。1998 年，长江、松花江、珠江等多条流域遭受百年不遇的特大洪水，人民的生命财产安全受到了严重威胁，解决水土流

① 政务院：《关于发动群众继续开展防旱抗旱运动并大力推行水土保持工作的指示》，1952。

失和乱砍滥伐等问题变得迫在眉睫，在这种背景之下，党中央、国务院做出了实施退耕还林工程的重大决策。1999 年，四川、陕西、甘肃三省率先开始了退耕还林试点。2000 年试点范围扩大至以长江上游、黄河上中游为重点的 17 个省（自治区、直辖市）以及新疆生产建设兵团。2001 年试点区域继续扩大至中西部地区的 20 个省（自治区、直辖市）和新疆生产建设兵团，并被列为西部大开发的重要内容之一。2002 年，退耕还林工程正式在全国范围内启动，涵盖了 25 个省（自治区、直辖市）和新疆生产建设兵团；同年，国务院公布将于 2003 年实施《退耕还林条例》。2007 年，在第一个补助周期结束后，国务院决定将退耕还林工程从全面推进转入巩固成果阶段，继续对退耕农户给予适当补助，以巩固退耕还林成果、解决退耕农户生活困难和长远生计问题。[①] 截至 2013 年，全国累计完成退耕还林任务 4.47 亿亩，其中退耕地造林 1.39 亿亩，工程区森林覆盖率平均提高 3 个多百分点。[②]

（一）被调查地区均有实施退耕还林，不同省区民族之间存在差异

作为退耕还林工程中的重要地区，我国民族地区实施退耕还林已有十余年的时间。通过对内蒙古、甘肃、云南、贵州、青海、新疆六省区 3333 户当地农业户口居民家庭的问卷调查可以得知：35.3%的家庭实施过退耕还林，64.7%的家庭还未实施过退耕还林。受自然条件与地理环境的影响，不同省区民族之间存在差异。从省区来看，参与比例最高的为内蒙古，参与比例高达 61.6%，远远超过总体的平均参与率；其次为甘肃，参与比例为 49.1%；参与比例最低的为新疆，参与比例为 12.4%；次低为青海，参与比例为 17.3%。从被访户的民族成分而言，参与比例最高的为布依族，参与比例为 57.9%，白族、汉族、藏族、哈萨克族、达斡尔族的参与比例也都在 50%之上，参与比例最低的为塔吉克族，所有受访者都没有参与过退耕还林，次低为维吾尔族，参与比例仅为 0.5%。同时，在参与过退耕还林的家庭中，开始实施退耕还林的时间是不同的，其中在退耕还林试点

① 国务院：《国务院关于完善退耕还林政策的通知》，国发（2007）25 号，2007。

② 赵树丛：《精心实施好新一轮退耕还林》，《人民日报》2014 年 10 月 30 日，第 12 版。

工程开始的1999年以前，就已经累计有5.1%的家庭实施过退耕还林。1999年，0.4%的家庭开始实施退耕还林，2000年这一数据大幅度提高至5.1%，2003年更是增至13.3%，这与退耕还林工程在全国范围内的开展进度是基本吻合的。

表7　本地农业户口居民实施退耕还林情况

单位：%

		是	否	合计	样本量
总计		35.3	64.7	100	3333
民族	汉族	53.9	46.1	100	456
	布依族	57.9	42.1	100	140
	白族	55.2	44.8	100	315
	藏族	52.8	47.2	100	72
	哈萨克族	52.2	47.8	100	46
	达斡尔族	50.7	49.3	100	73
	裕固族	47.9	52.1	100	48
民族	纳西族	46.4	53.6	100	267
	蒙古族	45.1	54.9	100	246
	傣族	43.3	56.7	100	104
	佤族	33.7	66.3	100	104
	苗族	30.5	69.5	100	423
	水族	25.4	74.6	100	118
	鄂温克族	16.7	83.3	100	30
	土族	15.3	84.7	100	118
	景颇族	2.4	97.6	100	209
	维吾尔族	0.5	99.5	100	368
	塔吉克族	-	100	100	93
	其他民族	50.0	50.0	100	46
区域	西北	33.0	67.0	100	1420
	西南	37.0	63.0	100	1913
省区	内蒙古	61.6	38.4	100	456
	甘肃	49.1	50.9	100	165
	云南	37.2	62.8	100	1149
	贵州	36.6	63.4	100	764
	青海	17.3	82.7	100	168
	新疆	12.4	87.6	100	631

（二）职业培训内容以造林种草为主，实施和宣传力度有待提高

退耕还林工程，作为一项涉及地域广、参与人数多、投入力度大的强农惠农工程，在推行之初就与农业技术推广相关联，要求当地政府及相关部门对退耕还林参与农户进行职业培训。2002年国务院公布的《退耕还林条例》中的总则第九条明确规定："国家支持退耕还林应用技术的研究和推广，提高退耕还林科学技术水平"，第三章第二十四条也指出："县级人民政府或者其委托的乡级人民政府与有退耕还林任务的土地承包经营权人签订的退耕还林合同内容应该包括技术指导、技术服务的方式和内容"，同章第二十七条指出："林业、农业行政主管部门应当加强种苗培育的技术指导和服务的管理工作，保证种苗质量。"[①] 在退耕还林被访户中，有1151户回答了"当地有关部门是否实施过对退耕（退牧）户的职业培训"问题，其中42.7%的被访户回答了"有"，而这些回答"有"的被访户中，又有75.1%的家庭参加过对退耕（退牧）户的职业培训。若从民族差异来看，白族参与度最高，高达85.9%，其次是参与率为82.4%的纳西族，排在第三位的苗族参与率为78.9%。若从省区来看，云南的参与率最高，为84.9%，其次是80.3%的贵州。综合两者可以看出，高参与度的民族与高参与度的省区是完全吻合的。值得注意的是，这里的调查结果可能与当地有关部门进行职业培训的真实情况并非完全一致，因为不排除当地部门安排了职业培训，但退耕（退牧）户不知晓的情况。即便如此，总体42.7%的知晓率也从侧面反映了当地相关部门的职业培训在实施与宣传力度还有待提高，而在知晓这一政策的前提下，75.1%的参与率也恰恰说明大部分的退耕（退牧）户是有参与需求与热情的，因此，在今后的退耕还林工作中，当地相关部门应该加大对职业培训的实施和宣传力度，尽可能地让更多的退耕（退牧）户知晓并参与其中。

① 国务院：《退耕还林条例》，中华人民共和国国务院第367号令，2002。

表 8　退耕地区当地政府针对退耕户职业培训情况和退耕（退牧）户参加职业培训情况

单位：%

		当地有关部门针对退耕（退牧）户实施职业培训情况				实施过职业培训的地方退耕（退牧）户参加培训情况			
		实施	未实施	合计	样本量	参加过	未参加	合计	样本量
总计		42.7	57.3	100	1151	75.1	24.9	100	489
民族	佤族	61.8	38.2	100	34				
	蒙古族	58.9	41.1	100	107	58.7	41.3	100	63
	纳西族	55.3	44.7	100	123	82.4	17.6	100	68
	汉族	54.2	45.8	100	238	60.9	39.1	100	128
	白族	53.8	46.2	100	171	85.9	14.1	100	92
	傣族	37.8	62.2	100	45				
	苗族	31.0	69.0	100	126	78.9	21.1	100	38
	藏族	22.2	77.8	100	36				
	达斡尔族	21.6	78.4	100	37				
	布依族	13.9	86.1	100	79				
区域	西北	45.7	54.3	100	457	63.2	36.8	100	209
	西南	40.6	59.4	100	694	83.9	16.1	100	280
省区	内蒙古	64.3	35.7	100	272	58.3	41.7	100	175
	云南	51.9	48.1	100	422	84.9	15.1	100	219
	甘肃	32.5	67.5	100	80				
	贵州	23.2	76.8	100	272	80.3	19.7	100	61
	新疆	6.6	93.4	100	76				

从当地相关部门对退耕（退牧）户的职业培训项目组成来看，造林种草为最主要的部分，所占比例高达61.0%，种植业为17.1%，畜牧业、养殖业为10.2%，劳务（外出务工）培训相对较低，仅为6.1%，从而说明被访地区对退耕还林（退牧还草）户的职业培训主要集中在农业，且以“造林种草”为主。虽然各民族的培训项目都是以造林植树为主，但各民族之间也存在一定差异，比如汉族参加劳务（外出务工）培

训的比例已经超过了种植业与畜牧业、养殖业的比例；蒙古族排在第二位的培训项目为畜牧业、养殖业，占比为27.1%，从而体现了不同民族生计方式的差异。

表9 退耕（退牧）户参加职业培训的主要项目

单位：%

		造林种草	种植业	畜牧业、养殖业	劳务（外出务工）培训	其他	合计	样本量
总计		61.0	17.1	10.2	6.1	5.6	100	462
民族	汉族	63.1	3.3	9.0	12.3	12.3	100	122
	白族	86.7	7.8	2.2	2.2	1.1	100	90
	纳西族	61.5	35.4	1.5	1.5	-	100	65
	蒙古族	50.8	8.5	27.1	3.4	10.2	100	59
	苗族	66.7	23.3	6.7	3.3	-	100	30
区域	西北	50.7	6.5	19.9	11.9	10.9	100	201
	西南	69.0	25.3	2.7	1.5	1.5	100	261
省区	云南	68.7	26.5	2.4	1.4	.9	100	211
	内蒙古	56.9	4.8	12.0	13.2	13.2	100	167
	贵州	70.0	20.0	4.0	2.0	4.0	100	50

（三）退耕还林效果整体评价较好，未来政策有待进一步完善

有关退耕还林（退草还牧）政策效果的评价，1137户被访户中57.9%的家庭认为好，17.7%的家庭认为差，23.7%的家庭认为一般。从民族之间的差异来看，达斡尔族的好评比例最高，为80.0%，而低于总体好评比例的有蒙古族（48.6%）、纳西族（45.9%）、布依族（38.7）；傣族的差评比例最低，仅为2.3%，而高于总体差评比例的是汉族（21.6%）、蒙古族（20.6%）、水族（20.0%）、纳西族（18.0%）。由此可见，从总体而言被访户对于退耕还林（退草还牧）的政策效果评价较好，但仍有一定比例的差评，受自然条件与地理环境的影响，具体到民族与地区，退耕还林

政策评价存在不平衡的情况，对差评比例较高民族与地区的关注将是今后退耕还林工作与研究的重点。

表 10 退耕还林（退草还牧）的政策效果评价

单位：%

		好	一般	差	不清楚	合计	样本量
总计		57.9	23.7	17.7	.8	100	1137
民族	汉族	58.9	19.1	21.6	.4	100	236
	达斡尔族	80.0	14.3	5.7	–	100	35
	白族	73.8	18.0	7.0	1.2	100	172
	佤族	65.7	31.4	2.9	–	100	35
	藏族	65.6	28.1	6.3	–	100	32
	傣族	63.6	31.8	2.3	2.3	100	44
	水族	63.3	16.7	20.0	–	100	30
	苗族	59.7	24.2	16.1	–	100	124
	蒙古族	48.6	29.0	20.6	1.9	100	107
	纳西族	45.9	34.4	18.0	1.6	100	122
	布依族	38.7	44.0	17.3	–	100	75
区域	西北	56.9	18.4	23.8	.9	100	450
	西南	58.5	27.1	13.7	.7	100	687
省区	甘肃	86.3	8.2	5.5	–	100	73
	内蒙古	65.6	21.5	12.2	.7	100	270
	云南	61.0	25.7	12.1	1.2	100	421
	贵州	54.5	29.3	16.2	–	100	266
	新疆	7.7	15.4	75.6	1.3	100	78

对于今后退耕还林（退草还牧）政策的建议，45.5%的受访者认为应扩大面积和提高补助标准，28.6%的受访者认为政策只要保持现状即可，19.3%的受访者认为不清楚，仅有6.5%的受访者主张停止执行。从民族差异来看，认为应扩大面积和提高补助标准比例最高的为佤族，其比例为77.1%，其次为达斡尔族（58.3%）、藏族（56.3%）、傣族（54.8%）；认

为应该停止执行比例最高的为蒙古族，比例为 12.0%，其他民族均低于 10%，傣族为 0。因此，整体上大部分受访者认为现行的退耕还林（退草还牧）政策执行较好，且应该继续扩大与推进，但具体而言，仍有少数地区的部分受访群众希望停止执行，值得退耕还林工程工作者与研究者的注意与重视，应该探究其背后深层次的原因。

表 11　退耕还林（退草还牧）的政策建议

单位：%

		扩大面积和提高补助标准	保持现状	停止执行	不清楚	合计	样本量
总计		45.5	28.6	6.5	19.3	100	1133
民族	汉族	47.2	27.2	2.6	23.0	100	235
	佤族	77.1	14.3	2.9	5.7	100	35
	达斡尔族	58.3	25.0	2.8	13.9	100	36
	藏族	56.3	25.0	3.1	15.6	100	32
	傣族	54.8	38.1	-	7.1	100	42
	纳西族	46.3	20.3	7.3	26.0	100	123
	苗族	44.3	35.2	1.6	18.9	100	122
	白族	44.2	37.2	4.1	14.5	100	172
	蒙古族	35.2	33.3	12.0	19.4	100	108
	布依族	26.0	33.8	6.5	33.8	100	77
区域	西北	46.0	25.9	10.2	17.9	100	452
	西南	45.2	30.4	4.1	20.3	100	681
省区	甘肃	69.4	16.7	2.8	11.1	100	72
	云南	50.1	28.3	4.3	17.3	100	417
	内蒙古	44.7	34.1	1.1	20.1	100	273
	贵州	37.5	33.7	3.8	25.0	100	264
	新疆	25.6	5.1	52.6	16.7	100	78

截至 2013 年，退耕还林工程已经实施了 14 年，国家共下达营造林任务 44728.7 万亩，累计投资 3541 亿元，全国 25 个工程省区和新疆生产建

设兵团的2279个县（市、区）1.24亿农民直接受益。[①] 退耕还林实施地区，生态环境不仅得到了明显改善，农业种植结构也实现了一定的优化，取得了较好的生态、经济和社会效益。随着我国城镇化的推进、粮食综合生产能力以及公共财政保障水平的提高，退耕还林工程具有了更为有利的条件。[②] 党的十八届三中全会通过的《中共中央关于全面深化改革若干重大问题的决定》要求要继续稳定和扩大退耕还林范围。2014年9月25日，国务院批复了由国家发展改革委、财政部、国家林业局、农业部、国土资源部等部委联合提交的《新一轮退耕还林还草总体方案》，标志着我国退耕还林工程将进入到一个新的阶段。

小　结

20世纪90年代在我国开始出现的生态移民工程近些年发展迅速，已经成为被调查地区占比最大的移民类型，形式以政府主导的自愿式移民为主。被调查移民的整体回迁意愿不强，其中生活生产不适是影响回迁的主要因素。生态移民政策及效果得到被调查对象较为广泛的认可，但仍有不少被调查对象对相关政策不甚了解，未来政策内容的宣传力度仍有待提高。退耕还林工程自1999点试点推行，2002年正式启动以来，民族地区一直是其重点施行地区。此次被调查地区均有实施退耕还林，由于自然条件与地理环境的不同，不同省区民族的实施情况存有差异。目前，退耕还林的职业培训内容普遍以造林种草为主，实施和宣传力度有待提高，以期让更多的退耕（退牧）户知晓并参与其中。退耕还林效果整体评价较好，大部分被访者希望可以继续实行与推进退耕还林，但受自然地理环境等客观条件的影响，一小部分地区的被访者希望停止实施退耕还林，值得退耕还林工程工作者与研究者的注意与重视，未来政策有待进一步完善。

---

① 顾仲阳：《退耕还林不会亏本》，《人民日报》2014年4月8日，第11版。

② 国家发改委讯《国家发展改革委有关负责人关于启动新一轮退耕还林还草答记者问》，http://zys.ndrc.gov.cn/xwfb/201409/t20140927_626893.html。

德保苏铁的故事

——反思生物多样性保护的政治

付广华（广西民族问题研究中心）

摘　要：作为全球生物多样性的组成部分，壮族地区有着自身独特的生态环境和物种，德保苏铁、白头叶猴等更是全球范围内独有的珍稀物种。文章以在S屯进行的田野调查为主要资料来源，回顾德保苏铁发现、濒危与保护的历程，揭示德保苏铁保护过程中复杂的权利关系，并试图反思镶嵌在生物多样性保护中的政治属性，为学术界认识生物多样性保护提供一种新的视角。

关键词：生物多样性保护；政治；德保苏铁

自从20世纪70年代以来，生物多样性丧失逐渐成为一个十分重要的科学和政治事项。随着生态环境变化、人口的增加以及技术的更新，生物多样性丧失正在加剧。1992年，联合国在巴西里约热内卢召开的环境与发展大会上，召集与会的150多个国家签署了人类历史上第一项生物多样性保护和可持续利用的全球协议，生物多样性公约获得快速和广泛的接纳。因此，在当代环境保护诸领域中，生物多样性保护无疑得到了全球性的关注。深受科学思想影响的自然科学学者们认为：生物物种是否丰富，生态系统类型是否齐全，遗传物质的野生亲缘种类多少，将直接影响人类的生存、繁衍、发展。几乎与此同时，社会科学家们也开始参与生物多样性保护研究，并形成了诸多极有见地的观察报告。概而言之，社会科学家们认为，生物多样性跟文化多样性有着密切的联系，如果生物多样性减少，则文化内容的多样性将会随之减少；不同的文化对生物多样性有着不同的认知，某些文化对生物多样性保护具有独特的意义；有时候生物多样性保护还与世界经济政治体系相联系，成为整个结构的一部分。如法国自然主义思想家赛尔日·莫斯科维奇（Serge Moscovici）就认为，“对自然的任何破坏都伴随着对文化的破坏，所以任何生态灭绝（ecocide）从某些角度看就是一种文化灭绝”[①]。作为全球生物多样性的组成部分，壮族地区也有着自身独特的生态环境和物种，德保苏铁、白头叶猴等更是全球范围内独有的珍稀物种。在此，笔者谨以在德保苏铁的发现地——S屯[②]进行的田野调查为主要资料来源，围绕德保苏铁的发现与保护进行探讨，揭示德保苏铁保护过程中复杂的权利关系，并试图反思镶嵌在生物多样性保护中的政治属性，为学术界认识生物多样性保护提供一种新的视角。

一 田野点概况

S屯是德保县敬德镇扶平村的一个自然屯。德保县是一个壮族聚居的县份，全县36万人中，壮族人口占97.8%。总面积为2575平方千米，其中石山区面积又占到70%，主要有峰林谷地、峰丛洼地、土被山三种基本类型，德保苏铁即发现于敬德镇扶平村的石山之上。全境西北高，东南低，最高峰黄连山，海拔1616米，后来移植的德保苏铁幼苗就种植在该山所在的自然保护区内。在气候上，德保县具有热带、亚热带季风气候特点，冬温夏热、四季分明，降水丰沛，季节分配比较均匀。德保县东部与田东县、天等县接壤，西部与靖西县相连，北面同田阳县、右江区毗邻，是边境地区靖西、那坡县与百色右江河谷相连接的咽喉要道。

敬德镇地处德保县西北部，总面积255平方千米，距德保县城43千米。全镇辖多敬、扶平等20个行政村、292个自然屯，共6198户、27596人。扶平村离镇政府所在地14千米，原属扶平乡管辖，后于2005年7月撤并入敬德镇。该村四面环山，东通敬德镇，西通靖西县扶赖街，北通东陵乡和百色市右江区泮水乡。全村有百叫、陇也、巴迷、中屯、街上、谷

① 〔法〕赛尔日·莫斯科维奇：《还自然之魅，对生态运动的思考》，庄晨燕、邱寅晨译，生活·读书·新知三联书店，2005。

② 陈家瑞、钟业聪：《德保苏铁——中国苏铁新一种》，《植物分类学报》1997年第6期，第371页。

龙、谷甘、巴边、那莫、上平、那弄、那细、新村、班合、奇马16个自然屯，共617户、3033人。耕地面积1404亩，其中水田1034亩，旱地370亩。近年来，该村积极参与农业结构调整，坚持利用水田进行烟稻轮作。2008年，全村有194户种植烤烟，合同面积1667亩，产量达3870担，产值达295.56万元。

S屯位于扶平村北部，是该村最大的自然屯。年均气温18~21℃，最高气温37℃，最低气温-2.6℃。年雨量1461毫米，冬春季为旱季。耕地多为水田，二队人口多，人均仅0.5亩；一队人均达0.8亩。旱地基本上已经退耕还林。同整个扶平村一样，盛行烟稻轮作。不种植烟叶的青壮年农户常年外出务工，留守老人和儿童众多，村屯公共水利维修难以为继。S屯属于多种姓氏杂居的壮族村落，在80户、430人中，有黄、莫、陆、梁、谭、庞等12个姓氏。屯集体拥有的公山众多，有“封山”“郎卡玛”“龙眉”“龙大邦”“弄江”“龙古查”“龙那养”“龙地巴”等近10座。被誉为恐龙时代的“活化石”的德保苏铁就是在S屯北边的“郎卡玛”石山上发现的。

二　德保苏铁的发现、濒危与保护

苏铁，人称铁树，是现存种子植物中最原始的一个类群。它出现在3亿年前的晚石炭纪，繁荣于中生代的侏罗纪，是恐龙时代的植物。现存苏铁植物被誉为“植物界的大熊猫”，是当前世界重点保护的珍贵濒危植物。德保苏铁（Cycas debaoensis），当地壮族称之为“［ŋuai2］”，又俗称“竹子铁”，百色市林业系统过去常称之为“叉叶苏铁”。1997年，经钟业聪和陈家瑞先生的努力，“德保苏铁”正式被确定为新种。由于早期村民开垦山林种植茶树或放牧砍柴，目前所剩的植被仅是次生石山矮灌丛，德保苏铁是当地植被的优势种之一。伴生植物多为旱生的灌木和一些禾草类，还有一些小乔木。德保苏铁虽然也是叶子分叉的苏铁类植物，但它又不同于叉叶苏铁和多歧苏铁。其最大特点是：叶为三回羽状复叶，叶片多达巧片，小羽叶长而渐尖；大孢子叶裂片线状，多达25对，胚珠多至4~6枚。从其叶片的分裂状况看，它是苏铁类中比较原始的种类。[①]

当1997年该新种正式发表后，引起了植物学界的高度重视，有关专家认为，这一古老物种的发现，意义不亚于以往一些“活化石”的问世。1998年，世界保护联盟派出专家组，专程前来考察，国内研究单位的科学工作者也纷至沓来。德保苏铁开始受到前所未有的礼遇，当地村民为那片在他们眼里普通的不能再普通的植物所带来的巨大影响感到震惊。然而，自从国外专家来看过德保苏铁，并拍摄了照片以后，村民们就逐渐意识到苏铁的重要价值了。然而，由于德保苏铁发现后保护措施没有及时到位，破坏者接踵而至。先是一些商人和“引种”者闻讯前来高价收购，使这种本应严禁买卖的珍稀物种很快流入百色和南宁的花木市场。见此情况，当地村民则“先下手为强”，抢先上山挖取植株占为己有，以待日后价格上涨时抛出。于是自1999年初开始，德保苏铁惨遭劫难，大量植株被挖走，伴生植物被砍伐。据当年10月上旬的现场调查，山上的植株只剩下大株100余株，小株300余株（小苗不算在内），在不到一年的时间内竟然损失了1500余株，所剩不足1/4。那些长在土中的植株已全被挖光，长在石缝中的能拔的几乎全被拔走，昔日郁郁葱葱如翠竹遍布山坡的德保苏铁景观，已面目全非。[②] 一些人还在自家的地里面做了些苗圃，然后就从山上挖下苏铁苗回去种；有人将挖回来的苏铁种在自家的院落里。可以说，能挖的都被挖走了，只有那些长在石缝里的才幸免于难。有些有经济头脑的人，还把它们制作成盆景，远运到广州等地高价倒卖。还有的人把苏铁的种子采集起来，按粒卖给外来的花商。在笔者调查过程中，S屯屯长LFS就曾提及一个案例：邻村的HPN从“郎卡玛”滑落的山石中挖走一株德保苏铁，现在每年产种子300~500粒，每粒可卖30元。虽然他曾经代表屯里向他索取，但HPN并没有归还。

目前，经多方努力，破坏德保苏铁资源的行为已得到有效制止，德保县人民政府已批准建立保护区。同时保护工作也得到国际保护联盟苏铁专

---

① 马晓燕、简曙光、吴梅、刘念：《德保苏铁居群特征及保护措施》，《广西植物》2003年第2期，第123~126页。

② 钟业聪、陆照甫：《德保苏铁——极为珍稀的古老物种》，《植物杂志》2000年第6期，第1页。

家组的肯·希尔和陈家瑞教授的现场指导，甚至还得到美国苏铁协会及国内外有关专家个人的资金援助。现已并初步建立了一个山间苗圃进行繁育工作，实行了原地保护与人工繁殖相结合的保护措施。为了更好地保护德保苏铁，国家林业局决定资助德保苏铁回归自然项目，促进德保苏铁野外种群繁殖扩大。2007 年 11 月 10 日，国家林业局印红副局长在深圳郑重宣布，德保苏铁回归项目正式启动，标志着我国珍稀濒危植物的保育工作已由单纯的就地保护发展到以迁地保护促进就地保护的新阶段；2008 年 4 月 1~2 日，在德保县敬德镇扶平村成立首所以德保苏铁命名的德保苏铁小学，同时 500 株经过 DNA 亲子鉴定的国家一级保护植物“德保苏铁”苗木，从深圳国家苏铁种植资源保护中心移植广西黄连山自然保护区，揭开了我国珍稀濒危植物首次系统性回归自然的序幕。[①]

不过，根据笔者最新的实地调查，虽然德保苏铁的异地保护取得了很大成效，但其原生地保护状况却不容乐观。原来有编号的地方，因护理不到等原因，也已经死掉了。S 屯村民因为难以从苏铁保护中得到好处，已经停止了原来的巡山护卫行动，基本上不闻不问，使得社区基础的保护基本上消失。与此同时，偷挖盗窃的风气仍没有完全杜绝。在笔者对 S 屯不同村民的访谈中，他们都曾讲述过最近的一个案例：前年，有两个人开着汽车来偷盗苏铁。他们自称县林业局的工作人员，在苗圃里偷挖了 4 棵。这事儿被村民发现了，他们慌慌张张地逃跑，一不小心，车子陷进了田里。虽然我们没能抓住他们的人，但幸好车子在，于是傍晚时候打电话给林警，林警连夜赶来处理。后来，听说林警根据车牌号抓住了偷盗者。

值得庆幸的是，最新发现的德保苏铁的分布范围进一步扩大，除上述发现地以外，另外还在德保县敬德镇相邻的百色市右江区泮水乡、那坡县定业乡以及云南省富宁县归朝乡发现了野生居群。据王菊红等人的调查研究[②]，现存德保苏铁野生居群可依据土壤基质的性质分为两大类：一是石灰岩类型，包括本文田野点所在的扶平居群以及桂滇交界地区的几个小居群，其分布范围都十分狭小，多局限在当地孤立的石灰岩山海拔 630~1100

---

① 谈欣：《“德保苏铁”回归的故事》，《中国林业》2008 年第 3A 期，第 24~25 页。

② 王菊红：《德保苏铁居群生物学及其保护生物学研究》，硕士学位论文，广西师范大学，2007。

米的狭窄区域，周围多被农田所包围。另一个是砂页岩类型，主要是沿滇桂交界河——谷拉河及其支流沿岸来分布，分布区跨滇桂两省（区），因人为破坏造成了多个孤立的小居群，其中的 2 个居群已趋向消失。

通过这一历程的回顾，我们需要反思的是：为什么德保苏铁在最初发现的两三年间遭受如此严重的破坏，以致影响整个种群的生存？谁要为此负最大的责任？是当地村民、发现者，还是其他的利益相关者？

在笔者看来，生物多样性的丧失，跟我们整个全球经济进程密切相关，跟我们的日常生活消费习惯密切相关，跟我们不经意的经济行为密切相关。著名人类学家埃里克·沃尔夫在其名著《欧洲与没有历史的人民》开篇曾经指出：人类世界是一个由诸多彼此关联的进程组成的复合体和整体，这就意味着，如果把这个整体分解成彼此不相干的部分，其结局必然是将之重组成虚假的现实。诸如“民族”“社会”“文化”等概念只是指名部分，其危险在于有可能变名为实。唯有将这些命名理解为一丛丛的关系，并重新放入它们被抽象出来的场景中，我们方有希望避免得出错误的结论，并增加我们共同的理解。①

沃尔夫在其中所倡导的世界联系的观点如今已经得到学术界的公认。在笔者看来，当今世界的联系较之沃尔夫所研究的工业革命前后更为紧密，经济全球化和政治一体化进程都在加速发展之中，由之带来的生态联系也在持续增强。生物多样性保护只是这个全球经济政治生态联系网上的一个结点罢了，要想真正理解生物多样性保护的实质，必须要到它被抽象出来的历史场景中去。在本节所研讨的 S 屯案例中，德保苏铁之所以刚发现两三年就致濒危，固然有当地民众偷挖乱砍的原因在内，但更深层次的是，外部世界的需求导致这种令人伤心的局面的出现。由于德保苏铁是中国特有种，具备很高的观赏价值和经济价值，因此常常有不法商贩到 S 屯一带收购苏铁植株和种子，一些当地人在经济利益的驱使下，大肆采挖野生苏铁资源。根据广西林业勘测设计院黎德丘等人的研究，仅 2001 年，百色市右江区林业局在境内便一次性依法查获偷运德保苏铁的卡车 2 辆，没收德保苏铁达 11 吨，预计还有相当数量的野生苏铁植株已经非法流出百色

① 〔美〕埃里克·沃尔夫：《欧洲与没有历史的人民》，赵丙祥等译，上海人民出版社，2006。

甚至广西。与此同时，一些风景区的苏铁园为吸引游客从百色、崇左等野生苏铁分布区非法收购了近1000株野生苏铁和大量苏铁种子；来自广东的个体老板长期从龙州、宁明等地收购野生苏铁。这样看来，德保苏铁生物多样性的丧失，是与整个全球经济政治进程密切相关的，是外部世界对野生苏铁资源的一种掠夺。

不可否认的是，生物多样性的丧失跟我们个人不经意的日常行为之间也有着非常密切的联系。以美国人日常早餐常吃的香蕉切片来说，它的生产过程就是让热带雨林的生物多样性成为消费市场牺牲品的过程。为了供应第一世界便宜的早餐香蕉切片，美国于20世纪初进驻中美洲，砍伐掉热带雨林，以种植香蕉，造成生物多样性的严重损失，其后果无法估量。当今全球化的世界体系更加剧了殖民主义对生态和小农的负面冲击，因为消费者并未意识到自己的行为竟然牵动世界另一端的生活，甚至成为剥削别人与环境的帮凶。事实上，这些庞大的跨国企业只注重企业利润和规模最大化，以剥削穷国的劳工和自然资源为主要手段，最终得利的只能是权贵阶级，而受害的则是与全球环境密切相关的热带雨林以及不断遭受驱逐的小农。① 再比如我们当前的德保苏铁案例，当地民众历史上曾经有利用苏铁茎秆酿酒的传统，而正是这样的传统使得不少德保苏铁曾经毁于一旦。时至今日，当地民众有时又迁怒于德保苏铁，在砍柴、放牧时遇到时，并不加以特别的注意，致使一部分德保苏铁消失。

三　两种权利的冲突

在生物多样性的过程中，国家和学界常常是通过划入自然保护区来实现物种及其生境保护的。德保苏铁的保护也不例外。2004年，德保苏铁的发现地——“郎卡玛”被划入县级的黄连山-兴旺自然保护区，并升格为自治区级自然保护区。在保护区管理机构没到位之前，由县林业局监管。然而，“郎卡玛”是S屯集体所有的山地，壮族民众世世代代在山上放牧、砍柴。《中华人民共和国自然保护区条例》第三章第二十六条规定：“禁止

① 〔美〕约翰·范德弥尔、伊薇特·波费托：《生物多样性的早餐：破坏雨林的政治生态学》，周沛郁、王安生译，台北：绿色阵线协会，2009。

在自然保护区内进行砍伐、放牧、狩猎、捕捞、采药、开垦、烧荒、开矿、采石、挖沙等活动。”“郎卡玛”划入保护区以后，德保苏铁的生物多样性保护剥夺了S屯民众的上述权利，因此他们与所属的林业部门和外来的保护者们发生了冲突。

德保县林业局是直接管理自然保护区的国家权力机关，负有保护区域内生物多样性的不可推卸的行政责任。1999年4月，国务院正式批准了《中华人民共和国野生植物保护条例》并附了《国家重点保护野生植物名录（第一批）》，将中国苏铁全部物种都列入一级重点保护对象。因此，德保苏铁也就成为法律意义上的国家一级保护植物，德保县林业局必须要重视德保苏铁及其生态环境的保护。对它们来说，德保苏铁是“是我国特有的、国家一级保护物种”，“具有极高的重要科研、生态和文化美学等价值”。对此，德保县林业局还有更多考虑：

> 为什么各国政府和科学家们对苏铁植物保护如此高的重视？除了它的园林观赏、药用等直接的经济价值外，更重要的还在于苏铁植物本身的科学价值……它们对于研究种子植物的起源演化、植物与动物的协同进化、植物区系、古地质和古气候的变迁等具有重要意义，因而受到全世界的重点保护。[①]

从上述文本来看，德保县林业局从学理上十分清楚德保苏铁保护的价值所在，而且这种价值并不仅仅是直接的园林观赏或药用价值，更重要还是植物本身的科学价值，它们对于研究种子植物的起源演化、植物与动物的协同进化、植物区系、古地质和古气候的变迁等具有重要意义。

不可否认的是，德保县林业局所秉持的苏铁保护的理念与外来的生物多样性保护者们是一致的。德保苏铁的发现者——钟业聪先生认为：“从它目前的分布范围和种群数量来看，是一种非常濒危的物种。”“这一古老物种的发现，意义不亚于以往一些‘活化石’的问世。”中国科学院华南植物研究所马晓燕等人提出：“对于德保苏铁的保护，首先应建立保护站，

① 德保县林业局：《德保苏铁采访问答提纲（定稿）》，2009年4月10日。

加强管理，杜绝偷盗采挖现象；严禁村民继续上山打柴放牧，肆意破坏；限制村民在分布区进行种植耕作；同时提高村民的保护意识，壮大保护队伍。如果不及时采取保护措施，生态环境进一步脆弱化，德保苏铁的数量将继续减少，最终会导致此物种的灭绝。”事实上，德保苏铁的生物多样性保护得到了世界上许多国家学者的支持，泰国、美国的学者多次参与到德保苏铁的保护考察中，并捐款资助了“苏铁希望小学”。2005 年 11 月，世界自然基金会（WWF）小额资金项目还支持了广西师范大学薛跃规教授组织的“德保苏铁项目组”。

然而，无论是林业部门的德保苏铁保护还是外部学者倡导的生物多样性保护，都没有充分考虑社区的参与，没有维护社区民众的合法权益，因此生物多样性保护和社区可持续发展的正当权利发生了一定程度的冲突。

S 屯自古属羁縻之地。至乾隆七年（1742），清政府设置阳万土州判，S 屯及其所属的扶平村就在其辖区之内。S 屯壮族先民在这片土地上生活了几百年，一直过的是靠山吃山的生活。“郎卡玛”石山现属 S 屯集体所有，不仅为当地壮族民众供给柴薪，还作为天然牧场成为牛羊的乐园。在遭逢灾荒之时，S 屯民众还可以从中获取不少救荒食品，即或是现今所谓的“德保苏铁”，以前也曾经成为民众的替代性食品。一位 80 多岁的老人迄今还清晰地记得当年食用［ŋuai^2］的情形，他讲述道：

> ［ŋuai^2］这个东西，我们五八年那时候吃过。当时生活困难。为了酿酒，我们就去挖出［ŋuai^2］的根茎，切成片，浸水几个晚上，晒干后，舂成粉。在锅里蒸熟后，即混合一定量的酒曲进行发酵。半个月后，就可以酿酒了。酒量并不多，1 斤干料才出 1 斤酒。不过，没法子，当时粮食少，想喝酒的话，只能采用这种办法了。

当然，上述情况仅仅发生在 20 世纪 50 年代末 60 年代初，当时粮食生产不足，生活较困难，因此只好通过各种方法来满足民众生活需要。到今日，已经不可能发生类似的事情了。不必说已经没有足够的苏铁茎秆，单就是当地民众自身来说，自家种植的稻谷都还吃不完，完全可以拿出少量去酿酒，不必再费那么大的力气。

更为尖锐的还是因德保苏铁发生而带来的经济利益方面的冲突。S屯民众们认为，德保苏铁是在我们的“郎卡玛”石山上发现的，是我们屯的私有财产。因此凡是与苏铁有关的活动，都应该由他们来负责，根本不允许别人插手。随着德保苏铁回归自然项目最终落户黄连山自然保护区，S屯的野生苏铁受到的关注更少，该屯的民众们也更加失落。在笔者到该村进行调查时，村民HJP就曾经抱怨道：

> 我们是苏铁发源屯，为什么国家对我们这么刻薄呢？国家拨款15万元，县林业局包揽了。资金都用在黄连山保护区和街上的扶平苏铁小学。我们准备改造公路、修筑水渠，林业局才同意给3000元，够干嘛的吗？所以我们现在很失落，偷也好，砍也罢，我们不管了。

在上述谈话中，HJP提及了国家的拨款15万元，其实该项拨款基本上是拨给黄连山自然保护区用来照看500株回归自然的幼苗的费用，跟S屯的野生德保苏铁保护关系不大。同时，他还提及扶平苏铁小学，事实上，S屯曾经被援建有“苏铁希望小学”，只是由于资金和适龄儿童不足等问题，迄今未投入使用，因此才把“苏铁小学”的名头转赠给了S屯所属的扶平街上的小学。据说，当年曾经拨款5万元予以建设。这也引起了S屯民众的不满。

无独有偶，村民MXL也曾经有过类似的抱怨：“苏铁是我们的，保护也是我们的。国家拨的资金转在苏铁小学那里，而到不了S屯。我们干脆给不管啦！一句话，保护是我们保护的，破坏也是我们破坏的。”据了解，由于当地得不到苏铁保护资金，在从事生产活动过程中遇到苏铁时，有时候还会把怨气撒向苏铁，大有“我们得不了好处，你们也别想”的架势。

从笔者进行的多个访谈来看，上述两位村民的陈述基本上代表当今S屯民众的普遍想法，他们因为得不到国家保护苏铁的拨款与好处，产生了严重的抵触情绪，原来成立的巡山护卫队已经解散了四五年，苗圃也没有人管理了，以致基本上放弃了保护野生德保苏铁的努力。在笔者调查时，还曾经亲眼看到有人在“郎卡玛”山脚下砍柴、放牛，有人在山上采集草药。说句实在话，S屯民众在“郎卡玛”石山从事上述经济活动无可厚非。

根据自然保护区管理的法律法规，保护区的一切归国家所有。在涉及村民个人和集体用地时，保护区管理机构要与当地村民签订用地合同，对土地的使用做出说明。然而，虽然政府有意将“郎卡玛”石山划入黄连山自然保护区，然而很长一段时间内并未签订相关的用地合同，未给予S屯一定的经济补偿，土地的归属仍然是S屯集体所有，村民对这片土地的使用方式依旧。[①]

其实，从世界范围内来看，环保组织与本土民众之间的对话与冲突只是全球性资源冲突的一部分。“当环境群体转向保护少量存续的森林时，他们发现他们不仅与发展者存在着冲突，而且与本土居民的初始权利的诉求之间存在着冲突。另一方面，本土群体发现，一种新类型的大种植园所有者登上了历史舞台。捍卫他们祖先遗留下来的土地的需要要求他们与这个新的‘发展者’——环境保护群体相磋商。”[②] 美国人类学家里德（Richard Reed）的上述观察也很好地阐释了S屯民众与外来环境保护主义者之间的相互矛盾的复杂关系。其实，有些时候环境保护群体还可能与地方民众实现一定程度的联合，共同抵制跨国性大企业对生态环境的破坏。从某种意义上说，S屯德保苏铁保护的困境只是全球性经济政治进程中出现的环境维护与经济发展之间矛盾的一个缩影。

四　反思生物多样性保护的政治

在上述S屯的苏铁保护的案例中，外部世界保护生物多样性的努力与当地社区民众维护自身生存与发展的诉求之间产生了一定的冲突。从民族生态学的视角来看，这种冲突其实牵涉的是生物多样性保护的政治属性，它不仅是全球经济进程负面效应的一种表现，而且也揭示了本土民众在生物多样性保护运动中的边缘地位。其实，我们最应该反思的是：生物多样性保护为谁而保护？谁有权力提出采用什么样的方式来保护？我们是否有

① 范丽娴：《社区参与德保苏铁保育与可持续发展模式研究》，硕士学位论文，广西师范大学，2008。

② Reed, Richard. Two Rights Make a Wrong: *Indigenous Peoples Versus Environmental Protection Agencies* [M] // Aaron Podolefsky, Peter J. Brown. Applying Cultural Anthropology (5th ed.). Mountain View, CA: Mayfield, 2000.

权力以生物多样性保护为理由来剥夺一部分人的合法权益？

在当今世界，生物多样性保护已经成为统治性的话语模式和思想观念，然而，很少有学者对其展开深入的审视和分析。美国学者埃斯科巴（Arturo Escobar）也许是唯一的例外，他认为，有关生物多样性，至少已经产生了四种截然不同的立场：①全球中心的视角下的资源管理话语，从全球生态系统的概念出发，推行生物资源的有效管理；②第三世界国家立场下的主权话语，强调维护生物多样性的国家主权；③南方 NGO 视角下生物民主话语，强调把生物多样性危机的焦点从南方转向北方，认为全球中心的视角是一种生物帝国主义，要求实现自然资源的地方控制、延缓大发展工程和对多样性破坏资本活动的补贴、支持基于多样性逻辑的实践、重新界定反应多样性逻辑的生产和效率以及重新确认生物多样性的文化基础；④社会运动视角下的文化自主性话语，与上述南方 NGO 视角有诸多相同之处，但在概念和政治上具备自身的独特性，试图通过一种自省的和地方化的政治策略来建构一种替代性的发展观和社会实践。[①] 以上四种立场分别代表了西方国家、第三世界国家、南方 NGO 以及地方民众四个生物多样性保护的利益相关者。很显然，埃斯科巴比较支持第四种视角，希望能够为地方民众权益保障提供有价值的借鉴。

为了破除生物多样性保护的神圣性，埃斯科巴提出，作为一种历史生产的话语，生物多样性并不在绝对意义上存在，它只是生物无限性的一种同构。事实上，当前的科学方法的生物多样性研究并非是走向“理论化的生物多样性”，而是倾向于评估生物多样性丧失对生态系统功能的重要性，以及确认生物多样性和生态系统所提供的“服务”之间的关系。生物多样性的既有界定并不能创造出生物学和生态学现存界定范围之外的新研究对象，相反，“生物多样性”只是对科学领域之外的实际情形的一种反应。这样看来，同沃尔夫所提的“民族”“社会”“文化”等概念一样，“生物多样性”本来也只是一种名头，现在经过全球性环境话语的推动逐渐成为一种必须维护的生存信条，成为一种凌驾于区域民众生存与发展之上的紧箍咒。我们必须把它还原到历史场景中去，透视其本质上蕴含的话语霸权

① Escobar, Arturo. *Whose knowledge, whose nature? Biodiversity, conservation, and the politicalecology of social movements*, *Journal of Political Ecology*, 1998, 5 (1), pp. 53-82.

和政治属性。追溯历史，生物多样性话语生发于20世纪80年代末90年代初，并且迅速地成为生物危机的主要叙事范式。到1992年的里约热内卢会议上，生物多样性公约签订，生物多样性保护成为全球范围内的宏大叙事。几年以后，环境主义者们就建立了完整的生物多样性保护网络，以至于冲击到整个人类社会的公共领域。

在当前的生物多样性保护实践中，无怪乎就地保护和迁地保护两种形式，其中又以就地保护生物物种及其生态环境为主要方式，通常又是通过建立自然保护区的办法来实现，并没有考虑到长期以来生存于其中的本土民众的生存愿望和诉求。其实，本土民众的参与对生物多样性的保护并不见得就是坏事。从理论上说，当今的自然世界基本上是人类活动的产物，根本不存在人类尚未触及的世界。即使在学者们声称的原始森林中，考古学家们都发现了陶器、农耕遗址等许多人类活动的印痕。就如人类学家瑞德（Richard Reed）所评述的那样，尽管关注人类与环境关系复杂性的理论已经有了许多进展，可是环境话语仍然被限制于自然与文明的简单两分法中。生物学家和生态学意识到人手未触及的“处女林”的概念忽略了数千年的人类参与。本土生产不仅在森林中持续，而且是在维系“自然的”生物多样性的整体所必需的要素。在理想情况下，本土民众应该自己决定如何实践自己的文化和对变化的政治、经济和生态传统做出反应。

但是，在现行的自然保护区管理体制中，基本上限制了保护区内民众正常的生产活动，致使他们的生活一度陷于困境。广西人大调研组针对自然保护区周边社区生活情况的一项调查显示：在广西的自然保护区中，集体林地约943694公顷，占保护区总面积的67%，其中人工林184813公顷，约占总面积的13%。如此大比例的生产生活资料被划归保护区，且现行的每亩10元的生态公益林补偿显然不足以弥补林农因全面封禁而造成的经济损失，而自然保护区又无力安排好群众的生活出路问题。[①] S屯的情况就是如此，他们集体公有的“郎卡玛”被划归黄连山自然保护区，当地民众没有领到基本的补偿，甚至连每亩10元的生态公益林补偿都拿不到，因为

① 自治区人大调研组：《关于我区自然保护区建设管理及周边社区群众生产生活情况的专题调研报告》，广西人大网，http：//www.gxrd.gov.cn，2010年12月15日。

“郎卡玛”现在基本上是灌木丛的天下，没有成林的树木。

因此，在德保苏铁保护的问题上，从法理上讲，我们没有权力要求S屯的民众们远离“郎卡玛”，也没有权力阻止他们去山上从事砍柴、放牧等生产活动，除非我们已经给予了他们适当的补偿。即或如此，得到他们的支持和参与仍然是非常重要的。从道义上讲，我们没有资格要求那些吃不饱、穿不暖的民众为生物多样性买单。如果我们需要他们配合生物多样性保护，我们就必须让他们参与，给他们解决实际的困难，让他们从心理上认同、从行动上支持生物多样性保护。

论水资源维护与分享不合理现状的文化成因

——以贵州黎平黄岗侗族为个案

罗康智　杨小芊（凯里学院）

摘　要： 通过翔实的田野调查表明，当代中国水资源维护与分享的不合理现状，显然不是来自各民族文化对所处生态系统适应的产物，而是众多民族文化对资源消费单一化趋同的结果。为此，要缓解中国水资源维护与分享的不合理现状，首先得缓解民族间的政治与经济胁迫，激活相关民族文化自然适应的机制，使相关民族回归多元文化，分别用各不相同的方式维护与利用水资源的多元制衡状态。再辅以当代科学技术，水资源的可持续利用才可望在中国得以修复，中国水资源的紧缺状况也才可能得到最大限度地缓解。

关键词： 水资源；文化；不合理现状

一　从水资源面对的严峻形势谈起

中国是一个极度缺水的国家，年度人均水资源占有水平排序，在世界各国中排名第121位，是全球13个人均水资源最贫乏的国家之一（中国发展门户网2006年数字）。中国淡水资源总量为28000亿 m^3，占全球水资源的6%。中国年度人均水资源占有量只有2200m^3，而世界平均水平为人均8800m^3，中国的水资源人均占有水平仅及世界平均水平的1/4（发展和改革委员会2005年数字）。加之中国水资源的时空分布极不均衡，这将意味着我国在水资源自然结构中属于极度贫水的国度。在我国的660个建制市中，有551个城市常年供水不足，110个城市严重缺水（水利部2006年数字），我国90%的城市地表水（环保部2007年数字）和70%以上河流湖泊水体都遭受了不同程度的污染（水利部2005年数字）。同时，有2000多万农村居民饮水困难，3亿多农民饮用水不合格（水利部2006年数字）。这一切充分表明，当今中国正面临着水荒的威胁。

水荒的实质在于，水资源补给的匮乏。要缓解匮乏，首先得正确认识水资源的基本属性。常识告诉我们，在地球生命体系中，千姿百态并存的各种生态系统，都必须仰仗于水资源的稳定补给，才能确保生态系统的稳态延续。差异仅在于，不同生态系统对水资源的需求量大小有别而已。然而，无论对水资源供应量的依赖是大还是小，所有的陆上生态系统，在其稳态延续的过程中，都必然会遭逢水资源匮乏的威胁，以至于这样的生态系统在其协同进化的过程中，都得发育出用水与节水两大适应机制。各种陆上生态系统能够做到这一点，原因在于水资源构成的特异性。

事实上，水资源（此处特指淡水资源）是各类陆上生态系统稳态延续必需的自然资源，同时又是分布极不均衡的自然资源，更是一种需求量极大的自然资源。而水资源中充满变数的特性却在于，它既是可再生资源，同时又是储存与再生最富于变幻的自然资源，这与水的理化属性直接相关。其中对水资源的维护与再生，影响最为直接的特性在于地球上的淡水资源可以以液、气、固三态并存，而且三态之间可以随气压和温度的变动而相互转化。但对陆上生态系统而言，最容易利用又最容易储备的水资源形态主要是液态水，其他两态的淡水资源，很难被陆上生物直接利用。某些生物物种，即便要利用固态和气态的水资源，往往需要将它们转化为液态水，以便于利用。也就是说，在水资源的利用格局中，如何推动气态水、固态水向液态水转化，是所有陆上生物在进化过程必须获得的适应对策，而这一点正好是理解水资源再生能力的关键环节。

与此同时，水资源的流失也必然比其他资源的流失更加严重，即水资源的流失不仅仅局限于液态水资源在重力的驱使下，向低海拔地带移动，从而导致高海拔地带缺水，还可以表现为液态水在风力、温度、气压等能量富集形式驱动下，转化为气态水扩散到大气中，从而导致生物可用水资源的匮乏，前者可以称为“液态的水资源流失”，后者可以称为“气态水资源的流失”。当然，液态水还可以转化为固态水，致使众多的生物物种无法加以利用，这也应当是一种水资源的流失去向。只有将三者综合起来，才能全面地评估水资源在陆地生态系统中的储备与再生潜能。

然而，时下的自然科学研究，由于受到人类自身生物属性的潜在影响，往往不自觉的过分关注液态水资源的运行，忽视甚至无视其他两种形态的水资源的运行，特别是忽视三态水资源在生态系统中的转换及其后果的探讨。这一方面的研究若不及时跟上，我们对水资源匮乏的原因就不可能获得全面的认识和理解。

水资源另一种理化特性是液态水具有超强的溶解能力，能够把众多种类的有机和无机固态物质溶解为液态形式存在。其后果对液态水资源而言，在一定程度上就会造成水体污染，并因此而导致液态水资源利用价值的下降。对其他形态资源而言，则表现为在水资源流失的过程中，有时表现为流失，有时又富集成灾。而这两方面的情况对相关的陆上生态系统而言，都会表现为利弊参半。任何一种陆上生态系统都需要在这一问题上做出能动的适应，抑制其危害性，发挥其有利的一面。生态系统的这一适应功能，对人类来说关系极为直接。人类社会事实上是要仰仗各类生态系统化解水资源的污染，以及固态物质的过分富集，人类社会才有可能获得稳定的优质水资源供给。

水资源的上述特性，不仅制约着各类生态系统的存在与延续，同时也制约着相关民族和文化的存在形式和稳态延续能力。这是因为，一切民族文化在某种程度内，都是针对特定生态系统建构而来。相关生态系统的水资源利用储备和再生方式，必然成为相关民族文化必须加以适应的背景。这就会使得在并存延续的民族文化中，各自对水资源的占有、利用、储备和再生可能发挥着极不相同的作用，并因此而影响到其他民族文化的可持续发展。

因而，中国正在面临的水荒，并不是一个纯粹的自然资源短缺问题，而是如何通过民族文化多元并存去加以维护和分享的问题。而实现这一目标的中转环节正在于客观存在的各类生态系统。为此，要正确应对中国水资源的匮乏，需要将生态系统和民族文化系统作为同一个问题的两个侧面去加以思考和调整。也就是说，需要借助生态人类学去展开这一领域内的探讨，在充分汲取其他学科研究成果的基础上，探求缓解中国水资源匮乏的文化对策。

综观半个多世纪以来的中国水资源供求形式，此前的总趋势是，洪涝灾害的危害重于旱灾，也就是说，水资源不患其匮乏，而患其过分富集。进入21世纪后，情况颠倒过来，随着土地沙化、石漠化的程度日益严重，干旱逐步变成了防灾、抗灾的重点。同时，水资源的获取成本越来越高，水体污染又从中导致了严重的水资源浪费，也就是水资源的供求发生了逆转：患其匮乏，而不患其过分富集。为了应对上述水资源供求关系的逆转，表现在民族文化上，则是民族文化多元并存的稳定格局日趋解体，对水资源的单项倾斜利用成为一种“时尚”。

与此同时，各民族传统的水资源储养、利用、再生和维护方式正受到日益严峻的社会力量挤压，而逐步丧失其效能。从水资源供求的源与流关系的角度看，作为“源”的水资源维护方式正在萎缩，而作为“流”一方的水资源则表现为超额利用，源与流之间的供求差距正在日趋扩大。源与流的不对称综合作用的结果，才是中国水资源匮乏现状的社会成因，而这样的成因又直接关乎多元文化并存格局的稳定。

二　黄岗侗族对水资源的维护与分享

长期以来，对水资源的研究都是由气象学、水文学那样的自然科学去承担。然而，地球表面水资源的循环，本身是一个可以超长期稳定的常态，也是社会力量迄今无法加以调控的范畴。而水资源在陆上生态系统中的循环，由于各类生态系统可以从中发挥驱动和节制水资源的功能，相关的民族文化又可以发挥局部改造调控生态系统的潜能。因而，民族文化在这一范畴内可以发挥积极的作用，在一定限度内可以收到优化水资源运行的功效。也就是说，在这样一个范畴内，并存的各民族文化在其生计活动中，可以在很大程度内借助于对生态系统的调控，提高水资源储养和再生能力，从而发挥缓解我国水资源匮乏的直接作用。

为此，本文将以贵州黎平黄岗侗族对水资源的维护与分享为个案，揭示相关民族在利用水资源的同时，如何驱动了水资源的储养和再生，如何做到不仅满足自身对水资源的需求，还能惠及其他民族和地区。希望从这样的个案分析出发，探寻缓解我国水资源匮乏的文化对策。文中涉及的个案虽然不足以代表全国各民族并存的整体面貌，但这些个案的客观存在，却足以让我们看到，无机环境中的水循环，我们虽然不能控制，但在生态系统中的水循环，并存的民族文化却拥有极为巨大的调控空间，不仅可以节约用水，还可以推动水资源的储备和再生，这将是缓解我国水资源匮乏的一大可行出路。

黄岗侗族生息在贵州省黎平县所属的亚热带山地丛林中，当地的气候温暖潮湿而多雾，加之这里的年降雨量在 1300mm 左右，因此从理论上来说，当地的水资源是较为充裕的。问题的关键在于，黄岗村处于崎岖不平的分水岭上，液态水资源由于受到重力的强烈驱动，因而很容易通过地表趋流。要想尽可能地抑制液态水流失，就得对水资源进行有效的节流和储养。水资源储养包含着三重含义，其一是避免太快地从地表流失；其二是将分散的水资源富集起来，以利于人类的利用；其三是推动气态的水资源转化为液态的水资源，满足人类的直接利用，也就是说，完成水资源的人为再生。

与水文学家正在倡导的水土流失控制对策不同，黄岗侗族社区控制水资源流失的对策直接植根于他们的传统生计之中，落实到每一个乡民的日常生活之内，务必使每一个个人在谋求生存的同时，兼顾对水资源流失的控制。具体表现为，在山地丛林中营建了可以储水半米深层层梯田，培育了不怕水淹、能忍受短日照环境的特异糯稻品种，靠夏季的大气降水储存水资源，满足糯稻品种。从而使得凭梯田与鱼塘、河、闸的联网就能将大气降水储存在人造的水域生态系统中，以满足糯稻整个生长季的需要，同时还能在稻田中放养鱼鸭，提高水资源的利用效益。冬春两季是大气降水的稀缺时段，他们则是靠周边的森林富集雾滴给稻田补充水源。这样一来，致使稻田水深终年保持在 20～50cm，不仅满足了本地水资源的需求，雨季时还能为下游缓解洪峰的压力，旱季时又能通过地下渗透为下游持续补给水源，缓解下游的水资源短缺。这一水域系统虽说是为生计而建，却可以将可贵的液态水资源超长期地保持在高海拔区位，富集起来，随时处于人类方便利用的状态，因而这是一种控制水资源运行的工程，而且是微型化和低成本化的优良工程，因为它能做到利用与储养有机耦合。在这样一种民族文化与生态系统耦合格局中，液态水资源的节流、利用、储养和再生，在很大限度内已经纳入民族文化可调控的范围。因而对珍贵的液态水资源来说，可以直接发挥开源和节流两大功能，不仅自身受惠，而且可惠及周边各民族和地区。

黄岗侗族社区人工建构的山区水域系统，到底能发挥多大的水资源调控成效，此前学术界从未作过精确的计算。笔者及其合作人在贵州省黎平县的黄岗村做了针对性的实测，黄岗村目前实有稻田5000亩，这些稻田最大储水深度可达0.5m，储水超过10天也不会影响糯稻的生长。也就是说，暴雨季节1亩梯田可以储水330m^3，鱼塘的储水能力则更强。5000亩稻田实际储水能力高达165万m^3，这已经是一个小型水库的库容量了。黄冈村现有林地面积50000亩，大部分属于次生中幼林，蓄洪潜力每亩可达110m^3，50000亩林地总计蓄洪潜力高达550万m^3，中长期的水源储养能力可以高达200万m^3。从表面来看，绝对数字虽然不大，但如果把类似的侗族村寨能发挥的分洪能力累加起来，其功效绝不逊色于一座需要巨额投资的大型水库。在干旱季节，侗族村的寨塘、田、渠、河人工水域系统，随着地下水位的下降，该系统中储备的水资源最终都会通过地下和地面形成向下游渗流，有效发挥缓解江河下游水资源短缺的作用。

三　水资源维护与分享不合理的文化成因

我们从上文的测试数据中可以看到，在侗族的传统生计中，水资源一直得到精心的维护，液态水资源的无效流失也降到了最低限度。然而，这种利人兼利己的文化禀赋，侗族乡民不仅未能从中获得合理的报偿，甚至还不能得到世人的认同。连专业的水文学家都会下结论说，这种水资源供给的错峰和拉平，是一种纯粹的自然现象，与侗族人民的文化运行和劳动力投入关系不大。

与此同时，农业专家以确保我国粮食安全为口实，大力推行“糯改粘”“粘改杂”，甚至不惜借助行政指令，胁迫侗族乡民放弃传统的糯稻种植，改种杂交水稻。这种认识和由此而导致的决策，若单就粮食产量而言，无可厚非。但中国未来的发展障碍，显然不是粮食问题，而是缺水问题。

历史告诉我们，一个民族崛起后，凭借其经济实力可以买到粮食、石油以及其他需求量不大的稀缺资源，而水资源肯定是一个例外，由于任何一个民族的水资源需求量均极为巨大，以至于迄今为止，还没有任何一个国家可以靠买水而维持发展。因而，从终极意义上讲，如果不对侗族乡民的水资源维护贡献提供合理的报偿，求得世人的理解和认同，未来的中国势必面临买粮容易买水难的困境。摆脱这一困境的唯一对策只能是还原水资源维护和分享上的公正，使侗族那样的少数民族能够为缓解我国水资源短缺做出贡献。否则的话，水荒将成为困扰我国发展的长期隐忧。

林学家由于受到专业的影响，往往片面强调天然林生态系统在水源储养上的极大贡献，而羞于承认侗族人造塘田河闸系统的水源的节流、储养和再生功能。但若就实际成果而言，侗族的塘田系统，在每一个平方米的面积内，都可以终年富集半吨的水资源，而土壤的富集能力与森林生态系统相同。两相比较，侗族塘田系统的储养能力大大高于森林生态系统。林学家却羞于认同，这不能不说是一件怪事。事实上，20 世纪 50 年代以前，我国珠江、长江两大水系的中下游广阔地带，从来不患水资源短缺，除了其他众多的原因外，江河上游壮族、布依族和水族普遍种植深水高秆糯稻和他们普遍建构的微型化水域生态系统一直在发挥着水源储养上的巨大作用。随着上述民族的生计方式的变迁，“糯改粘”“粘改杂”农业政策以及最终落实，我国珠江水系洪涝季节，防洪形势严峻；枯水季节，珠江三角洲又得频繁遭受海水倒灌的威胁。在一定程度上说，恰好是近半个世纪农业施政，只顾粮食产量无视生态效益的必然结果。这也正是忽视民族文化平等派生的生态后患。

值得一提的是，上述政策执行的后果，不仅导致了江河下游植物季节性缺水，而且会使得整个流域范围内的总水量大幅度、大面积波动。集中表现为整个珠江水系的各支流剧烈波动，雨季时来不及利用，旱季时又极度缺水，渗进去的地下水储集量持续下降。对上述水环境的巨变此前往往不加区别地曲解为是上游用水量剧增使然，但是精确计算上游城镇和农村的提水功率后，不难发现期间存在着极大的缺口，这个缺口是由两方面的原因造成的。其一是森林层次结构降低、树种单一化、物种构成简单化。其二是各民族人造塘田河闸水域系统萎缩，水资源储养能力降低的结果。

然而，此前在研究者的笔下，对诸如此类的问题却曲意开脱。其原因无外乎有以下三种。

其一是认为，这是侗族乡民为自己的生计而为，并非有意识地储养水资源，其性质与生态系统储养水资源相同。既然不是有意所为，又不拥有法律意义上的专属权，因而无须考虑补偿，要补偿也没有接受补偿的主体。把侗族乡民的贡献混同于自然现象，这本身就是一种文化偏见制造的不公正。

其二是认为，侗族乡民的这一贡献属于公益性，仅产生公众价值，不能构成价值的交换，与生态系统产生氧气满足人的生存需求一样，只能均等由所有人分享，不可能参与交换，因而其价值不属于人类社会该计量，付酬的对象也是无法计量的范畴。这一理解虽说注意到水资源的储养价值，认识到对容易流失的资源有必要错峰补全，但却将明明是人类有意识的行为所形成的贡献，曲解为纯粹的自然现象。这种认识和理解显然有意抹杀了侗族人为建构的水域系统世世代代所支付的劳动，也抹杀了这样的水域生态系统年年都需劳动维护的事实，因而是充满文化偏见而有意制造的不公正和歧视，同样必须加以匡正。

其三是认为，侗族乡民做出这一贡献具有隐含性，对削减洪峰所起的作用，既然没有经过严格科学实测，其贡献的大小就无从加以论证。与此同时，储备到旱季的水源，主要是通过地下水的形式补给下游江河，这种补给更加隐蔽，迄今尚没有可以计量测试的手段，因而即令存在着维护与分享上的不公正，也无可奈何。这样的理解，是一种似是而非的反科学认识。暂时不能准确测试的事物，责任不在事物本身，而是科学研究取向存在着缺陷导致的观察失误。科学的做法应当是创新和完善测量手段，使这种隐含的贡献能让世人准确知晓，而不是反过来，抹杀甚至否定其价值。科学之所以有价值就在于它能服务于人类社会，科学不能很好地服务于人类社会，反而抹杀各民族在其间所做的重大贡献，因而这样的指责和苛求就终极意义而言，是本末倒置，将必须服务于人类的“科学”凌驾于人类之上，这更是逻辑谬误和事实上的文化不平等。

最后是以往的研究者总是以侗族的塘田系统所能储积的水资源有限为借口，认定这一认为水域生态系统的贡献缺乏实际意义的价值。这同样是一种有违客观事实的偏见，因为这些研究者都没有注意到，任何一个民族的传统生计，在该民族分布的范围内具有高度的同质性。一个侗族农户在传统生计中，可以储养的水资源当然有限，一般不会超过5000吨，但问题在于，如果整个侗族的传统生计得到维护，那么实际的水源储养能力本身就是一个巨型水库的容量。上述结论在实质上是偷换了家户和整个民族之间的概念差异，从而掩盖了事实的真相。

既然上述三种偏见不能成立，那么科学的结论只能是，实事求是地承认侗族乡民所构建的塘田河闸水域系统，只要能在整个民族中普遍推行，那就确实可以发挥化解我国即将面临的水荒作用。

结论与讨论

上文列举的各项事实，使我们有理由坚信缓解我国水资源匮乏的文化对策完全可以成立。而文化对策的立足点，正在于各民族传统文化中的知识、技术和技能可以凭借，确实拥有优化水资源储养、再生和高效利用的手段。只要对知识、技术和技能加发掘利用，并付以现代科学的解读，加上现代技术手段的支持，我国水资源的严峻形势完全可以得到缓解。从这一认识出发，必然派生出另一个发人深省的新命题，如此繁荣昌盛的科学技术，为何在常识范围内暴露出了认知和分析的死角，竟然没有意识到科学技术仅体现为利用资源的能力而不具备制造资源的本领。鉴于地球表面资源结构的极端复杂性和多样性，本来应当规划出多样化的对策来才足以应对复杂的资源结构，然而事实上却没有做到这一点，反倒是那是少数民族的传统知识中拥有这样的认识和能力，这不能不说是现代科学技术学科体系建构上的缺环。

文化人类学由于学科性质所使然，有浓厚的兴趣去关注不同民族的传统与现状，因而有可能注意到现代科学技术建构的盲点和误区，进而可以提出发掘利用传统知识、技术和技能的倡导。应当看到，这是一个带有普遍性的主张，不仅对缓解我国水资源的短缺可以发挥明显的成效，还可以揭示现代科学技术建构的缺环，使之趋于健全和完善。现代科学技术中，与水资源供给关系极为密切的气象学、水文学、地理学、生态学，长期以来总是在无意中打上了人本主义的烙印。研究趋向常以人类的自我感觉为中心，同时忽视了各种物种的生存，与人类的生存要求具有某种意义上的共同性。以至于生物在生存的过程中，必然拥有高效获取水资源，推动水资源再生的禀赋。

上文列举的侗族乡民利用植物富集雾滴和露珠使水资源再生手段，以及通过地表多层植被的覆盖抑制水资源气态流失的努力，在生物界其实早就客观存在，仅是我们的研究没有从这一视角去做出分析而已。而特定区域内的各民族出于谋求生存本能的需要，早就懂得仿效自然，学习和加工生物生存的本能，因而获得了对现代科学技术视野的超越，并因此而积累起丰富的经验，形成未来可以获得巨大开发价值的知识、技术、技能的储备。

借助于文化人类学那样的学科，展开此类知识和技术技能的发掘利用固然重要，从这样的事实中汲取教训，更显得可贵。地球表面的水资源三态既然可相互转换，而转换的条件，在千姿百态的地球表面，由于物质能量分布的不均衡，而必然在不同地域以千姿百态的方式存在。既然如此，对这样的地带展开深入的研究，创新我们的研究手段，使这种转换能有效地为缓解我国水资源的匮乏做出贡献。这正是本文从黄岗维护水资源这个个案出发，希望引发的反思，也是生态人类学最有能力做好的工作。

上文提到的测量、水资源的气态流失以及以雾滴和露珠的形式推动水资源的再生，看来应当是今后气象学、水文学、地质学和生态学必须拓展的新领域。这些学科在这一领域内获得新的进展，将是对文化人类学发掘利用传统生态知识和技术技能的理论支持。只有众多学科通力合作，我国才能走出水资源匮乏的困境。

参考文献

1. 杨庭硕、罗康智：《侗族传统生计与水资源的储养与利用》，《鄱阳湖学刊》2009 年第 2 期。

2. 罗康隆：《既是稻田，又是水库》，《人与生物圈》2008 年第 5 期。

3. 罗康智：《掩藏在大山深处的农艺瑰宝——以侗族传统稻作为例》，《原生态民族文化学刊》2009 年第 2 期。

4. 崔海洋:《重新认识侗族传统生计方式的生态价值——以黄岗侗族的糯稻种植与水资源储养为例》,《思想战线》2007 年第 33 卷第 6 期。

5. 刘景慧、范小青:《侗族传统文化的变迁——以杂交水稻传入所引发的文化变迁为例》,《怀化学院学报》2004 年第 6 期。

环境、生态与地方性知识

以侗族为师·与自然共舞

刘少君（台湾政治大学）

摘　要：人类对自然资源的利用已经造成了自然环境的破坏。为解决这一问题，世界很多地区都开始关注原住民、少数民族或世居人群与环境之间保持平衡的互动关系。笔者认为侗族通过“侗款”的制约机制，养成了保护生态、保持可持续发展的整体生态观念。这种整体生态观念一方面体现在侗族对森林资源的保护和开发上，另一方面表现为开发出具有生态保护意义的农业生产模式，最为代表的是稻鱼鸭共生的模式，并开发出多种作物共生的养种植模式。这些理念和尝试有可能成为解决未来生态问题的钥匙，希望可以得到更多的重视，并进行研究和利用。

关键词：侗族；整体生态观；森林；生态农业

前　言

1864年，George Marsh出版了《人与自然》（*Man and Nature*）这本书。全书的观点一再强调：人类因为贪婪等因素，不断谋求物质上更大的获得，结果发明更有效的农业工具，例如由锄到犁、由兽力到机械，将大地刨光；对于森林的破坏亦是不遗余力，由斧头到链锯，结果是寸草不留；为了增加耕作面积，围湖造田，与河川争地；对于深藏在地下的各种矿物也是不遗余力地掠夺……他甚至认为地理环境的破坏是造成罗马帝国衰亡的原因之一。[1] George Marsh 与达尔文几乎是同时代的人，他的《人与自然》著作对于现代生态学方面的贡献，并不亚于达尔文《物种起源》在进化论方面的贡献。他也是提出人类持续蹂躏自然的结果，必将招致自然反扑警告的第一位学者。

生态民族学/生态人类学发展缓慢，至少到 1977 年为止，还有许多学者不认为它是一门统一的学科，也有人认为它只是一种观点，而且是基本设想和目标并不统一的观点。[2]

1995 年之后，一系列关于原初民族/在地居民/土著等人群与环境相关的知识（indigenous knowledge，下称 IK）与共生的研究在进行，例如 Warren，Slikkerveer，Brokensha 等人。1997 年一个名为 Indigenous[3]Environmental Knowledge and Its Transformations 的工作坊在英国 University of Kent at Canterbury 召开，对于生态民族学/民族生态学有较为深入的讨论。于此工作坊中对于 IK、民族生态学（ethnoecology）、民族生物学（ethnobiology）有交叉式的讨论。[4] 整体而论，科学已经越来越认识 IK 在先进的假设方面的重要性，也在植物学、生态学、动物学、昆虫学、林业、农业方面增加了科学知识的丰富性。[5] 所以显然地，主流世界已经重视到原住民、少数民族或是世居人群与环境之间的互动，因为在他们的世界里，人与环境之间维持着一定的平衡状态，其表征就显示在稳定性极高的、丰富的生物多样性方面。

---

① George Marsh，ed.，by David Lowenthal，*Man and Nature*（originally published in 1864），1965，2003，pp. 10-13，Seattle：University of Washington Press，2003.

② David Hardesty，*Ecological Anthropology*，introduction，New York：Wiley，1977.

③ 在该次工作坊讨论中，indigenous 涵盖着原初民族/世居人群/在地居民/土著等人群，少数民族一词虽然并未在工作坊之中使用，但是由其讨论的内容与精神判断，indigenous 是包括少数民族在内的。

④ Roy Ellen，Peter Parker，Alan Bicker，eds.，*Indigenous Environmental Knowledge and Its Transformations*，*Critical Anthropological Perspectives*，London and New York：Routledge，2000.

⑤ Roy Ellen，Peter Parker，Alan Bicker，eds.，*Indigenous Environmental Knowledge and Its Transformations*，*Critical Anthropological Perspectives*，London and New York：Routledge，2000，p. 35.

一　侗族的整体生态观念[①]

笔者以为如果我们有心寻觅中国古代《礼运·大同》篇中所描绘的理想世界，侗族家园应该是当之无愧。侗族透过“侗款”的制度约束、民间信仰的宗教警语等机制，在维护生态环境的传统以及天下为公思想的延续方面不遗余力，在在都让侗族在生态优先、永续发展的现代思潮上拔得了头筹。的确，永续经营是体现于侗族的生活与传统之中，这种对于自然界的保护伦理（conservation ethic）不但是由世代的日常生活经验中所发展出来，更重要的是经过长期淬炼而造成的特殊生态系统却也不断地、正向地回馈给侗族先民，致令这样的特殊知识与做法得以持续进行。关于侗族永续经营以及对于维持生态环境贡献的实例，仅举下列二端作为代表加以探讨。

（一）对于造林的重视

关于森林对环境的影响，George Marsh 在一个半世纪之前，就已经以科学的知识，使用深入浅出的文字，分别阐明森林如何以有机和无机的方式维持地球的整体条件，使之成为生物可以适应的居住环境。

对原住民而言，森林不仅只是木料的来源而已。大部分世居于森林或是森林附近的人群，都需要在森林里大量地活动，例如打猎、采集食物或是取得其他相关的生活资源。[②] 侗族与森林的互动以及他们在对待森林方面也是如此，而且还有其独到的传统。

---

① 根据 Indigenous Environmental Knowledge and Its Transformations 工作坊所订出来关于 IK 的定义，笔者认为侗族与自然共生的智慧，绝对符合 IK 的条件。概略地说 IK 的特性是 1. 本土的；2. 必须是口传的；3. 必须是靠日常生活的操作所累积的经验；4. 所累积的经验知识不是立基于理论；5. 传统的特征是重复；6. 传统是会渐进地改变的；7. 较之于知识的其他形式，它是受到更多人分享的；8. 虽然它通常是由与仪式或其他象征事物的特定人所持有，但它的分布总是零星的，换言之它不会全部存在于一个地方或一个人；9. 它是以整体的形态存在于广泛的文化传统中，要严格区分技术与分技术、理性与非理性就会有问题。

② Roy Ellen, Peter Parker, Alan Bicker, eds., *Indigenous Environmental Knowledge and Its Transformations*, *Critical Anthropological Perspectives*, London and New York: Routledge, 2000, p. 37.

当外人走近侗族村寨，立刻感受到不同的氛围，亦即被眼前杉林大面积覆盖所形成的翠绿山峦以及清新的空气质量所震慑。[①] 进入侗寨之后，另一个令人惊讶之处是鼓楼、戏台、回龙桥等公共建筑与鳞次栉比的民居建筑搭配成为错落有致的杉材木构聚落，全然的木构环境和古朴的风格，让人不饮而醉。进入民宅之后，立刻又被扑鼻而来的杉木芳香所惊艳，因为几乎所有的侗寨民居建筑都是以杉木建造，所以不但是由杉木中所释放出来的芬多精对于人身有实质的疗愈作用[②]，就是视觉所接触的天然质感的建材，也都令人感受到在心灵上深度的沉淀与宁静。

对于侗族而言，森林虽然也是重要的建材来源，甚至代表着一定的财富，但是除此之外，与世界其他许多原住民一样，森林更多地也扮演着维持族人健康的“药用植物园”角色[③]，如此的森林与灌丛通常也是维持着生物多样性的最佳场所。

以侗家为例，不论是南侗或北侗，通常对于风水极其重视；西方学者也开始承认过去被当作前科学的迷信或至少是被当成伪科学看待的风水知识，或许有相当完美的生态原则牵涉其中。[④] 就如同湖南省通道侗族自治县的芋头村即是完美风水之典型；建寨之处多为山间平坝，平坝周边除了山峦叠翠的围绕之外，通常会有一条清澈的溪水贯穿村寨，整体看来这是一个人与自然和谐相处的居住环境。自古以来侗族先民将围绕在村寨外围那些山陵间的古树老林称之为风水林，任何人皆不许在风水林内放牧、耕作，对于风水林内的树木更是严禁砍伐，换言之，风水林是处于长期封山的状态。

---

① 学者经过精密地科学研究，了解森林是大气中二氧化碳的“储槽”（sinks），森林的消失将减低土壤中二氧化碳的流动，使之无法进行光合作用，造成环境的“缺氧”，此外同样也降低了生物圈对碳的储存容量，因此碳分子就窜流至大气之中。A. M. Mannion，p. 8，1997。

② 2009 年 3 月 25 日台湾新闻报道中兴大学森林系王升阳教授最新研究证实，属于针叶林的杉木芬多精主要成分是柠檬烯，可以有效地影响中枢神经系统，具有安眠、抗焦虑、镇痛的功效。https：//www. peopo. org/news/30334，最后访问时间：2016 年 11 月 26 日。

③ Roy Ellen，Peter Parker，Alan Bicker，eds.，*Indigenous Environmental Knowledge and Its Transformations*，*Critical Anthropological Perspectives*，London and New York：Routledge，2000 p. 37.

④ David Kinsley，*Ecology and Religion*：*Ecological Sirituality in Cross-Cultural Perspective*，Upper Saddle River，New Jersey：Prentice-Hall，Inc.，p. 72.

任何一个侗族村寨都有栽种杉树的习俗，而且此一习俗至今仍以每一个家户的形式在进行，且有一个极其特殊的名称：十八杉。十八杉又称女儿杉，其用意是新婚夫妻在孩子出生之后，立即到山中辟地种植杉苗，待孩子成长、论及婚嫁时，正好可以伐木变现，支持喜事的开销。事实上这也是立基于世代生活经验的累积，因为“杉木的经济成熟期少则 10 年，多则 15~18 年”[①]，这与过去的婚嫁年龄正好搭配，显然十八杉的造林习俗与自然生态之间的互动有一定程度的关系。

为了强化传统或习俗的当然性、必要性，甚至是强迫性，在以此一传统为核心的外围，通常会加上例如神话传说、祖训族规、伦理道德、宗教禁忌等层层不同面相的包装。传统的爱杉护杉习俗同样也配合着一定的传说故事以增加其合理性[②]，另又如旧时代的侗款以“神树不能乱砍的观念来保护森林”[③]，由累积过去数百年的成果看来，事实证明起到了相当的效果。然而在农村生产责任制推行以后，以贵州省从江县为例，出现了乱砍滥伐、毁林开荒的严重现象。当地政府想了许多办法，但是都未能有效制止。后来用“约法款”，即乡规民约，来约束盗伐毁林，其效果却出乎意料：其毁林面积由平均的每年 2 万亩，降至每年 5656 亩，下降比例高达 77%。[④] 由此看出侗款对于侗族封山育林的工作确实有它一定的约束力。根据 2014 年国家林业局公布清查资料，中国森林面积 208 亿公顷，相当于 208 万平方公里，森林覆盖率 21.63%，远低于全球 31%的平均水平。[⑤] 然而凡是侗族居住的地区，森林覆盖率必定特别高，以湘桂黔三省坡为例，森林覆盖率即高达 75%。[⑥] 若是以笔者田调的所在地——湖南省通道侗族

① 古开弼：《生态文化视野下的“十八杉”民俗解析》，《北京林业大学学报》（社会科学版）2007 年第 6 卷 4 期，第 2 页。

② 陈颖：《十八杉》，收录于扬通山、蒙光朝、过伟、郑光松合编《侗乡风情录》，四川民族出版社，1983，第 11~13 页。

③ 江明生：《新中国成立后侗款与侗族地区社会治理的历史变迁》，《广西社会科学》2014 年第 5 期（总第 227 期），第 114 页。

④ 资料统计为 1977~1979 年。江明生，第 115 页。

⑤ 国家林业局，http：//www. forestry. gov. cn/main/58/content-660036. html，最后访问时间：2016 年 11 月 26 日。

⑥ 杜圣明：《改善人居环境提高少数民族村寨抗御寨火的能力》，《安全生产与监督》2007 年第 1 期，第 16 页。

自治县为例，其森林覆盖率更是高达 77.7%，是全国绿化模范县[①]其隔邻的广西三江侗族自治县的森林覆盖率也是高达 77.4%[②]，相较于全国的 21.63%，森林覆盖率之高，令人不得不产生惊讶与敬佩之情。

然而即使在侗族这样一个从传统习惯上就重视森林可持续利用的民族，同样也发生了一些值得注意的事项；学者根据研究结果，对侗族聚居地的森林资源质量做出评价，认为虽然森林覆盖率高，但是出现了以下三个亟须改善的事项：①林龄结构不合理的现象，亦即中幼林龄占 76.33%、近熟成熟林龄占 23.67%，所以森林年龄结构调整任务重。②林种结构失衡，公益林与商品林的面积比例为 2.2∶7.8，蓄积量之比为 1.2∶8.8，商品林所占比例过高。③混交林面积偏少，人工纯林占森林总面积的 92.02%，混交林面积只占 6.69%；由于纯林的生态效能、稳定性和对林分空间的利用率都不及混交林，所以在空间的配置上要适当增加混交林的面积[③]，否则三江侗族自治县的森林资源成为弱持续状态的情况无法改善。造成这些现象的原因，显然是杉林种植受到了商品价格的诱惑；[④] 事实上，公益林与商品林在面积上的比例应该是 3∶7，或者更高。

（二）农作的生态工法

对自然造成伤害的另一项人为因素是农业，有学者甚至认为，已经有相当的证据显示，即使在人类早期的社会，每当获取食物的技术和策略改变的时候，人与环境之间的关系也随之改变。[⑤] 人类社会之所以得以发展，

① 中共湖南省通道侗族自治县委、湖南省通道侗族自治县人民政府编《美丽的侗乡湖南通道》，2009，第 36 页。

② 黎良财、梁余发、邓利：《侗族聚居区森林资源可持续发展评价——以三江侗族自治县为例》，《湖北农业科学》2012 年第 12 期，第 2471 页。又，该论文虽然是以广西三江侗族自治县为例，但亦可作为其他侗族地区的窗口。

③ 黎良财、梁余发、邓利：《侗族聚居区森林资源可持续发展评价——以三江侗族自治县为例》，《湖北农业科学》2012 年第 51 卷第 12 期，第 2472 页。

④ 侗族人工林业萌芽于 13 世纪，于明、清、民国时期曾经辉煌过一阵子，并作为侗族小区的社会经济支柱，而跻身于当时的“市场经济”。见潘盛之《论侗族传统文化与侗族人工林业的形成》，《贵州民族学院学报》（哲学社会科学版）2001 年第 1 期（总第 67 期），第 9 页。

⑤ A. M. Mannion, *Global Enviornmental Change* (2nd Edition), Edinburgh Gate: Addison Wesley Longman Limited, 1997, p. 8.

食物供应的增加显然功不可没，但是在嘉惠人类立即所需的同时，也带来了环境退化（degradation）的副作用。[①] 在环境的退化中值得注意的是土地的退化，这种退化显示因为世居地面的改变，例如森林被砍伐殆尽，以致造成原初民族犹如离水的鱼，走向灭族的命运，另外也因为农业化学品的使用，生物多样性也迅速消失；在非洲与亚洲，农业施作时总是使用大量化学肥料，造成了土壤的盐碱化与水质的优氧化，对于当地环境是相当大的冲击。看得出来，所有的生态系统之间的关系都是息息相关的，它们像是一张蛛网之中相互牵连的丝，任何一根丝的断裂，都会影响到全局。

因为农耕，将覆盖地面的自然植物移除，造成土壤被侵蚀、流失以及退化的加剧。确实将林地变更为可供种植的土地之前，砍伐并烧毁树林与杂木，都会使得储存在林间、土壤、自然垃圾中的碳分子大幅度流向大气，这些都对温室效应的强化产生了一定的推波助澜的作用。[②] 西方对于生态的反省是缓慢的，20 世纪 50 年代才出现了关于生态方面的反省，例如以下之诗句："养育人类的灵魂，应是用宇宙来哺乳他们；我们只有降低自己掌控大自然的标准，并提升参与它的标准，如此人类与大自然之间的和解才可能发生。"[③]

由于道教的影响，所以教义上不与大自然对抗的态度并配合着大自然，顺势而为的观念[④]，应该是与侗族的传统不谋而合；尤其是侗族将自己的农事生产与大自然的律动相互搭配、力求和谐的模式，更是维持生态系统稳定的一种创举。

笔者在通道侗族自治县田野调查期间，看到了侗族所进行的一种特殊的农作方式：稻鱼共生。这种耕作方式是在插秧期间，就将大约五厘米以下的鱼苗同时放进水田中。由于侗族水田是采用高淹水式，所以鱼苗可以自在地在田水与稻秆间游移，而随着鱼苗的长大，不至于产生动尾触四隅

① A. M. Mannion, *Global Enviornmental Change* (2nd Edition), Edinburgh Gate: Addison Wesley Longman Limited, 1997, p. 239.

② A. M. Mannion, *Global Enviornmental Change* (2nd Edition), Edinburgh Gate: Addison Wesley Longman Limited, 1997, p. 239.

③ Ian McCallum, *Ecological Intelligence: Rediscovering Ourselves in Nature*, Golden, Colordo: 2008, p. 21.

④ David Kinsley, *Ecological Intelligence: Rediscovering Ourselves in Nature*, Golden, Colordo: 2008, p. 79.

的局限。稻作的虫害、其他田土里像是蚯蚓幼螺等的生物，通常会沦为鱼类的食物，杂草在尚未长大之前，也都被鱼仔吃下肚；鱼仔的排泄又直接成为稻作的肥料，三者之间形成一个完美的循环，亦即在放弃农药与化肥的水田里，可以形成一个生物链、一个小型的生物多样性世界，前已述及生物多样性的代名词就是一个稳定的生态系统。事实上，早在20世纪70年代这种“以鱼支农、以鱼促稻”的稻鱼共生系统即受到中国科学院的重视，列入专题研究，阐述了稻田养草鱼种的生态功能，制定了稻田养鱼的技术操作规范，确定了稻鱼的几种配套模式，而定点向全国推广。[①] 在湖南省靖州苗族侗族自治县“近年来……稻田养鱼在全县得到普及，靖州特产‘禾花鲤’成为充实当地农民‘钱袋子’的功臣。原来与普通米一样随行上市的‘靖州大米’被市民争相抢购。”[②] 根据该报道，以稻鱼共生方式所生产的大米，不但是因为属于有机生产，使得消费者安心，更大的长处是过去的化肥使用所造成土壤酸化的问题获得改善，使得单位产值增高许多。

另外，在贵州省黎平县的一个侗族村寨——黄岗村，有着比信道县的生态种植更为复杂的方式——稻-鱼-鸭共生体系。在黄岗稻鱼鸭共生系统中，人始终扮演着宏观调控的能动角色，人必须随时观察稻田的变化，不断调整稻鱼鸭的共存关系。刚插秧后的一个星期，水稻还没有定根，先放养在田中不到5厘米长的鱼苗，它们还没有能力伤害稻秧，可以相安无事。一个星期后，水稻已经定根，接着将出壳20天以内的小鸭在田中放养，稻鱼鸭都可以相安无事，直到水稻收割。[③] 简单解释，这样的共生系统不但可以防止稻作的虫害，更可以增加水稻的抗病能力。

论及农业污染，通常所能立即想到的来源是化肥、农药，但是家禽家畜的粪便也是重要的污染源。

“测定显示，一只鸭一天排粪100克，其粗蛋白质含量为7.94%，其中氮1.10%、磷1.40%。高浓度有机禽畜污水中含有悬浮物、有机质、沉

① 沈雪达、苟伟明：《稻田养殖发展与前景探讨》，《中国渔业经济》2013年第2期，第152页。

② 林翔：《“鱼稻共生”乐了靖州农民》，《农家顾问》2003年第11期，第16页。

③ 田红、麻春霞：《侗族稻鱼共生生计方式与非物质文化遗产传承与发展》，《柳州师专学报》2009年第6期，第15页。

积物……若未经任何处理便排入水系中，会造成水质恶化，破坏生态环境。但是稻鱼鸭传统农业生态系统中则不存在此一问题，因为鸭子的大部分活动范围限于田中，产生的粪便直接排入田中，既充当了稻田循环系统中的一部分，同时也防止了鸭粪的肆意排放，带来的污染。”①

“稻鱼”共生和“稻鱼鸭”共生的生态原理，其实是相同的。以防治虫害为例，在田里面，鱼、鸭的食物来源是害虫、幼草及田土中的水生物。通常鱼、鸭的游移会撞动稻秆而将害虫震落，得到食物。此外，鱼、鸭在觅食的过程中，也会翻搅田泥，造成被吃得所剩无几的幼草也因为缺乏阳光的照射，所以也无法生长，免去了农夫薅草的劳务；同时因为田土被翻搅，增加了通气性，有益于稻禾的生长。

目前农业生产所造成的生态问题日益严重，这种“稻鱼”或“稻鱼鸭”的共生传统是一个可以解决问题的模式之一。毕竟这种共生的农作生产方式在侗族已经行之有年，它的经验甚至可以提供到其他水生作物，例如茭白笋、莲藕的生产层面；也可以将与作物共生的动物换成鳝鱼、泥鳅、鳖、蚌等，将此一共生的模式做出应用的发展。希望未来透过“稻鱼”或“稻鱼鸭”的共生施作启发，让作物与水产相结合，实现生态平衡、粮食安全、农民增收的三赢目标。

结　论

许多学者，如 A. M. Mannion，主张农业发展是带来自然环境退化的原因，甚至主张农业就是造成森林消失、土壤退化、环境物染、温室效应等恶劣因素的根本元凶。但是农业生产本身乃是非战之罪，问题出在人类过于贪婪，以致为了增加食物而肆无忌惮地破坏了大地的平衡。

George Marsh 在出版《人与自然》（*Man and Nature*）这本书的时候，就对人类提出了警告。在该书的结尾他说道：“在大自然的字典中，微小与巨大只是两个名词而已；她的律法对于处理原子和处理大洲或星球是一

① 张琳杰、李峰、崔海洋：《传统农业生态系统的农业面源污染防治作用——以贵州从江稻鱼鸭共生模式为例》，《生态经济》2014 年第 5 期，第 133 页。

样地具有弹性。”[①] 亦即，对大自然而言，不论大破坏还是小破坏，都是破坏；所以当大自然反扑的时候，要毁灭一个村寨或是要毁灭一个星球，都是不费吹灰之力。

侗族是一个尊重自然、顺应自然的民族；侗族地区森林的特高覆盖率以及蕴含高度智能的稻鱼共生系统，在在都给今日的主流社会一定的启发。IK 所保存的传统与内涵有可能是未来解决生态问题的一把钥匙，等待着主流社会去发现。

① George Marsh, ed. by David Lowenthal, *Man and Nature* (originally published in 1864), 1965, 2003, Seattle: University of Washington Press, 2003, p. 464.

鄂伦春自治旗文化产业发展的路径与对策

方　征（中央民族大学）
刘晓春（中国社会科学院）

摘　要： 长期以来，由于“林权”和“土地权”分属林场和农场管理，鄂伦春自治旗仅辖六个狭小的城镇，自然资源的缺失使鄂伦春自治旗经济社会发展动力不足。协调相关部门之间的联系，整合文化、生态资源，充分发挖掘鄂伦春族传统文化的优势，建立生态保护区，发展度假、养生、旅游等文化产业是促进鄂伦春旗经济社会发展的有益尝试。

关键词： 鄂伦春自治旗；文化产业；经济社会

鄂伦春自治旗坐落于大兴安岭深处，辽阔的林海、丰厚的资源和独具特色的狩猎文化使这块土地充满了无限的魅力和生机。然而，由于历史原因，长期存在着发展动力不足、群众生活水平较低等情况，本研究试图为促进鄂伦春旗经济社会的发展提供途径。

一　发展与现状

内蒙古呼伦贝尔市鄂伦春自治旗，是鄂伦春族唯一的民族自治地方，1951 年 4 月 7 日建立，是新中国成立后的第一个少数民族自治旗，全旗总面积 59880 平方公里。1951 年，全旗人口只有 778 人，775 人为鄂伦春族。2015 年末，鄂伦春自治旗总人口 28 万人，鄂伦春族人口 2754 人。在自治旗境内，有 6 个国有县级林业局，4 个国有农场局，曾作为黑龙江省大兴安岭特区首府的加格达奇也坐落在这里。有北国第一哨和鲜卑源头嘎仙洞，政治、经济、社会、文化、生态变化之大，令人叹为观止。

1949年，中华人民共和国成立时，整个鄂伦春族仍生活在大小兴安岭的密林深处，以狩猎为生。自1951年开始，国家在鄂伦春族地区逐步推行建立自治旗和猎民乡镇，定居，转产，禁猎，务农，直至目前的以农为主和多种经营，到20世纪末，整个民族全部“禁猎转产”（黑龙江省个别民族村除外）。在这65年的时间里，鄂伦春族发生了巨大的变化，其生存的自然环境和人文环境日见变迁。鄂伦春族定居65年，是发展的65年，辉煌的65年，同时也是充满挑战、充满矛盾的65年。

作为森林民族，鄂伦春族在长期的生活实践中，创造了独具特色的游猎文化，历史悠久，文化灿烂。20世纪以前，鄂伦春族基本保持着比较完整的传统社会组织和生活方式，较好地保留了历史文化遗存，构筑了以爱护自然、敬畏自然以及“万物有灵”为核心的文化体系。综观鄂伦春地区经济社会的发展和变迁，是以牺牲鄂伦春族传统文化为代价的。当鄂伦春人走出森林、放下猎枪、住进宽敞明亮的砖瓦房时，其生活环境和生产方式发生了巨大变化，传统文化的快速消亡，使很多鄂伦春人茫然不知所措。尽管党和政府对鄂伦春族进行了大力的帮扶，但在信息社会和市场经济的大潮中，很多鄂伦春人仿佛被掷之世外，难以适应，相当一部分猎民靠政府的补贴生活，民族自尊和自信受到了打击，民族经济的发展遇到了新的危机。

近年来，为了保护生态环境，国家对森林资源的开发和利用出台了一系列的保护政策，曾经以林业产品为支柱的国有森工企业和鄂伦春地方经济面临巨大的挑战。农业机械化的发展和林业工人的大量转岗，使得这一地区剩余劳动力激增，群众经济收入和生活水平难以提高，就业率下降，自谋生存渠道困难等问题日益突出。林业、农业和地方的机构合并以后，使得机构庞大、臃肿，办公效率不高，同时也引发人才大量外流；由于地理、气候和封闭保守等方面的原因，鄂伦春自治旗市场经济发展滞后，2015年，公共财政预算收入1.78亿元，长期作为国家级贫困县，依靠政府的财政转移支付维持运转。

面对经济、社会、文化等方面的种种压力，打开一个突破口至关重要，如何探寻一条适宜的发展之路，是摆在当地政府面前的重要课题。鄂伦春旗有着近6万平方公里的广袤土地，森林、草场、农田、河流等资源丰厚，素有“天然氧吧”和“避暑胜地”的优越环境，同时还生活着鄂伦春、鄂温克、达斡尔和蒙古等众多少数民族，优越的自然环境和丰富的文化资源是鄂伦春自治旗经济社会发展的基本依托。因此，积极整合人才队伍、吸引投资、挖掘传统文化精髓和扶持文化产业，打造文化品牌，带动地方特色经济的发展，无疑是一条有益的发展之路。

二 问题与困惑

（一）传统文化遗失使鄂伦春族发展动力不足

清朝末期，朝廷对鄂伦春族实行了“路佐治”的管理体系，为了满足对猎产品的需求，也颁布了“贡貂制”的经济体制。随着枪支、铁器、布匹等狩猎工具和生活资料的进入，为了满足需要，鄂伦春族传统的狩猎经济被改变，“共同消费”“万物有灵”“自给自足”等狩猎传统被逐渐打破，“乌力楞”逐渐解体。

中华人民共和国成立以后，在“直接过渡”政策的指引下，鄂伦春族经历了“三次飞跃”，传统狩猎文化被定义为“原始的”“落后的”“愚昧的”，在历次政治运动中，传统文化受到了毁灭性打击。由于鄂伦春族没有文字、人口很少，传统文化一旦受损就很难延续，传统文化的遗失使鄂伦春族失去发展的部分优势，也致使地方经济社会发展很难找到有效的突破口。

（二）产业结构单一使鄂伦春旗经济发展受限

林业、猎业曾经是鄂伦春自治旗的支柱产业，进入20世纪80年代以后，国家出台了一系列的政策严格控制林业开采，1996年鄂伦春旗又颁布了“禁猎令”，从此鄂伦春旗经济社会发展受到了严重的影响。大兴安岭被称为中国华北地区的“肺”，生态系统非常脆弱，保护的意义极其重要，不仅不适合工业的发展，就连畜牧业发展也受到严格限制。

兴安岭山地资源主要归林业部门管理、平地资源主要归农场管理，在鄂伦春旗下属的6个乡镇中，只有少量的坡地被政府和个人管理。由于地处偏僻地带，经济发展动力不足，鄂伦春自治旗一直都是国家级贫困县，长期依靠国家财政转移支付度日。产业结构的单一使鄂伦春自治旗经济社会发展受到了严重的限制。

（三）“林权”之争使鄂伦春自治旗丧失许多发展契机

鄂伦春自治旗与林业部门长期存在森林管理权的矛盾，从法律角度来看，《民族区域自治法》与《森林法》之间也存在着无法解决的复杂问题。作为地方政府的鄂伦春自治旗掌握着城镇资源、文化资源和人力资源，而掌握着“林权”和“农权”的林业和农业部门却掌握着土地资源。这种情况长期存在，导致原本就稀缺的经济资源无法有效整合，致使经济社会发展失去了很多契机。

三　对策与建议

（一）打造鄂伦春族系列文化品牌

经济文化类型主要包括采集渔猎文化、畜牧文化和农耕文化等。鄂伦春族是中国最具特色的森林狩猎民族，直至20世纪50年代末期还保持着传统的游猎社会组织“乌力楞”，1996年，随着自治旗政府“禁猎政策”的颁布，鄂伦春结束了传统的狩猎生活和生产方式。作为中国采集游猎文化的代表，鄂伦春传统文化具有明显的地方文化特征，是中国较好完整保存北极文化的少数民族之一，具有珍稀性和宝贵性，是中华民族“多元一体”“和而不同”、高寒地带活态文化的真实写照。鄂伦春自治旗成立于1951年，是新中国成立以后建立的第一个少数民族自治旗，目前，自治旗于1951年成立时的大会遗址——“木刻楞”，仍然保存在诺敏镇，是党和政府重视民族工作、宣传民族政策的历史见证。

在长期的生活实践中，鄂伦春族积累了丰富的森林文化，可以细分为狩猎文化、萨满文化、桦树皮文化、兽皮文化、地理文化、剪纸文化、服饰文化、医药文化和饮食文化九大文化体系，这些是人们认识森林生态和了解森林文化的最佳窗口。然而，在以意识形态和经济发展速度为标准来衡量社会发展的年代，鄂伦春族赖以生存的文化遗产被忽略，甚至被当作糟粕遗弃，致使民族自信受到打击，社会发展受到阻碍。因此，在文化多样性发展的今天，树立正确的文化价值观，扫除历史发展过程中遗留下来的阴霾，为鄂伦春族传统狩猎文化正名就成为其社会发展的当务之急。

打造文化品牌，传播鄂伦春传统文化，提高其知名度，是当前需要解决的首要问题。建议通过政策引导、产业运作、学术研讨和媒体宣传等手段，扩大鄂伦春传统文化的社会影响，吸引社会各界人士的广泛关注。以鄂伦春自治旗为中心，通过文化和资源的整合，打造“鄂伦春旗——兴安岭森林文化”的名片，亮出“鄂伦春旗——北疆避暑天堂”的招牌，发挥“鄂伦春旗——中国北方动植物王国”的优势，借助“鄂伦春旗——新中国少数民族第一旗”等声誉，通过政策扶持、电视、报纸、网络、广告牌等媒体进行宣传，为文化产业的开发和提升奠定基础。

（二）整合与创新鄂伦春族传统文化

在经济全球化的背景下，只有8000多人口的鄂伦春族传统文化正在加速消失，抢救挖掘和整理保护越发显得紧迫。然而，传统文化的保护和弘扬既要有原汁原味的保存，还要整合出精神层面的文化精髓，通过艺术加工和内涵升华，使之更具有经济价值和文化价值，并能够为社会服务，为大众服务，使狩猎文化更具有持久生命力。

近几年，在鄂伦春自治旗政府的大力支持下，以旗乌兰牧骑和古里乡莫日根民间艺术团为代表的文化团体唱响祖国各大地；由鄂伦春民族文化研究会、博物馆、广电局、文化馆和作家协会牵头的文化部门，组织和开展了各种形式的活动，极大地促进了鄂伦春族传统文化的保护和传播。但是，在财力、物力和人力等方面明显不足的情况下，仅仅依靠鄂伦春自治旗自身的力量去传播和发展传统文化是不够的，必须加强与国内外文化专家、文艺团体、高等院校的合作，通过整合与创新才能创造出更为优秀的文化和艺术作品。特别强调的是，人才的培养是文化艺术团体走向成功的基本条件，建议通过向自治区和国家民委等上级部门递交申请，建立与中央民族大学、民族歌舞团等高校和艺术团体的合作关系，请进来、走出去，构架人才交流和培养渠道，不断提升文化艺术产品的质量，为发展文化产业做好铺垫。

（三）建议建立鄂伦春族传统文化生态保护区

鄂伦春族是典型的森林民族，但是，令人尴尬的是他们没有林权证，鄂伦春人在资源开发中的权益得不到充分保障。如鄂伦春自治旗拥有5.9万平方公里区域面积，但国有林业局林权证管辖下的施业区占92.8%的地域面积，大兴安岭农场局管辖5%的地域面积，自治旗只有2.2%的管辖权。因此，适当给予鄂伦春人对森林资源的使用权，赋予鄂伦春人护林和防范偷猎者的职责，是有可能获得保护鄂伦春传统文化和保护生物多样性双赢的。创新的基础在于保护，尤其鄂伦春狩猎文化之系列遗存，更是如此。文化产业的发展需要与之相适应的环境，在城镇化快速发展的过程中，鄂伦春族传统文化失去了生存和传承的环境，逐步走向衰落就成为不可避免的现实。面对经济社会发展的困境，鄂伦春自治旗政府、国有林业和农垦等部门应该联合起来，共渡难关，打造富有地方特色的文化产品，通过招商引资、整合资源等手段，不断进行创新和包装，开发文化产业。而建立鄂伦春族森林游猎文化保护区则是促进文化产业发展的有效手段。选取交通便捷、适合开发的一定面积的林区，通过政策支持、规划设计、资源整合和科学管理，不断完善生态保护区的建设，从而使鄂伦春族传统文化在这里延传。

（四）发展生态旅游和养生产业

丰富的森林资源和文化资源是鄂伦春旗经济社会发展的依托。积极开发养生、避暑、度假和旅游等产业，利用地方优势条件，打造开发高端文化产品，促进消费，带动经济产业的发展。不断吸收相关少数民族地区文化产业发展的经验，充分利用生态旅游吸引投资，以此促进经济的全面发展。

（五）建议组建文化教育和森林知识传授基地

近代以来，大兴安岭自然环境受到了很大的破坏，无情的森林火灾曾带来灾难性的后果。大兴安岭是寒温带动植物的重要分布地，是人们认识森林和保护自然的重要场域。作为森林民族，鄂伦春人在生态环境和森林保护方面的作用无法替代。鄂伦春猎民具有丰富的地方生活经验和技能，可以在护林防火方面发挥其重要的作用，森林资源管理机构应当充分发挥他们的优势，保护森林和各种野生动物资源。那种认为“狩猎活动是破坏自然环境和滥杀动物的野蛮原始的落后文化”的观点有一定偏执性，做好猎养并举，完举可以保护好动物资源。鄂伦春族狩猎文化的传承是国家软实力和文化多样性的重要体现，也是少数民族实现繁荣和发展的典型案例。国家和地方政府机构在森林资源管护的现实功用上，可以发挥其在防火护林方面无可替代的作用；在制定其他发展的规划目标和具体实施规划的方式上，也需要尊重他们的主体性、文化认同权利和自由拓展空间。建议通过科学普及工作和民族文化教育工作的开展，建立森林文化保护基地。

（六）研发高端生态产品，提高产品附加值

大兴安岭地域辽阔、物产丰富，不仅有各种各样的野菜野果，同时还有很多珍稀的中草药。通过与科研部门合作，可以开发出高端的农副产品和医药产品，从而带动经济产业的发展，拓宽就业渠道。丰富的自然资源和文化优势，是鄂伦春自治旗的经济社会发展的基础，整体设计、人才培养、技术引进和资金投入，是促进鄂伦春自治旗经济社会发展的根本途径。

云南藏族神山信仰生态文化与全球气候变化*

——以云南省德钦县红坡村为例

尹 仑（云南省社会科学院）

摘 要：传统民族社会对气候变化规律及其影响的掌握和认识是非常具体的，且与当地信仰有着密切的关系。目前，传统信仰与气候变化之间关系的研究还没有引起足够的重视。本文以中国云南省德钦县的红坡村为例，围绕当地藏民族的传统神山信仰生态文化，对气候变化及其影响的观念、认识和分类，以及神山信仰生态文化对气候变化的"应对"，传统生态文化与生态环境之间的关系展开研究。

关键词：传统信仰；气候变化；神山；藏族；德钦

一 研究命题的提出

气候变化这一全球现象已经并且正在对生态环境和人类社会产生重要影响。目前的研究证明，人们在某一特定地区所受气候变化的影响并不仅取决于这一地区的气候条件，还与当地的生态、社会和经济因素有着密切的联系[①]。

---

* 本文系云南省哲学社会科学研究基地云南藏族传统生态文化研究阶段性成果（课题编号：JD2014YB01）、云南省中青年学术技术带头人后备人才培养阶段性成果（课题编号：2015HB084）、云南省社会科学院智库课题民族地区生态补偿机制研究阶段性成果（课题编号：2015YNZK009）、云南社会边疆与生态环境变迁创新团队阶段性成果（课题编号：2015CX001）。

① W. N. Adger, and P. M. Kelly, "Social Vulnerability to Climate Change and the Architecture of Entitlements," *Mitigation and Adaptation Strategies for Global Change*, 1999, 4, pp. 253-266.

因此，气候变化被认为是一种“社会生态系统”[①]。作为一个社会生态系统，对气候变化的理解就不能只局限于自然科学[②]。在上述背景下，传统民族社会对气候变化规律及其影响的掌握和认识开始逐渐被人们所关注。与科学所持的客观和局外的角度相反，这些掌握的知识和形成的认识作为当地文化和社会的一部分，对理解气候等环境变化的结果极其重要，同时可以为气候变化这一全球现象的研究提供一个地方的视角，目前这种视角在很多科学研究和模型中都是缺乏的[③]。

文化对于环境有积极作用，环境对于文化的形成和变化也有影响，不了解其中的一个方面，就不可能了解另外的一个方面。传统民族社会对气候变化规律及其影响的掌握和认识是非常具体的，且与当地信仰有着密切的关系。但是，传统信仰与气候变化之间关系的研究还没有引起足够的重视。2009~2010年的一年时间里，笔者在云南省德钦县的红坡村进行了长时间的田野调查，围绕当地藏族的神山信仰生态文化，对气候变化及其影响的观念、认识和分类，以及神山信仰生态文化对气候变化的“应对”展开研究。

二 神山信仰生态文化中的气候观念

（一）红坡村的神山信仰生态文化体系

红坡村位于云南省西北部的迪庆藏族自治州德钦县，“红坡”在当地藏语中意为产银的山谷，平均海拔2800米，有7个自然村，525户共计2379人，全部为藏族。

神山崇拜是藏族地区普遍流行的一种传统信仰文化现象，属于民间信

① C. S. Holling, “Understanding the Complexity of Economic, Ecological, and Social Systems,” *Ecosystems*, 2001, 4, pp. 390-405.

② P. Kloprogge, and J. Van der Sluijs, “The Inclusion of Stakeholder Knowledge and Perspectives in Integrated Assessment of Climate Change,” *Climatic Change*, 2006, 75, pp. 359-389.

③ Anja Byg and Jan Salick, “Local Perspectives on a Global Phenomenon-Climate Change in Eastern Tibetan Villages,” *Global Environmental Change*, 2009, 19, pp. 156-166.

仰范畴[①]。与其他藏族地区一样，红坡村民崇拜和信仰着村落周围的神山。红坡村所处的德钦县境内有300多座神山，并形成了大中小型神山组成的信仰体系：大型神山如卡瓦格博神山，具有全藏区性的影响，其信徒范围极为广泛；中型神山在一个地区或若干村镇或村落内有着很强的影响力；小型神山是指每个自然村甚至每户人家供奉的专门性的神山[②]。

在红坡村民的神山崇拜中，位于顶端的依然是以卡瓦格博神山为首的、包括缅慈姆峰和布琼松阶吾学峰等在内的13座雪山山峰，其中卡瓦格博是藏区八个重要的神山之一，护佑着包括红坡村在内的整个藏区；中间的是朱拉雀尼、贡嘎苯登和玛安诺姆3座神山，它们护佑着红坡村以及周围其他的村庄；位于其下的是扎楠巴登等4座神山，它们护佑着整个红坡村；在下面是南珠传安都吉等11座神山，它们分别护佑着红坡村内的7个自然村。上述4种不同级别的神山，共同构成了红坡村民的神山信仰生态文化体系。

在这一信仰中，按照不同的级别，不同的神山有着不同的管辖范围，并共同护佑着当地包括人类在内的一切事物，神山信仰生态文化没有把人与自然绝对区分为两个部分，而都是神山管理的范畴。在当地人的观念里，神山保佑着人们的生命、健康、生计和财产，因此当人们遇到困难时会向神山祈求保佑，而人们冒犯神山后也会遭到惩罚；神山也具有人性的一面，高兴的时候会降福于村民，生气时则会给人们带来灾祸。神山信仰生态文化作为包括红坡村民在内的藏民族的传统信仰，有着强烈的地方和文化特色，是当地藏民族认识包括气候在内的自然环境的基础。

（二）关于气候的传统观念

藏民族的生活历来与自然环境有着直接和密切的联系，气候的变迁影响着他们生活的方式与策略及其财富和社会地位。藏民族认为气候并不是纯粹自然的现象，而是包含了许多社会因素在内，这种观念基于一个和自然相关的特定知识和信仰体系。同时，藏民族对气候的“地方”观念首先

① 尕藏加：《民间信仰与村落文明——以藏区神山崇拜为例》，《中国藏学》2011年第4期。

② 尕藏加：《论迪庆藏区的神山崇拜与生态环境》，《中国藏学》2005年第4期。

是基于对众多神灵的尊重[①]。

红坡村的藏族有着一个复杂的、与传统神山信仰生态文化相关的气候观念，这一观念与对现代气象科学的认识完全不同。红坡村民不仅通过视觉，而且还通过嗅觉和听觉来观察与预测气候的变化，有时候甚至有象征意义的梦也是一种预测天气的方式。他们认为所有天气现象——雨、冰雹、雪、风、云、雾、闪电等——都被许多不同类型的神山所控制，或者直接就是这些神山的表象，代表神山的喜怒哀乐。经验丰富的活佛、僧侣和村民可以通过观察当地天气条件，如云的形状和变化、风的方向、雷的声音、雾的分布和晚霞的颜色等，来揣测神山的精神力量。同时，红坡村民也认为气候容易受到人类的影响，在红坡村的噶丹红坡林寺中，至今还存在着一些非常普遍的、用来制造或者控制天气的宗教仪式，当地活佛和僧侣举行这些仪式向神山诵经和祈祷，以用于产生和控制雨、冰雹、霜和雪等天气现象。

这些传统的气候观念有着共同的精神基础，那就是对神山的崇拜和信仰。现代气象学把气候理解为一个全球的、量化的和各种气象因子相互发生影响的系统，而藏族的传统认识则把气候看作一个地方的、定性的、人类与神灵相互发生影响的系统[②]。在红坡村，传统的气候观念建立在神山信仰生态文化的基础上，气候是神山精神力量的表现方式。红坡村民以视觉、嗅觉和听觉等感觉为基础，通过对当地气候等自然条件的直接观察，举行相应的信仰仪式，实现人与神山的沟通。

三　神山信仰生态文化对气候变化的认识和分类

红坡村民基于传统神山信仰生态文化形成了关于气候的观念，由这一

① 参见 Toni Huber and Poul Pedersen，“Meteorological Knowledge and Environmental Ideas in Traditional and Modern Societies：The Case of Tibet，” *The Journal of the Royal Anthropological Institute*，Vol. 3，No. 3，577-597，1997。

② 参见 Toni Huber and Poul Pedersen，“Meteorological Knowledge and Environmental Ideas in Traditional and Modern Societies：The Case of Tibet，” *The Journal of the Royal Anthropological Institute*，Vol. 3，No. 3，577-597，1997。

观念也产生了对气候变化的认识，即认为气候变化是由于人类行为与神山精神力量相互影响和交流的结果。研究这一认识，可以更好地理解当地社会、自然环境和信仰之间的关系。

红坡村民认为村庄、气候变化与神山之间有着密切的互动因果联系。首先，无论是气温升高还是极端气候灾害，这都是由于人们的行为不当而触怒了神山，从而导致神山用恶劣的气候对村庄和村民进行惩罚；另一方面，人们也可以通过活佛和僧侣举行的祭祀仪式，对神山进行供奉、诵经和祈祷，以博取神山的恩惠，从而达到改变气候的目的，以适宜于村庄和村民的生活和生计。基于这一认识标准，气候变化也分为两类："惩罚型"和"恩惠型"。

（一）"惩罚型"的气候变化

红坡村的神山信仰生态文化体系中包括不同级别的神山，因此人们对冒犯和扰乱神山的行为也有不同的定义，例如对于卡瓦格博神山，红坡村民和当地其他藏民一样是不能接受任何人攀登卡瓦格博神山峰顶的企图和行为的，并且把登顶卡瓦格博看作是对神山和信仰的最大亵渎。但是对于其他级别，特别是自然村一级的神山，在神山顶上建烧香台，每年春节去山顶聚会却被看作是对神山的供奉和祭拜。

但是即便如此，也存在一些共同认可的禁忌与冒犯行为，最常见的有在神山狩猎、砍伐树木、挖掘石头和土、污染水源（包括湖水、泉水和河水）、开枪或者大声喧嚣等，红坡村民相信上述这些行动通常会冒犯神山，而神山的震怒则会引发局部暴雨和冰雹，以及异常干旱和雪灾等天气变化现象，这些天气现象也就是现代气象科学中所说的极端气候灾害事件。

说到这类事件时，红坡村民最爱列举的例子就是 1991 年中日登山队员在企图攀登卡瓦格博神山峰顶时遭遇到雪崩，17 名登山队员因此丧命。红坡村的一位老人是这样解释这一事件的："这些登山者开始登山的时候，卡瓦格博神山去拉萨开八大神山的大会去了，于是登山者可以攀登，后来卡瓦格博神山从拉萨开完会回来了，发现这些登山者已经爬到了他肩膀的地方并且还在想往上爬，于是卡瓦格博神山发怒了，转过头来冲着肩膀吹了口气，用暴风雪和雪崩把这些登山者吹走了。"村民把这一事件演绎成了现代神话，显示他们相信登山者的攀登行为亵渎了卡瓦格博神山的尊严，于是愤怒的神山用暴风雪和雪崩来惩罚这些登山者[①]。对于其他一些神山，冒犯行动同样会引起气候变化。一位曾经的猎人说："我前几年去朱拉雀尼神山附近打猎，突然碰到了大雾，什么都看不见，我在山上迷路了，找路的时候还摔了一跤，手也断了，回到村子里我们村就开始下暴雨，还引起了泥石流，村里的老人都说是因为我打猎惹怒了神山，于是我找到了活佛，发誓以后再也不打猎了，暴雨才过去。"这个故事同样也被神化，显示村民相信猎人的狩猎行为侵犯了朱拉雀尼神山的权威，因为神山上包括动物和植物在内的一切都属于神山，是不可侵犯的，人们如果擅自猎取或者采伐，将惹怒神山，导致神山用暴雨和泥石流对村庄进行报复。

同时，与上述这些具体和微观的冒犯行为所引起的局部和极端气候变化不同，普遍和宏观的冒犯行动——例如旅游业的发展以及由此带来的大量垃圾污染问题——往往被认为会引起神山更长久的震怒，也从而在更大面积和更长的时间引起气候变化，包括气温的升高。

红坡村民认为这类事件最明显的现象就是冰川的萎缩和积雪的融化。在当地常被提及的例子就是卡瓦格博神山脚下明永冰川的萎缩，通过在同一地点与一百年前美国探险家约瑟夫·洛克（Joseph Rock）所拍摄的照片对比，今天明永冰川的冰舌明显地后退并且变薄了，同时冰川崩塌也更为频繁。对于这些现象，村民们往往把其归咎于旅游业的发展，他们认为旅游业导致大量汽车和游客在当地出现，并在神山留下了很多无法处理的垃圾，因此神山通过冰川消失来显示他的不高兴，并以此来警告村民。同时，许多神山上的积雪也大面积地融化，露出了深色的山体岩石，而冰雪往往被当地人描绘成神山的盛装。一位红坡村民略带幽默地说："现在天气比以前热了，神山也比以前穿得少了。"

由于神山信仰生态文化所具有的约束性，红坡村民相信任何对神山的冒犯行为都可能使得神山产生"惩罚型"的气候变化，并以此作为对当地人们不当行为的警告。

---

① 参见 R. Litzinger, "The Mobilization of 'Nature': Perspectives from North-West Yunnan," *China Quarterly* 178, 488 - 504, 2004。

（二）“恩惠型”的气候变化

对神山信仰生态文化体系中不同级别的神山，红坡村民敬畏和供奉的态度是基本一致的，只在仪式的规模和念诵的经文方面有所不同，例如针对卡瓦格博就有专门的祭祀经文[①]。同时，针对祈求不同的天气现象，经文和仪式也不相同，这些供奉神山的仪式和诵读的经文由寺院的活佛和僧侣来主持进行。

红坡村民向神山祈求的气候变化主要分为两大类。

第一类是基于生活的，即总体适宜的气候环境。红坡村地处澜沧江大峡谷东侧的白马雪山山谷中，海拔高差较大，形成了立体型的山地气候，天气变化明显且不稳定，因此红坡村民希望神山能够给予一个相对平稳而且风调雨顺的气候环境。特别是在经历一个较长时间的旱灾和雪灾后，活佛和僧侣要向神山诵经并举行仪式，村民们则要定期到白塔和烧香台念经，以求恶劣的气候环境尽快得到改善，祈求和供奉的对象往往是位于神山信仰生态文化体系顶端的卡瓦格博山神和第二级的朱拉雀尼等神山。

第二类是基于生计的，即某个具体需求的天气现象，例如求雨。和当地其他藏族村庄一样，半农半牧是在红坡村民的主要传统生计方式，农业和畜牧业之间形成了相互依赖和补充的关系，牲畜饲养为农作物种植提供了必需的圈肥，而农作物的秸秆则是牲畜的饲料，收割后的农田也成为冬季放牧牲畜的牧场。这一生计方式为当地村民的生活生产提供了最基本的物质基础和条件，同时也严重依赖于当地的气候条件，因此红坡村民主要围绕着农业和畜牧业来祈求不同的天气现象出现。当突发短期干旱或者洪涝灾害时，村民们就要请活佛和僧侣向神山举行求雨或避水的仪式，自己也到神山的烧香台上念经，以求反常的天气现象得到改变，祈求和供奉的对象一般是神山信仰生态文化体系中第三级的朱拉雀尼等神山和第四级的南珠传安都吉等。

上述因不同气候变化类型而祈求和供奉的不同级别神山并不是绝对和

① 参见仁钦多杰、祁继先编著《雪山圣地卡瓦格博》，云南民族出版社，1999，第116页。

严格划分的，往往由寺院的活佛和僧侣根据经文和具体的情况来决定，并且之间有很大的交叉和重叠性。总之，由于神山信仰生态文化所具有的回馈性，红坡村民相信通过诵经和仪式表达对神山的尊敬和供奉可以使得神山赐予“恩惠型”的气候变化，并以此作为对当地人们生活和生计的护佑。

四　神山信仰生态文化“应对”气候变化

虽然红坡村民基于传统神山信仰生态文化体系的气候变化观念与政府间气候变化委员会（IPCC）属于现代科学范畴的气候变化定义并不相同，但是两者对气候变化的认识有一些相似的地方，即都认为是人为因素导致了气候变化，因此通过改变人的行为方式可以在一定程度上“应对”气候变化。

近十年来随着与外界交流和接触的日益增多，政府和环保组织在包括红坡村在内的整个滇西北地区推动开展了一系列扶贫和环保相结合的工作，例如 2009 年在地方政府和环保组织的支持下，红坡村民和噶丹红坡林寺也共同开展了应对气候变化影响的实践。这些活动大都以传统的文化和信仰为基础，并结合环境保护知识，因此当地村民开始接受现代生态和自然的观念，并反过来将其进一步融入传统的文化和信仰中，同时用传统信仰来诠释现代环保理念，这一过程是神山信仰生态文化“应对”气候变化的基础，研究这一现象对理解目前当地社会、自然环境和信仰之间关系的变迁有着重要的意义。

在红坡村，由于神山信仰生态文化客观上保护了自然环境，因此神山的生态系统相较于普通山脉保护更为完好，植被也更丰富。于是在政府和专家的支持下，红坡村民和僧侣开展对神山植被的调查，并搜集了 20 余种在不同海拔高度、阴坡和阳坡生长的树种和树苗，并将这些树苗在荒山进行保护性种植以恢复植被。为了保护这些种植的树苗，寺院的活佛举行了“封山”的仪式并修建了白塔，禁止砍伐和采集山上的树木，使得这些不是神山的荒山得到了神山的“待遇”。村民和僧侣还在不同的季节、不同海拔高度和山体阴阳坡面对神山上的藏医药材植物进行了野外采集和调查，春季调查集中在海拔2500米以下的河谷地区，夏季调查在海拔2500~3500米的森林地区，秋季调查在海拔3500~4500米的高山草甸和流石滩地区。经过为期一年的调查，收集整理了一百余种药材植物资源，选取了20余种在神山不同海拔地区进行藏医药药材的保护性种植。上述行动在一定程度上恢复了村落附近荒山的植被，改善了村子的小气候环境，并可以减少未来泥石流和滑坡等气候次生灾害发生的风险。同时，在神山进行的藏药材种植，使得当地村民生计方式和收入渠道多样化，降低了气候变化给传统半农半牧生计带来的风险。

通过接触现代环保知识，传统神山信仰生态文化价值观的内涵和外沿得以创新和丰富，由单纯对自然崇拜的信仰逐步发展成为一种融合传统世界观和现代生态理念的信仰，基于这种信仰的实践在一定程度上帮助当地村民“应对”了局部气候变化的影响。

五　生态文化与气候变化研究的人类学意义

一般说来，气候变化对人类社会的影响可以分为两个阶段：首先是对气象和自然，气候变化不仅改变了温度、降雨和海平面等气候和自然现象，引发了更为频繁的极端气候灾害；其次是对生态和社会，气候变化同时也在生态、经济、社会等领域产生了深层次的影响①。通过对红坡村的研究，笔者认为还有第三阶段：气候变化更进一步在世界观、宗教和信仰等精神世界产生影响，这一影响对保持着传统信仰和世界观的少数民族社会尤为明显。

红坡村神山信仰生态文化与气候变化的个案研究，具有重要的人类学理论和实践意义，显示出了传统文化与生态环境之间的关系。对于这一关系的研究，有的学者认为传统文化——特别是非西方族群的传统文化——是基于自然并与自然和谐相处的，这些族群的世界观与价值观基于一个环境友好的生活模式，如中国汉民族文化中“天人合一”的观念，他们的传统社会与自然环境不是对立的，并且他们的传统文化很好地保护和治理了

① 参见 Anja Byg and Jan Salick，“Local Perspectives on a Global Phenomenon-Climate Change in Eastern Tibetan Villages，” *Global Environmental Change* 19，156-166，2009。

当地的自然环境。在今天以西方工业文明为基础的人类发展模式面临诸如气候变化等环境和社会危机的时候，有必要重新看待非西方族群的传统文化，研究其与自然环境的“和谐”关系，从新的视角和价值观重新选择人类的发展方向和道路。① 有的学者认为，所谓非西方族群与自然“和谐相处”的生活模式，以及其传统文化对自然环境的“保护”，恰恰是基于现代西方科学思维概念和逻辑的观点，这样的认识在某种程度上或许是本质主义的，即把现代的价值取向附会到传统文化上，并没有基于传统社会本身的世界观。因为在非西方族群的传统社会和文化中，并没有完全等同于西方文化中“自然”（Nature）、“环境”（Environment）或者“生态”（Ecology）等词语和概念，在传统社会的世界观中并没有明显地区分人类社会与自然环境，更没有把人类放在自然的对立面，不会产生诸如人类社会及其传统文化“征服”和“利用”自然环境的观点，因此也不会有传统文化主动“保护”自然环境的关系存在。诚然，传统文化在客观上对生态保护和资源利用是有一定作用的，但这并不是其本身的世界观和主观的目的所在。②

红坡村民的神山信仰生态文化中有对气候的传统观念，以及对气候变化的认识和分类，虽然这些观念和认识并不等同于现代科学关于气候和气候变化的定义。随着与外界接触和交流的日益增多，红坡村民对科学知识范畴下的气候变化和环境保护理念也有了理解，并渗透进他们的世界观，这些现代理念也被吸收和纳入传统神山信仰生态文化中，成了信仰的一部分。并且基于这种信仰，红坡村民开始了应对气候变化的实践。

通过对红坡村神山信仰生态文化与气候变化的案例研究，笔者认为在研究传统文化与生态环境之间的关系时有两点需要注意：第一，传统文化不是一个静态和封闭的体系，而更是一个动态和开放的变迁过程，在这一

① 参见 O. P. Dwivedi, “*Satyagraha for Conservation: Awakening the Spirit of Hinduism*,” In Ethics of Environment and Development, eds. J. R. Engel &J. G. Engel, London: Bellhaven Press, 1990。

② 参见 Toni Huber and Poul Pedersen, “Meteorological Knowledge and Environmental Ideas in Traditional and Modern Societies: The Case of Tibet,” *The Journal of the Royal Anthropological Institute*, Vol. 3, No. 3, 577-597, 1997。

过程中可以融合包括现代自然环境知识在内的科学知识，并共同产生出新的文化；第二，西方文化和非西方族群的文化不是对立的，并不是非此即彼或者此消彼长的关系，未来的人类社会发展应该是基于多元文化的融合和创新，从而找到真正与自然和谐的人类可持续生存方式。

生态观念、文化记忆与符号表达

——以蒙古服饰为例

谢红萍（中央民族大学）

摘　要：以往的文化生态论强调文化的生成由周围环境决定，是一种单一的反映论视角，本文拟从文化反观生态的维度相结合，以蒙古服饰为出发点，展现蒙古服饰文化中折射出的生态哲学观，并在社会变迁的过程中探究蒙古服饰的符号表达及其文化记忆，进而在族群认同的显性标志中对经济全球化浪潮中的文化多样性发展进行观照。

关键词：生态哲学；社会记忆；文化符号

文化生态学的创始人美国人类学家斯图尔德（Julian Steward）认为，任何一种文化中都包含“文化内核”和“次级特质”。在每一个文化系统内部，“文化内核”是与该民族所处生态环境密切关联的文化特质的集合，它在整个文化系统中起决定因素，而与“文化核心”连接不甚紧密的其他文化要素则称为“次级特质”。[①] 按照斯图尔德的观点，文化首先是人类适应生态环境的产物。生态类型决定着人类的文化形态，包括经济类型、社会结构和价值体系。所以，一个民族的生计类型在很大程度上决定着该民族文化系统其他方面的发展。从文化发生学的视角来说，不同的人类群体在民俗文化方面之所以呈现出种种差异，主要原因是在不同的生态环境下创造了不同的适应手段。在此基础上，蒙古民族文化的形成基础首先是对其所处的生态区位的顺应与调适。而从文化发展的长时段角度而言，在蒙古族民俗文化的形成过程中，与其他民族的交流与往来也是其文化构成的

① Julian Steward, *Theory of Culture Change*: *The Methodology of Multilinear Evolution*, University of Illinois Press, 1955.

重要途径，体现着文化的涵化的特征。本文与以往文化生态论强调文化的生成是由周围环境决定的反映论这种单一视角不同，试图与从文化反观生态的维度相结合，以蒙古服饰为出发点，展现蒙古服饰文化中折射出的生态哲学观念，并在社会变迁的过程中探究蒙古服饰的符号表达及其文化记忆，进而在族群认同的显性标志中对经济全球化浪潮中的文化多样性发展进行观照。

一　自然生境：蒙古服饰的形成基础

蒙古民族主要分布在中国、俄罗斯、蒙古国三个国家。至 2010 年，中国的蒙古族人口约为 650 万，除主要分布在内蒙古、辽宁、吉林、黑龙江、新疆、青海、河北、甘肃外，其余散居于北京、天津、河南、云南、湖北等地。蒙古族主要居住在亚洲中部的蒙古高原。我国内蒙古自治区所在的内蒙古高原位于蒙古高原东南部的漠南蒙古，平均海拔高度 1100 米左右，总面积 118.3 平方米，多高平原，少山地、黄土丘陵和平原，西部多为沙漠。区内有大小河流一千多条，有呼伦湖、贝尔湖、达来诺尔等湖泊。气候属高原大陆性气候，大部分属中温带干旱或半干旱地区。平原地区水源丰富，土地肥沃，适宜种植小麦、玉米、高粱等农作物。内蒙古林业资源丰富，逐水草而迁移的游牧经济是其主要的生产方式。“一方水土养育一方人”，更孕育了独特的地方文化传统，蒙古族的服饰文化正是在这样的生境[①]中逐渐形成的。

在人类群体的发展过程中，“生活的首要任务是生存，民俗的起源来自生活的需求，需求是内驱力”，即“民俗生成的动力是需求，需求促使人去行动”。[②] 在这种需求动力的驱使下，蒙古族先民们面对大自然时最合

① 生境原是生态学的一个概念，指具体的生物个体或群体生活地段上的生态环境与生物影响下的次生环境。1956 年，人类学家巴斯首次引入“小生境”的概念。本文所说的生境是生态人类学的民族生境范畴，主要指一个民族与其所处的自然生态系统之间存在着一个结合部，在这个结合部，相关的民族文化与所处的自然生态系统发生了密集的物质和能量交换。

② 详见高丙中《民俗文化与民俗生活》一书中关于“萨姆纳关于民俗的基本理论”一章的内容，中国社会科学出版社，2001。

宜的行为模式就是顺应自然，就地取材。俄国普列汉诺夫说：“人是从周围自然环境中取得材料，来制造用来与自然斗争的人工器官。周围自然环境的性质决定着人的生产活动、生产资料的性质。”① 远在旧石器时代，蒙古高原的古人类即以采集、捕鱼和狩猎为主要的生产方式。为了挡风遮雨，他们将猎获的兽皮、鹿皮等缝制成能够护腰遮身的衣服，冬季穿上厚厚的皮毛用来御寒，夏季仅穿着光面的皮板。“8 世纪，蒙古族自西迁到肯特山后，一直到 9 世纪 40 年代始终是个狩猎部落。此后，蒙古部才逐渐过渡成为游牧部落。”② 进入新石器时代，游牧经济、种植、饲养业的生产方式凸显，蒙古先民除了用打猎得来的兽皮外，还用家畜的皮毛编织服饰，制作了石质、骨质等装饰品。青铜器时代，随着畜牧业的发展，蒙古族进一步向草原深处移动，服饰与装饰品的草原文化特色更加鲜明。为了便于马背上颠簸驰骋，方便引弓射箭，他们穿窄袖袍服，并用革带束腰来防寒护腰。为了骑马涉草时防潮湿、防虫蛇，他们用动物皮制作高鞠皮靴，冬天在里面套上毛毡靴套来保暖。在鄂尔多斯出土的青铜器中，还发现了连珠状铜饰、双珠兽性状头饰及各类青铜装饰品。到了匈奴时期，蒙古族与其他民族的文化贸易日益密切，丝织品、布帛类面料的传入丰富了游牧民族的服饰装束。普遍穿袖口和裤脚很窄的袍、裤，腰系革带，脚穿短靴，装束精悍，便于跃马骑射。服饰的色彩除自然色调外更加多样，工艺也增加了刺绣、贴花、镶边。装饰品的材质有金、银、铜、玛瑙等，还雕刻上了各种野兽花纹，制作工艺日臻精美。公元 11、12 世纪，蒙古民族逐渐成为草原上强大的民族，并在公元 13 世纪建立了横跨欧亚的大帝国，其服饰文化的发展也进入了辉煌的时期，服饰的质料与款式不断丰富起来，他们将饲养的牲畜皮毛，猎获的貂鼠、银鼠、河狸、水獭皮毛等，还有棉布和织锦缎等丝织物，制成丰富多彩的服饰品类，并以金、银、铜、铁打制成各种带饰、首饰、佩饰等，使服饰更添光彩。

所以，如果将“合宜”视为蒙古族服饰生成的内在动因的话，那么，蒙古族先民对自身所处的生态环境的切身体验以及与这一生态环境的磨合适应，则是蒙古族服饰文化生成的生态性本原。以蒙古袍这一最具代表性

① 《普列汉诺夫哲学著作选集》第一卷，三联书店，1984，第 680 页。

② 《蒙古族通史》编写组编《蒙古族通史》上卷，民族出版社，2000，第 20 页。

的游牧民族服饰为例，据《绥蒙辑要》记载，蒙古族“其服饰各旗虽不一致，但以赤、紫、黄色为最普遍。外衣颇长，解束带则达地，故就寝之际，往往可用以代被，着时须提上，用带束紧腰部，故其胸背褶襞甚为显著，靴则革制，或布制”。蒙古族四季都穿袍，春秋穿夹袍，夏季穿单袍，冬季穿皮袍或棉袍。白天可以当衣服，晚上可以当作被子，十分适宜游牧生产的流动生活。学者郭雨桥经研究发现蒙古袍的样式完全是针对特殊的高原气候环境进行设计的，其形制款式处处体现着对游牧生活环境的暗合与顺应，具有极强的实用性。[①] 由于蒙古族牧民多身材高大魁梧，所以穿的袍子非常宽大，一般北方汉族农民的大皮袄用四张羊皮制成，而蒙古袍则需要用八张羊皮。这样制作成的皮袍，宽大严实，封闭性强。高领可以抵御风寒，少进沙土，保护脖颈。大襟很长，还带里襟，扣子错开钉，干活时方便撩起来，放下来可以防寒暖肚。袍子袖子很肥，骑马时可以防止冻手，套马驯马时腋下也可以不受憋。袍子下摆修长宽松，骑马不冻膝盖，还可以防止蚊虫叮咬。腰上系一条宽大的腰带能够抵挡风寒，既可以防止腰腿疼病，还可以保护心脏，保证骑马时腰肋骨稳重垂直。正如“袍子赞”中所唱，“袖子是枕头，里襟是褥子，前襟是簸箕，后襟是斗篷，怀里是口袋，马蹄袖是手套……”足见蒙古袍在牧民生活中的功用。总之，“服饰的产生，是人类在自然界生存的一种适应策略，也是人类与自然环境相互作用的结果”。[②] 蒙古族服饰文化是蒙古族民众在与自然和社会生境的多维互动中建构起来的，与族群生境有着高度的适应性。因此，蒙古族服饰文化的形成与特定的族群生境有着密不可分的内在关系。

二 生态哲学：蒙古服饰的色彩表达

蒙古草原文化中，人与自然是一种内在统一的生态存在关系，即人与自然是内在有机的统一整体。在长期的游牧生产中，蒙古草原人直觉地认为，宇宙之初是由各种物质构成的混沌状态，通过不断的运动而分化与聚合，形成有序、复杂、高级的自然万物，相互间构成一个不可分割的宇宙

① 郭雨桥：《郭氏蒙古通》，作家出版社，1999，第327~328页。

② 江帆：《生态民俗学》，黑龙江人民出版社，2003，第144页。

（“遨日其朗”）统一体，人与自然万物处于其中并结为一体。[①] 由此在蒙古牧民的生态哲学观中，他们笃信“人天相谐”的生态存在论，认为“天”是蒙古草原世界观体系的轴心和至高无上的“本源”。在蒙古草原人那里，“天”也是人的世界的价值源泉和最高价值尺度，还是人自我安身立命的终极归宿，万物也因此而生生不息、阴阳有序、有机统一。于是从这种质朴的认识出发，在文化实践中，蒙古民众依赖自然并顺应自然，按照适应生态规律的长远目标需要而从事优化自然生态系统和社会生态系统的活动，坚决抵制为了短期生存需要而进行破坏生态系统的活动。草原上的游牧人在一生中会经历诸如暴风雪、干旱、雷暴、狼害、蝗灾、瘟疫等各种灾害的考验，面对自然灾害的挑战，切身的生活经验让他们体悟到生命的生存与发展必须依循自然的内在本性和发展规律。作为蒙古族物质文化的载体，蒙古服饰体现着民族文化的精华，是在特定的自然气候条件、经济生产方式、民族心理情感等条件下与周围环境相适宜的产物，其中折射着蒙古草原人的生态哲学观。

蒙古服饰的色彩多采用青、白、红、绿等颜色，这些色彩的运用与草原生态环境密切相关，其寓意饱含着蒙古先民自然崇拜的观念。例如，青色即蓝色，是天空的颜色，象征永恒、坚贞和忠诚。在蒙古先民的世界观中，天主宰着一切自然现象，包括人类的命运，因此，在蒙古族“其俗最敬天地，每事必称天”，以此表达草原人民对天的崇敬之情。又如，白色的蒙古袍是蒙古人的盛装。因为白色是白云、乳汁和绒毛的颜色，象征着神圣、纯洁、吉祥和美好的寓意。《马可·波罗行纪》曾记载元朝时节日上着白色蒙古袍的盛况，“其新年确始于阳历二月，届时大汗及其一切臣属复举行一种节庆，兹述情况如下：是日依俗大汗及其一切臣民皆衣白袍。致使男女老少衣皆白色，盖其似以白色为吉服，所以元旦服之，俾此新年全年获福……臣民互相馈赠白色之物”。再如，红色是太阳和火的象征，蕴含光明、幸福、胜利和热情之意，而绿色则是广袤草原中最常见的颜色，包含生机和生命的寓意。可见，蒙古服饰唯有如此的色彩才能与整个草原相得益彰，也更加让人类生命绽放熠熠之光，体现出自然对心灵的

① 马桂英：《试析蒙古草原文化中的生态哲学思想》，《科学技术与辩证法》2007年第4期。

净化意义。

总之，俄国美学家康定斯基曾说，“当你扫视一组色彩的时候，你有两种感受，首先是一种纯感官的效果，即：眼睛本身被色彩的美和其他特性的魅力所吸引……然而，对一个较敏感的心灵，色彩的效果会更深刻，感染力更强。这就使我们到达了观察色彩的第二个效果，它们在精神上引起了一个相应震荡，而生理印象只有在作为通往这种心理震荡的一个阶段时才有重要性”①。在此意义上，蒙古服饰的色彩选择彰显了牧民们的生态哲学观，是他们顺应自然、感恩自然、赞美自然的思想的表达，集中体现了他们在文化实践中自觉保护生态平衡，与自然和谐统一的生态意识。

三　社会变迁：蒙古服饰的符号记忆

在漫长的历史长河中，蒙古民族不仅与东胡、匈奴、鲜卑、突厥、契丹、回纥、女真、西夏等古代游牧民族有着某种亲缘关系，也与中原的文化乃至欧洲文明有着密切的接触与来往。于是，在蒙古民族发展的历程中，随着对外经济、政治与文化的交流，蒙古服饰汇聚着往来的各民族的文化因子，烙印在蒙古民众的记忆深处，成为他们族群认同的显性标志，是他们族群的徽标，这一文化记忆主要通过蒙古袍上的图案可以窥见一斑。

追溯蒙古服饰图案的来源，大致包括五个方面，即图腾崇拜与萨满教、汉族文化、吐蕃文化、伊斯兰文化和欧洲文化。其一，在原始社会，生产力水平的低下是蒙古先民万物有灵观念形成的基础，他们对自然万物十分崇拜，并将动物或植物奉为祖先。《蒙古秘史》中记载：“成吉思汗的祖先是承受天命而生的孛儿帖赤那（苍色的狼）和妻子豁埃马兰勒（惨白色的鹿），渡过腾汲思水来至翰难河源头的不儿罕山前住下，生子各巴塔赫罕。”其中苍狼和白鹿是当时两个氏族的图腾，从中可见蒙古族形成的印迹。在蒙古服饰的图案中，山纹、云纹、水纹、火纹、卷草纹和花纹等

① 〔俄〕瓦·康定斯基：《论艺术的精神》，中国社会科学出版社，1987，第33页。

反映了蒙古先民“草木皆神、万物皆灵”的自然崇拜观念；鹰纹、犬纹、鹿纹、鸟纹、螺旋纹（即蛇纹）等则再现着蒙古先民图腾崇拜的历史，更有萨满树等图案显现了萨满教这一本土信仰的文化影响。其二，物产丰富的中原大地在向蒙古草原输入物品的同时，也进行着文化输出。在汉民族吉祥文化中反映民众驱邪求吉心理的象征符号，诸如喜、寿、龙凤纹、蝙蝠、蝴蝶、牡丹、荷花、葫芦等都被吸收进蒙古服饰的图案中，用以表达蒙古民众祈福避祸的诉求。其三，自从蒙藏关系建立后，藏传佛教传入蒙古地区，不仅带来了一整套教义、教法、教理等知识，也带入了一系列佛教艺术形式与符号，如佛教的轮、伞、盖、螺、瓶、花、鱼、肠八宝图案在蒙古地区广为传播。蒙古服饰中的盘肠图形就是在蒙古占嘎的基础上借鉴了佛教艺术形式中的吉祥结图案，由单调的盘肠造型发展为多样的形式，采用曲线和直线相对比的画面，并与卷草纹结合起来，意在象征吉祥团结的含义。其四，自古以来，由于地理上的便利，蒙古族与土耳其、波斯等伊斯兰文化就有着频繁的交流。尤其在蒙元时期，精美华丽的伊斯兰艺术在蒙古地区十分盛行，当时的蒙古服饰不仅流行纳施失（西域金花棉)、中亚织锦等布料，还采用繁复纹样的几何状花草形图案，并佩戴富丽堂皇的珠宝为饰品，极尽奢华。其五，成吉思汗时期，随着蒙古大军不断向西扩张，其疆域已达至欧洲地区。欧洲文化特别是俄罗斯文化对蒙古服饰的影响不断渗透，为蒙古文化注入了活力。

纵观蒙古服饰文化中的各种图案，其间融合着游牧民族形成与发展的社会记忆。一方面，蒙古民族的族源是多元的，在民族共同体形成的过程中，各个民族间不断征战进而兼并为大的部落，因此蒙古族文化凝聚了各部落不同的语言、宗教、风俗等文化因素，令其服饰文化具有多元性和同一性的特点；另一方面，蒙古服饰丰富的图案种类也体现着蒙古文化兼容并蓄、开放吸收的特色，不仅与各游牧民族不断交流，还与域外民族与国家互通往来，这些外来文化因子经过蒙古民众长期的吸收、融合、改造后形成独具特色的游牧文化，最终成为风格浓郁的草原文化不可分割的有机部分，传承在族群民众的记忆深处，成为蒙古族群社会记忆的重要载体，将蒙古的历史、现在与未来联系在了一起。

余论："诗意的栖居"与文化多样性

近年来随着科学技术的进步，社会经济飞速发展。生产力的不断提高，国际分工的细化促使世界市场逐渐形成，全球各国各地区在经济上的联系越来越密切，经济全球化已成为一种世界潮流不可逆转。经济全球化进程的空前加速，急剧地改变着人类的生存环境和生活方式，同时也深刻地影响着人们的价值观念和文化的变化，随之出现的全球化问题值得关注。经济全球化是把"双刃剑"，一方面全球经济一体化使世界资源得到优化配置，为各国的经济发展提供了机遇，另一方面各国在经济交流发展的同时，必将受到外来文化的冲击和影响，如何避免民族文化被同质化，保护民族文化的多样性发展尤为重要。

在商品经济的浪潮中，蒙古民族的文化发展也被裹挟其中，昔日"逐水草而居"的游牧生活已经逐步定居甚至向城市化进程迈步，蒙古服饰的制作也逐渐走向商品化、市场化，在这种情形下，应当警惕脱离了文化生成语境的蒙古服饰转变成为单一的经济符号的危险，在挖掘其文化资本价值的同时更要注重其中蕴含的文化生态价值观和民族认同感。因为"对于任何一个民族或群体来说，自然生境既是其具体文化的生存依托，又是该文化的制约因素，同时还是该文化的加工对象"。[①] 而文化多样性的形成正是建立在环境多样性基础之上的。当下在我国的新型城镇化建设过程中注重生态文明的建设，就是旨在让民众"看得见山，望得见水，记得住乡愁"，让人类"诗意的栖居"，与自然和谐共存。

进一步来说，"对于民族文化心理特征的理解，应该透过民族文化多样化来洞察民族心灵深处精致、深刻、隐晦曲折的底蕴。由于蒙古草原古代社会形成的特殊历史途径，赋予了不同的生存条件，构成了不同的情感方式和思维模式"[②]。正如《世界文化多样性宣言》中所言，"文化多样性增加了每个人的选择机会；它是发展的源泉之一，它不仅是促进经济增长的因素，而且还是享有令人满意的智力、情感、道德精神生活的手段"。

① 江帆：《满族生态与民俗文化》，中国社会科学出版社，2006，第228页。

② 阿木尔巴图：《蒙古族美术研究》，辽宁民族出版社，1997，第378页。

所以，各民族的进步必然是一个民族文化多元化的动态发展过程，任何抽离了多元化特点的文化发展必将因失去活力而丧失民族生命力。

因此，在经济全球化的背景下，维护民族文化的独立性首先要从民族文化产生的根部形态上对其进行正确认识，挖掘出民族文化形成和发展的动力所在，从而找寻出民族文化变迁中的自我调适机制，在民族发展迈向现代化的进程中，对民族成员的价值观进行重构，使其摒弃传统文化中消极落后的生活方式，践行民族生态伦理观，把伦理道德和生态有机辩证地统一起来，促进整个民族与生态环境持续、健康、稳定地发展①，最终形成一种与时代同步、与自然和谐的民族文化。

① 苏日娜：《论民族生态伦理与民族生存环境的关系》，《云南民族大学学报》2007年第3期。

《格萨尔》与青藏高原的生态环境保护

降边嘉措（中国社会科学院）

摘　要：《格萨尔》是一部历史悠久、规模宏大、内容丰富，千百年来深受藏族人民喜爱的一部人民集体创作的伟大英雄史诗，也是研究藏族社会历史的百科全书。作为产生于青藏高原的草原史诗，对草原风光和草原生活进行了生动的描述。如果破坏了青藏高原的生态环境，对于理解本书将造成很大的困难，也违背了藏族传统“天人合一”的理念。《格萨尔》本身也反映了格萨尔与雪山、草原、江河湖泊之间的密切关系，在很多故事中，格萨尔都是保护草原，保护神山圣湖，保护江河湖泊英雄或神灵。这些都是藏族同胞对保护草原的美好期盼，尤其是在佛教传入西藏之后，佛教中的很多观念与传统的万物有灵观念结合，形成了新的尊重万物，追求万物平等和谐的理念。在现代，大量环境问题出现在青藏高原，不仅影响了藏族人民的生活，更通过江流的联系，影响了各族人民的生活与生产。从这个意义上来说，希望能挖掘《格萨尔》和藏族传统文化中关于保护环境的理念，与现代科技相结合，做好青藏高原的环境保护工作。

关键词：《格萨尔》；藏族

一　《格萨尔》至今在青藏高原广泛流传，是一部活形态的英雄史诗，一份典型的非物质文化遗产

《格萨尔》是藏族人民集体创作的一部伟大的英雄史诗，她历史悠

久，卷帙浩繁，博大精深，规模宏伟，内容丰富，千百年来在藏族群众中广泛流传，深受藏族人民的喜爱。《格萨尔》代表着古代藏族民间文化的最高成就，是研究古代藏族社会历史的一部百科全书式的伟大著作，具有很高的学术价值和美学价值。同时也是一部活形态的英雄史诗，一份典型的非物质文化遗产。这样规模宏伟的英雄史诗，在今天的世界上，也是绝无仅有。《格萨尔》的被发现、被挖掘、被弘扬，在某种意义上说，改变了世界史诗的版图，需要重新审视和改写世界史诗发展的历史。与荷马史诗和印度史诗一样，《格萨尔》也是世界文化宝库中一颗璀璨的明珠，是中华民族对人类文明的一个重要贡献，也是全人类一份重要的文化遗产。著名民间文艺学家锺敬文教授曾经多次说过："《格萨尔》应该是属于全人类。"

与世界上其他一些著名的英雄史诗相比，藏族英雄史诗《格萨尔》有两个显著特点。

第一，她世代相传，至今在藏族群众尤其是在农牧民当中广泛流传，是一部活形态的英雄史诗，一份典型的非物质文化遗产。

第二，她是世界上最长的一部英雄史诗，有120多部、100多万诗行、2000多万字，仅就篇幅来讲，比古代巴比伦史诗《吉尔伽美什》、古希腊的荷马史诗《伊利亚特》和《奥德赛》、古印度的史诗《罗摩衍那》和《摩诃婆罗多》的总和还要长，堪称世界史诗之最。①

这两个特点，都与《格萨尔》说唱艺人密切相关。在《格萨尔》的流传过程中，那些才华出众的民间说唱艺人起着巨大的作用，他们是这部史诗最直接的创造者、最忠实的继承者和最热情的传播者，是真正的人民艺术家，是最受群众欢迎的人民诗人。在他们身上，体现着人民群众的聪明才智和伟大创造精神。若没有那些卓越的民间说唱艺人世世代代、坚持不懈、持续不断的传颂，薪火相传，生生不息，这部古老的史诗可能早已淹没在历史的尘埃之中，藏族人民乃至中华民族将会失去一份极其珍贵的文化遗产，一部伟大的英雄史诗。人类文化发展的历史上也会失去一部伟大的史诗，留下一个巨大的空白。

说唱艺人生活在青藏高原，广大的农村和牧场，雄伟的雪山，辽阔的

① 关于《格萨尔》与世界五大史诗的比较，参看拙著《〈格萨尔〉初探》，青海人民出版社，1986，第9~22页。

草原，是他们活动的广阔舞台，到处都留下了他们的身影，回荡着他们嘹亮的歌声。

二　青藏高原是《格萨尔》赖以生存的自然生态环境与文化生态环境

假若说，古希腊的荷马史诗产生于以地中海为中心的大海洋，反映的是海洋文化，我们可以将它称作海洋史诗；印度史诗产生于印度次大陆茂密的森林，我们可以将它称作森林史诗；那么，《格萨尔》则产生于青藏高原，我们可以将它称作草原史诗。青藏高原辽阔的土地、雄伟的雪山、美丽的草原，是这部古老的史诗赖以产生的自然生态环境与文化生态环境。在《格萨尔》这部古老的史诗里，青藏高原的山山水水、自然风光、壮丽景色，生活在这片土地上的藏族人民的生产劳动和生活风貌、风土人情等各个方面，都有十分生动的描述。假若青藏高原的生态环境遭到破坏，美丽的草原不复存在，成为一片荒漠；雪山逐渐萎缩，变成荒山秃岭，那么，《格萨尔》这部伟大的英雄史诗也失去了它生存的基础。因此，《格萨尔》这部史诗，与青藏高原、与宏伟的雪山、与辽阔美丽的大草原有着十分密切的联系；保护好青藏高原的生态环境，就是保护《格萨尔》赖以生存的自然生态环境与文化生态环境。

藏族传统文化的一个重要观念，是“天人合一”，主张人类应该与大自然和谐相处，与大自然“融为一体”。这种观念可以追溯到遥远的古代，追溯到古代藏族先民的灵魂观念。

人为万物之灵，灵就灵在能够用大脑进行思维活动。他们会很自然地想到：天是什么？地是什么？山川河流是什么？他们是怎样形成的？是谁在主宰它们？太阳和月亮是怎么升起的？又怎么落下？他们无法科学地回答这样许许多多时时困扰他们的问题，于是便认为：有一个超自然的神秘力量在主宰整个世界，主宰整个宇宙，也主宰着人类的命运。

那么，这个超自然的神秘力量又是什么？依然使他们感到困惑。他们的想象力非常稚弱，没有能力进行概括和抽象。那时还没有宗教，甚至也没有宗教观念。因此，神，也是不存在的。在宗教尚未产生以前，人类的发展经历了一个漫长的前宗教时期。随着人们的物质实践即生产劳动和精神需要的发展，才逐渐萌发了艺术胚芽和宗教胚芽。

青藏高原的每一座大的山脉，每一条大的河流，每一个大的湖泊，几乎都伴随着一个美丽的神话传说，由此产生了无数个圣山圣湖。对圣山圣湖的崇拜，是藏族先民自然崇拜的一个重要方面。

居住在雪域之邦的藏族先民，首先面对的是高耸入云的雪山，广袤无垠的草原，壮丽无比的自然景观，还有高寒缺氧的严峻的生态环境，瞬息万变的恶劣气候。他们无法理解、无法解释如此复杂的客观环境和自然现象，于是产生了各种幻觉、幻想、假设和想象，他们认为：日月星辰的时出时没，是因为有一个超自然的神灵在主宰；山有山神，水有水神，风有风神，雷有雷神，各个村寨、各个部落，也都有各自的守护神。总之，世界万物都有主宰它们的神灵，对它们的信仰、依赖、恐惧，或憎恨、厌恶，逐渐演变成对自然的崇拜。他们把自然界神灵化，把神灵人格化。就是说，赋予自然万物以神的品格，然后又心甘情愿地匍匐在神的脚下。藏族先民的万物有灵的观念和自然崇拜就这样逐渐形成了。

关于藏族先民的这种山神崇拜、自然崇拜和万物有灵论的观念，在《格萨尔》里有许多生动具体的描述。①

在藏族先民的观念中，神话传说、圣山圣湖、超自然的神灵，这三者是紧密地联系在一起的。世界上许多地区和民族，都有自己信奉、崇拜的圣山圣湖，或神山、神湖，但似乎没有藏族这么为数众多，这么普遍，它们对人民群众的宗教信仰、生产劳动、风俗习惯、日常生活，紧密地联系在一起，藏族人民仿佛就生活在圣山圣湖的世界之中。从对圣山圣湖的崇拜，可以清楚地看到藏族先民的自然崇拜和万物有灵论的观念从开篇第一部《天界篇》到最后一部《地狱篇》，《格萨尔》这部宏伟的史诗中，都有很多关于自然环境和山神崇拜的描写。《格萨尔》还有很多“山赞”和“湖赞”，其中以《门岭大战》里的“山赞”最为有名，充分体现了藏族先民对养育他们的故土的热爱和对圣山圣湖的赞美和崇拜。②

---

① 参看藏文《格萨尔》精选本，第1卷《英雄诞生》，民族出版社，2000。

② 参看藏文《格萨尔》精选本，第3卷《霍岭大战》、第4卷《门岭大战》，民族出版社，2000。

这种对自然的崇拜，尤其是对圣山圣湖的崇拜，自觉不自觉地体现了古代藏民朴素的环保意识，对青藏高原的生态环境保护发挥了十分重要的作用。本文试图对这种自然崇拜的历史渊源和现实作用做一些分析，以引起人们对青藏高原生态环境保护的关注。

这不仅仅是一个学术问题和理论问题，而且是关乎整个青藏高原的可持续发展和中华民族的母亲河——长江、黄河源头的生态环境保护的十分重要的现实问题。

中华民族具有世界上任何一个民族都无法比拟的强大的生命力和凝聚力。她是生活在广袤而辽阔的土地上、人口最多的一个复合民族，是创造人类古代文明的少数几个民族之一。在人类历史发展的漫长过程中，中华民族成功地维护和保卫了自己的独立和统一，从而使中华文化成为几千年来唯一能够保持其历史连续性而未被中断的灿烂文化，在科学技术的很多方面曾经一直处于领先地位。

生活在青藏高原的藏族人民，是中华民族的一个重要组成部分。藏族人民同其他兄弟民族一起，亲密团结，休戚与共，患难相助，艰苦奋斗，共同缔造了我们伟大的祖国。与其他各兄弟民族一样，藏族人民对伟大祖国的贡献是多方面的。而我认为，藏族人民对伟大祖国、对中华民族最大的历史功绩在于：开拓和保卫了我们伟大祖国的这块宝地，维护了祖国的统一和领土完整。与此同时，保护了青藏高原的生态环境免遭破坏和污染。也就是说，保护了孕育中华民族和中华文化的两条伟大的母亲河——长江、黄河，使长江、黄河的源头没有被破坏、被污染。

除南极和北极以外，青藏高原也是人类生活的这个地球上现今唯一没有遭受工业污染的地方、最后一片净土。

三　从《格萨尔》本身所反映的内容来看，它与雪山、与草原、与江河湖泊有着密切联系

按照史诗里的描写，英雄格萨尔诞生在长江源头，后来到“玛域”（rma-yul）即黄河源头地区，在那里经受磨难，增长才干，施展神威，在

“岭国”（泛指古代藏族地区）的赛马大会上一举夺魁，成为岭国国王。[1]一部《格萨尔》把中华民族的母亲河长江和黄河紧密地连接在一起了。事实也是这样，迄今为止，“三江源”地区依然是《格萨尔》流传最广泛的地区，传唱《格萨尔》是当地农牧民群众文化生活的一项重要内容，有着丰厚的文化底蕴。

《格萨尔》的《英雄诞生》之部里说：格萨尔是半人半神的英雄，刚刚诞生，不到三天就具有非凡的神力，就有为民除害、造福百姓的崇高理想和善良愿望。他为当地群众做的第一件好事就是消灭破坏草地的老鼠，保护了岭国百姓赖以生存的美丽草原；同时也就保护了《格萨尔》这部英雄史诗赖以产生的生态环境。这个故事，生动地反映了藏族牧民希望依靠神力消灭鼠害、保护草原的强烈愿望。[2]

关于黄河河源地区的圣山圣湖，以及古代藏族人民的自然崇拜，史诗中有很多生动而形象的描述。按照《格萨尔》里的描写，“岭国”是“世界的中心”；“玛域”——黄河源头，又是岭国的中心。岭国就是以“玛域”为核心向四周扩展而成的。在黄河源头有三个湖——嘉仁湖、鄂仁湖、卓仁湖，分别是嘉洛、鄂洛、卓洛三大部落的寄魂湖。环绕着这三大神湖，群山起伏，雄伟壮观。其中有十三座山峰，傲然高耸于群山之上，被称为“十三山神”，是岭国的保护神，当地群众称那些山峰为“十三山神”。每年夏秋之交，都要转山转湖，煨桑祭神。这种古老的习俗保留至今。[3]

而格萨尔大王的灵魂则寄存在雄伟的阿尼玛沁雪山。什么叫“寄魂湖”“寄魂山”？与灵魂不灭的观念相联系，古代藏民也就产生了灵魂外寄的观念，他们认为，生命是灵魂的存在形式，灵魂和某个躯体（人或动物）相结合，就产生了生命；一旦灵魂离开了物体，生命也不复存在。一个人（或动物）可以只有一个灵魂，也可以有很多个灵魂；他（它）们的灵魂可以寄放在自身，也可以寄存在别处。灵魂越多，生命力越顽强，越

---

① 参看藏文《格萨尔》精选本，第 1 卷《英雄诞生》、第 4 卷《门岭大战》，民族出版社，2000。

② 参看藏文《格萨尔》精选本，第 1 卷《英雄诞生》，民族出版社，2000。

③ 参看藏文《格萨尔》精选本，第 1 卷《英雄诞生》、第 4 卷《门岭大战》，民族出版社，2000。

不容易受到伤害。

按照这种古老的灵魂观念，要伤害一个人，首先要消灭他的灵魂；只有消灭他的灵魂，这个人的生命才能终结，否则，不论你怎样伤害、摧残他的躯体，甚至把他烧成灰烬，他的生命将会继续存在，灵魂可以“寄存”在别处。①

古代“岭国”的三大部落——黄河源头的藏族居民，他们的“灵魂”既然“存放”在河源地区的三大湖泊，只要湖泊不干枯，他们就永远能够保持旺盛的生命力，无论遇到什么样的艰难与困苦、灾难与厄运，总是能够生存下去。反之，一旦湖水干枯，他们——黄河源头的所有居民的生命也将结束，整个部落也将不复存在。那么，为了自身的利益，那里的居民也应该很好地保护“圣湖”的水不枯竭，不被污染；要很好地保护圣山圣湖和神山神湖。②

四 《格萨尔》所反映的以山神崇拜和湖泊崇拜为主要内容的自然崇拜观念，有利于青藏高原的生态环境保护

这种从古老的万物有灵论的观念产生、演变的自然崇拜，对神山、神湖的崇拜，对圣山、圣湖的敬仰，这种朴素的自然观和天人合一的观念，以及在此基础上逐渐形成而流传至今的古老的民风民俗，自觉不自觉地对三江源即长江源头、黄河源头和澜沧江源头生态环境的保护，起着重要作用。保护好三江源的生态环境，对于保护好整个青藏高原的生态环境、保护好中华民族的母亲河——黄河、长江具有十分重要的意义。

而做好青藏高原的生态环境保护，对于维护祖国统一、加强民族团结、巩固祖国边疆、稳定边疆局势，对于实现可持续发展、贯彻科学发展

---

① 关于藏族先民“寄魂湖”和“寄魂山”的观念，参看拙著《〈格萨尔〉论》第七章“托起雪域文化的根基”，内蒙古大学出版社，1999，第210~236页。

② 在关于藏族文化的很多著作中，将“圣山圣湖”与“神山神湖”，实际上在藏语里，圣山圣湖与神山神湖是有明显区别的：“圣山圣湖”，藏语里称作“nianri nianco”；“神山神湖”，称作“Lari laco”。圣山圣湖指神圣、圣洁的雪山和湖泊、神山、神湖以及神树等，含有宗教信仰和崇拜的意思。

观、实施西部大发展战略和兴边富民工程，不断改善和提高边疆各族人民的生活水平和生活质量，都具有十分重要的意义。

青藏高原被称作“世界屋脊”，而阿里地区又被称作“屋脊上的屋脊”，是世界上平均海拔最高的地方。那里有闻名世界的冈底斯山和玛旁雍错湖。冈底斯山没有珠穆朗玛高，玛旁雍错湖没有羊卓雍错湖大，但是，包括《格萨尔》在内的古代文献和民间传说里，在藏族传统的观念里，将冈底斯山称作“万山之父”，将玛旁雍错湖称作“万水之源”，认为世界上的一切山、一切水都源于此。这当然是一种远古的传说。这种传说的产生，可能与藏族的原始宗教苯教有关，因为，阿里地区是象雄文化和苯教的发祥地。

在说唱格萨尔的故事时，民间艺人们也把最热情的语言、最真挚的感情、最崇高的敬意，献给“万山之父”“万水之源”——冈底斯神山和玛旁雍错神湖。

当代最著名的说唱艺人扎巴、桑珠、才让旺堆等人，一边吟诵古老的史诗，一边与朝佛的香客一起，曾经朝拜过这些圣山和圣湖。[①]

印度的信教群众，也把冈底斯山和玛旁雍错湖看作圣山和圣湖，每年都有很多人来朝佛。即使中印关系最不好的时候，边民的宗教活动也从来没有停止过。现在，冈底斯山的口岸是中印边境西段唯一开放的一个季节性口岸。

水，与人类的生存、繁衍有着密切联系。人类首先只有争取生存下去，才能求得发展。

离开了水和土地，人类就无法生存。其他动物和植物离开了水，也无法生存。这是最简单也是最重要的一个道理。

一条河孕育一个文明。底格里斯河和幼法拉底河流域是产生古代巴比伦文明的土壤，也是人类文明最古老的发源地之一。尼罗河造就了古埃及文明的辉煌。高度发达的古希腊文明受益于地中海得天独厚的地理条件。

中国和印度是东方两个伟大的文明古国。作为世界上历史最悠久、人

① 关于扎巴、桑珠和才让旺堆等著名说唱艺人转山朝佛的艺术生涯，参看拙著《〈格萨尔〉论》第十八章“人民诗人——《格萨尔》说唱家”，内蒙古大学出版社，1999，第505~549页。

口最众多的两个国家，对人类的发展进步曾经做出过不可估量的伟大贡献。大家知道：长江、黄河孕育了中华文明；恒河、印度河孕育了印度文明。而这四条江河都发源于青藏高原。

玛旁雍错湖是不是“万水之源”姑且不论，发源于阿里地区的四条河——狮泉河、象泉河、马泉河、孔雀河，被藏族群众称为四条“圣河”。它们分别流向西藏本土和印度、巴基斯坦等地，对于这些国家和地区文明的发展曾经做出过重要贡献。对于喜马拉雅山多民族文化圈的形成和发展，更是做出了不可磨灭的伟大贡献。在《格萨尔》的《象雄珍珠宗》《阿里金子宗》等分部本里，都对冈底斯山和玛旁雍错湖，以及发源于斯的狮泉河、象泉河、马泉河、和孔雀河的风光景色，有许多动人的描述。

印度河是古代印度文明的发祥地之一。它发源于西藏的冈底斯山，流经克什米尔，到巴尔蒂地区，再与其他河流汇合，然后横贯巴基斯坦，流入阿拉伯海。

在古代印度，人们把印度河称作“河王”。公元前 2500 年至前 1500 年之间，有着较先进的文明沿着印度河下游传入印度，因此，人们往往把印度河叫作“通向印度的门户”。

印度河全长 3180 公里，横贯巴基斯坦境内，流域面积约 96 万平方公里。

巴基斯坦人称印度河为“茵达斯”，但巴尔蒂人至今仍称印度河为“狮子河”，与我国阿里地区和拉达克地区的称谓是相同的。由此也可以看到巴尔蒂地区与西藏本土的渊源关系。

如果说，居住在巴尔蒂地区的藏族同胞，对巴基斯坦人民有过什么贡献，那么，最大、最重要的贡献在于：保护了印度河上游的水资源，没有使它枯竭，没有让它遭受污染。

这也是喜马拉雅山民和藏族人民对中华民族，对中、印两国人民，对全人类的一个伟大贡献。在这一过程中，藏族的传统文化发挥了重要作用。

人类只有一个地球。保护好地球，就是保护我们人类自己。对于这一点，不分国家和民族，全世界有越来越多的人达成共识，并为保护好地球而做出各种努力。

同样，我们祖国，我们中华民族，也只有一个黄河、一个长江、一个雅鲁藏布江。保护好青藏高原的生态环境和水利资源具有极端重要性和紧迫性。

因此，青藏高原的资源保护和利用得如何，生态环境保护得怎样，直接关系到长江流域、黄河流域和恒河流域、印度河流域的发展与兴衰，也就是说，关系到东方两个文明古国的繁荣昌盛。

五　古代藏族人民的自然崇拜和万物有灵观念，引导人们热爱生他养他的故土，热爱雪域之邦的一山一水、一草一木，与大自然和谐相处

古代藏族人民的这种自然崇拜和万物有灵的观念，引导人们热爱生他养他的故土，热爱雪域之邦的一山一水、一草一木，与大自然和谐相处，而不要去破坏、去伤害自然界的一切生物，包括有生命的和无生命的。藏族的传统观念认为：自然界的一切物质，包括花草树木，与人一样，都是有生命的，因而也是有灵魂的。既然有灵魂，那他（它）们就有感知，就能够转世。

佛教传入西藏地区以后，与“六道轮回”和佛教的各种戒律相结合，这种古老的观念更系统化也更理论化，因此也更容易为大多数信教群众所接受，不但渗透到他们的意识形态之中，而且深入到社会生活的各个方面。

在藏区的民宅、各寺院的壁画和传统的卷轴画即“唐卡”里，有一幅常见的图画，叫“四兄弟图”，即大象、猴子、山兔和羊角鸡。佛语又称之为“和气四瑞”，按照传统的说法，这四种动物互相尊重、互救互助、和睦相处，能够带来地方安宁、人寿年丰。

为了翻译的方便，简化为“四兄弟图”。按藏文字面翻译，应为“亲密地、和谐地相处的四兄弟图”。就是说，他们不但是四兄弟，而且是应该“亲密地、和谐地相处”的“四兄弟”。

此外，藏族民间还广泛流传着“六长寿”的故事。“六长寿图”与“四兄弟图”一样，流传广泛。六长寿即岩长寿、水长寿、树长寿、人长

寿、鸟长寿、兽长寿。

岩石代表大地，扩大来讲，代表人类生存的空间，亦即大自然；水，是人类生存的基本条件；树代表一切植物；人是世间万物的主体；鸟，在藏族传统的观念里，象征和平、欢乐和吉祥；兽代表一切动物。这幅图画形象地告诉人们：人类只要与一切生物和动物、与大自然和谐相处，就能健康长寿，安享天年。

这是从正面来讲。从反面来讲，佛教的各种戒律中，第一条也是最重要一条是戒“杀生”。藏族传统的观念认为：人是有生命的，动物是有生命的，一切生物包括植物，一草一木，也都是有生命的。因此，应该像爱护人的生命一样，爱护一切生物，爱护一草一木。按照藏族传统的观念，杀生是有罪的，是万恶之首。杀人有罪，杀动物有罪。同样，践踏一棵小草、砍伐一棵幼苗，也是一种罪孽，也等于犯了“杀生”之罪，因为它们也是有生命的。

为了说明这个问题，我们可以举一个例子。度过漫长的严冬，到了春暖花开的时候，人们都要到户外、到郊区，若有条件，还要到草原、到森林去游玩，领略大自然的风光。这叫春游，汉族叫“踏春”。南方各少数民族中，这种民俗活动非常普遍。但是，藏族却与此相反，有一种习俗，叫“禁春”。到了春天，劝人们不要到户外去。对僧尼大众和信教群众，还要求他们“闭关静修”。因为，春天是生长的季节，嫩草吐绿，万物蓬生，幼虫蠕动。而它们的生命又是最柔弱的时候，应该得到很好的保护。如果这个时候人们去郊游，会践踏这些柔弱的生命。

这种习俗，对于保护植物的生长，客观上起到了很好的作用。

人类的生存离不开水和土。生活在世界屋脊之上的藏族人民，更知道水和土的珍贵。这从民间习俗和节日文化中，也可以清楚地看到。

比如：藏历大年初一，人们的第一个活动是到河边取水，叫作“大年新水”。黎明时分，家家户户都要背着水桶到河边去背水。当红日从东山升起的时候，桶里的水刚好要舀满，叫“日出新水”，那被认为是最吉祥的。“新水”背回来，首先要供奉在佛龛上敬神，然后烧茶，全家人在一起，高高兴兴地喝新的一年中的第一碗香喷喷的酥油茶。

在去背水的同时，家中的另一些成员要到附近的“神山”上去焚香祭神。当太阳刚刚升起时，点上松柏，那也被认为是最吉祥的。然后从“神山”捧回一把“新土”，供奉在神龛上。一般的情况下，总是女的去背水，男的去烧香敬神、捧“新土”。

这就是说，藏族老百姓在新年第一天所做的第一件事，就是敬“新水”和“新土”，而不是去敬神佛、朝拜喇嘛活佛，更不是访亲问友，祝贺新年。这说明藏族人民对他们赖以生存的水和土地有着深厚的感情！多么热爱并珍视宝贵的资源。远古时代的藏族人民并不一定有保护“生态环境”这样的自觉意识，但是，他们从自身的生活经历，深深懂得水和土的重要性，人们的生活一刻也离不开它们。

此外，汉族的五行，指“金、木、水、火、土”。藏族有“四大种”的说法，即：“土、水、火、风”。也有“五大种”之说，加上“空”，指太空。认为它们是构成宇宙的五大要素。其中以土和水为首，看作人类生存的基本条件，宣扬爱土爱水的观念。

六　《格萨尔》的文化生态环境面临严重的困境和挑战

美好的愿望与严峻的现实之间，总是有距离的。前面谈到，藏族的传统文化，强调人与大自然和谐相处，有益于生态环境保护。但是，在实际生活中，人类又往往不能与大自然和谐相处，由于愚昧无知，加上科学技术不发达，生产水平低下，人民经常去破坏自己赖以生存的自然环境。生活在青藏高原的藏族人民，也是这样。在过去，藏族长期处于部落社会，狭隘的部落意识，使部落战争和部落之间的血族仇杀连绵不断，给藏族人民的生命财产造成严重损失，使包括江河源头在内的整个青藏高原的生态环境受到严重破坏。

按照《格萨尔》这部古老的史诗里的描写，在黄河源头，在美丽的“岭国”——黄河和长江的源头，到处是茂密的森林，老虎、熊、梅花鹿、羚羊等各种野兽，出没其间；草原上鲜花盛开，水源充足，牛羊比天上的星星还要多。

但是，到了现在，史诗中描写的这种美丽的景象再也看不到了。在黄河和长江的源头，即青海省果洛藏族自治州和玉树藏族自治州境内，大片森林已经消失，珍贵的野生动物几乎已经绝迹，草原在沙化，湖泊在干枯，河水遭到污染，整个生态环境遭到严重破坏。

而最大、最严重的危害，是水的资源遭到破坏。这种现象，越到后来变得越严重。最近几年，长江的水遭到严重污染，对中下游地区各族人民首先是汉族人民的生产生活造成严重危害。如果中上游的水土保持工作做得不好，将直接影响到当代世界上最大的水利建设工程——三峡的成败。

仅仅在几十年前，三江源地区的生态环境不是这样。在 1942 年前后，著名音乐家王洛宾到青海湖畔，三江源地区，音乐家为这里美丽的风光所陶醉，谱写了一首歌曲，歌名就叫《青海青，黄河黄》：

青海青，黄河黄，波浪滔滔金沙江

雪白白，山苍苍，祁连山下好牧场

好牧场，一片汪洋，这里有成群的战马，雪白的牛羊。牛儿肥，马儿壮，羊儿的毛好比雪花亮。来吧，来吧，来吧，我们的祖宗发祥在这个地方。我们高举三民主义的火把建设我们心爱的故乡。

王洛宾的好友、著名学者顾颉刚将这首歌曲呈报当时的教育部，朱家骅部长亲自推荐为全国小学生的必唱歌曲。

但是，王洛宾描述的、歌唱的这种美景已不复存在。三江源地区、青海湖周边地区已经出现了生态难民。早在几年前，有关部门就已正式宣布：三江源地区开始实施生态移民，出现了大约 5 万平方公里的无人区，最近几年，还将继续实施生态移民，将会出现 20 万平方公里的无人区。以便保护长江和黄河不受污染，不致缺水。20 万平方公里，是什么概念？等于两个半浙江省；等于五个台湾省。就是说，几年以后，在这样广袤的土地上，将无人居住，没有农牧民，没有说唱艺人，世代传颂的《格萨尔》也将不复存在。这是非常令人痛心的事，这不但是《格萨尔》的不幸，也是整个中华民族的不幸。

最近十多年来，黄河经常断流，而且频率越来越高，时间越来越长。专家呼吁：如果黄河的水资源得不到很好的保护，黄河有变成季节河和内陆河的危险。

这不是危言耸听，而是现实的危险。造成这种危害的一个重要原因是：长江源头和黄河源头的生态环境遭到越来越严重的破坏。

青藏高原地域辽阔，约占我们伟大祖国领土的四分之一。那里有丰富的资源，是祖国尚待开发的一个宝地。仅以水的资源来讲，除南极和北极，从喜马拉雅山到阿尼玛沁雪山，辽阔的青藏高原，形成了世界上最大的天然“水库”。

科学家们预测，到了21世纪下半叶，水将成为最宝贵的资源。水会比油还要珍贵。

在现在的科学技术条件下，人类不可能直接利用南极和北极的水资源。因此，保护和开发青藏高原的水资源，就显得更为重要。

中国和印度是世界上人口最多的两个国家。加上巴基斯坦和孟加拉国，约占世界人口总数的五分之二。按现在的发展趋势，有可能占二分之一。

这几个国家都是严重缺水的国家。孕育了伟大的印度文明的恒河，已经遭到严重污染。印度河的污染也很严重，有可能变为第二个恒河。

黄河的流量在逐年减少，经常断流，污染严重。而长江同样遭到越来越严重的污染，有可能变为第二个黄河。

中印两国人民缺水，几乎等于全人类缺水。不但将威胁中华民族的生存，印度人民的生存，而且将威胁全人类的生存。

“问渠哪得清如许？为有源头活水来。”只有保持源头之水充沛而洁净，才有可能使整个江河长流不断，奔腾不息。因此，保护好水的资源，保护好青藏高原首先是黄河长江源头的生态环境，就是保护人类自己，保护中华民族，保护中华民族灿烂辉煌的文明。

从这个意义上讲，充分挖掘和弘扬《格萨尔》和藏族优秀的传统文化中关于保护环境的观念，并与现代科学技术知识很好地结合起来，做好青藏高原首先是江河源头的生态环境的保护，具有十分重要的意义。这不但是生活在青藏高原的各族人民的责任，也是每一个中华民族成员的神圣职责和义务。

灾害人类学视野下的地方经验及口头传说

——以舟曲“8·7”特大泥石流灾害为例

马　宁（西藏民族大学）

摘　要：舟曲藏汉民众世代在泥石流灾害频发地区生活，总结出一套地方性生存经验，发挥了提前避让自然灾害、保全生命的作用，灾后广泛流传的传说故事则从多元宗教的角度，对“8·7”特大泥石流灾害进行了全方位的口头解释，在救灾和灾后重建过程中发挥着引导人们的思想、规范人们的言行、弘扬正义的作用，为灾后重建提供了强大精神动力。

关键词：舟曲；“8·7”特大泥石流灾害；生态文化知识；传说

近十年来，随着自然灾害在我国频繁发生，灾害研究逐渐引起中国人类学家的重视，催生出一股灾害人类学研究的热潮，李永祥在国内学术界提倡和推广灾害人类学研究方面做出了很大贡献，他认为国外灾害人类学的研究源于20世纪50~70年代，很多的理论基础形成于这个时代。80年代之后，将灾害看成自然环境的基本元素和人类系统的结构性特征，而不再如传统观点那样把灾害看成一种极端不可预见的事件。由此产生的研究成果是人类学灾害研究之理论形成的标志。他将灾害人类学的研究重点概括为灾害类型、灾害应急、救灾和恢复过程、受灾群体、学科关系和内容五部分，认为人类学家所倡导的对灾害进行长期田野调查的方法，是人类学与其他社会学科在灾害研究中的重要区别①。他的归纳和引介厘清了灾害人类学在国外的发展脉络，引起了我国学术界的

① 李永祥：《灾害的人类学研究述评》，《民族研究》2010年第3期，第83~84页。

关注。在灾害人类学的应用性方面，他指出，灾害发生后，各种情况错综复杂地交错在一起，包括自然的、生态和社会的文化系统，群体和个人必须对这些复杂系统和他们居住地区的环境做出回应，所有有关人类对于环境的适应、进化和文化变迁，都必须将其当成环境的正常现象来考虑。人类学基本理论和方法引用于灾害研究，不仅是社区的需要，也是人类学理论和实践经验不断发展的结果①。他认为灾害管理过程充满了各种矛盾和争论，甚至发生冲突，造成社会动乱，影响社会稳定。这些矛盾冲突与物资分配、援助者言行、房屋结构设计和建设质量、文化和民族关系有关。因此，处理方法和政策必须健全、透明，尊重社区传统和文化规则，确保救灾的社会公平和稳定，实现可持续发展②。在研究方法上，灾害人类学提倡定性和定量研究相结合，个案研究和跨文化比较研究相结合，重视田野调查中的参与观察、深度访谈、问卷调查、文献资料收集，呈现出一种以人和事件为中心的民族志叙事③。可以说，经过李永祥的努力，基本阐明了灾害人类学的理论、研究方法、实际操作等问题，为我国的灾害人类学研究提供了思想武器和分析框架。客观说来，我国灾害人类学的研究是从汶川大地震后才开始的，从发展趋势上讲，以羌族地区灾后重建为基础的灾害人类学目前正在成为人类学民族学的一个学术发展方向，汶川大地震激发了人类学家积极应对灾害的学术与社会参与精神，成为中国人类学民族学应用研究的一个聚合点与转折点，出现了多学科、不同灾害类型相结合的状况，在灾害田野调查、国外灾害人类学论著译介、研究成果、研究人员等方面都取得了很大的进步，研究的灾害类型主要包括地震、泥石流滑坡、干旱、雨雪冰冻、石漠化、流行病、生物灾害和食品安全等诸多方面④。可以说，汶川大地震之后的这 8 年是我国灾害人类学研究的重要发展期，研究成果众多。

① 李永祥：《泥石流灾害的人类学研究——以云南省新平彝族傣族自治县“8·14 特大滑坡泥石流”为例》，知识产权出版社，2012，第 15 页。

② 李永祥：《灾害管理过程中的矛盾冲突及人类学思考》，《云南民族大学学报》2013 年第 2 期，第 47~54 页。

③ 李永祥：《论灾害人类学的研究方法》，《民族研究》2013 年第 5 期，第 55~64 页。

④ 李永祥、彭文斌：《中国灾害人类学研究述评》，《西南民族大学学报》2013 年第 8 期，第 1~9 页。

有学者在总结现有研究成果的基础上提出，“当前中国急需全面系统地梳理总结相关的实际案例，形成一些可推广的典型经验模式，争取在更大的区域范围内实现本土社会文化资源与现代技术手段的有效嵌合衔接，从而完善防灾减灾工作的生活内嵌机制，推进灾难防控应对和社会韧劲机制营造的在地化进程。灾难人类学的田野研究，在此可发挥关键作用”。[①] 张原、汤芸则进一步提出，通过考察具体的社会文化与其所处的生态环境的互动关系，人类学者可从地方群体常态的社会生活出发，将灾难应对的地方经验和本土实践作为社会文化体系适应改造环境的一种产物来进行深入的分析[②]。这些地方经验和本土实践是当地先民在长期的生产生活过程中积累起来的社会知识，在防灾、避险、解释灾害原因、助力灾后重建的过程中发挥着重要作用。舟曲县“8·7”特大泥石流灾害发生后，学术界还没有从灾害人类学的角度对其进行研究的成果出现，我们对当地藏汉民众创造和传承的地方经验和本土实践进行了调查，希望能够从另一个角度来解释这场泥石流灾害。

一　舟曲县泥石流灾害简介

舟曲县位于甘肃省南部，甘南藏族自治州东南部，白龙江中上游，地处青藏高原东缘，南秦岭西翼与岷山山脉交会地区。属西秦岭地质构造带南部陇南山地，境内山峦连绵，群峰耸立，白龙江、拱坝河、博峪河横贯县境。海拔高度1173~4504米，相对高差3331米，属暖温带湿润区，具有明显的季风气候，特点是寒暑交替明显，四季分明，冬无严寒，夏无酷暑，降水少而不均匀。总土地面积2983.7平方公里。主要有汉、藏等民族，总人口为13.5万人，其中藏族人口4.67万人，汉族主要居住在县城和河谷地带，藏族多居住在山中，县城以西的上河地区和以东的山后地区多为藏汉杂居地带，民族关系非常融洽。

① 张原：《中国人类学灾难研究的学理追求与现实担当——生活世界的可持续性与弹韧性机制的在地化营造》，《西南民族大学学报》2016年第9期，第17页。

② 张原、汤芸：《面向生活世界的灾难研究——人类学的灾难研究及其学术定位》，《西南民族大学学报》2011年第7期，第13~14页。

舟曲县是泥石流沟密集区，境内分布的山沟绝大多数为泥石流和山洪沟，由暴雨造成洪水以及由山洪诱发的泥石流时有发生。全县共有各类大小滑坡泥石流沟道 326 条，其中滑坡沟道 154 条，泥石流沟道 172 条，全县危害严重纳入防治规划的山洪沟道有 41 条，流域面积 1707.4 平方公里，占全县面积的 57%。舟曲县城被四周的东山、南山、雷鼓山侧峰、黄土山等大山环抱，形成了一个海拔 1400 米、面积约 12 平方公里的盆地，这些山体表面缺少植被保护，山体裸露，在县城内形成的五条大沟经常会发生山洪泥石流：第一条沟是县城东面的罗家峪沟，流域面积 16.6 平方公里，沟道长度 6.8 公里，处在东山与驼岭山之间，从东山脚下由北向南一直延伸到白龙江中，沿这条沟分布着罗家峪村、春场村、瓦厂村等村寨，沟中常年有水；第二条沟是峪水沟，流域面积 25.75 平方公里，沟道长度 9.7 公里，处在驼岭山与二郎山之间，从翠峰山东麓由北向南直达白龙江，沿着这条沟分布着三眼村、月圆村、北关村、北街村、东街村、南街村等村寨，沟中常年有较大水流；第三条是硝水沟，流域面积 18.5 平方公里，全长 6.1 公里，处在二郎山与黄土山之间，从翠峰山北麓由北向西南注入白龙江，沿着这条沟分布着城背后村，沟中平时无水；第四条是寨子沟，流域面积 16.9 平方公里，沟道长度 5 公里，处在擂鼓山与翠峰山之间，从翠峰山西麓由西北向东南注入白龙江，沿着这条沟分布着半山、坝里、西寨、柳树巷、广坝等村寨，平时无水；第五条是南山沟，流域面积 10 平方公里，沟道长度 3 公里，处在南山褶皱中，形成下切较深的垂直山沟，由南山山腰向北注入白龙江，沿着这条沟分布着河南村，平时无水。这五条山沟每逢雨季都会暴发山洪，其中又以罗家峪沟、峪水沟、硝水沟这三条沟水量大，经常出现泥石流灾害，堵塞道路。靠近舟曲一中的寨子沟在 20 世纪 80 年代曾经发生过大水，形成泥石流灾害，堵塞道路，威胁学生安全，虽然进行过路面硬化，但是不久又被泥石流冲毁，于是很长时间内没有进行过有效的治理，直到 2005 年，当地政府才对沟口进行了疏通，修建了防洪渠，发挥了一定的作用，现在在半山上还有一块巨石遗留在那里。此外，位于县城东南部的南峪乡分布着亚洲最大的泥石流地段——泄流坡，一直在向南垮塌。

历史上，舟曲县曾经多次发生泥石流灾害，1961 年夏，县城至南峪乡一带下大暴雨，引发泥石流，阻塞白龙江河道，淹没公路5里。1963年9~11月，泄流坡及关家山村一带发生滑坡；1981年4月9日，南峪乡泄流坡发生特大泥石流滑坡，滑坡体长1600米，宽400米，厚20~30米，将40米宽的白龙江河道堵塞。1982年8月3~6日的舟曲县立节公社北山庄大队暴雨后地表出现裂缝，降雨期间曾发生泥石流顺沟而下，堵江三四分钟①。1984年7月21至8月4日，连降大雨暴雨，全县多处出现泥石流和滑坡灾害②。1990年9月，甘南、陇南、天水等地发生暴雨、冰雹自然灾害，其中舟曲县南峪乡发生山体滑坡，损失严重③。2010年8月7日晚10时的这次泥石流是从翠峰山东面的峪里沟中出来的，从北到南，直接冲毁了整个月圆村、三眼峪村、春场村、北关村，泥石流在此遇到残存北城墙的阻挡后，形成分流，大部分沿着北城墙东侧向下，直接冲向舟曲县公安局及其家属院，将其向南平移1000米，接着冲毁瓦厂村、部分罗家峪村、东街村大部和九二三林场，横贯白龙江后才停下来，小部分泥浆从北城门洞倾泻而下，沿着城中道路冲毁南街村，给舟曲县城造成第一次毁灭性打击，形成长约5公里，平均宽度300米，平均厚度5米，总体积约180万立方米的泥石流带，流经区域被夷为平地，造成大量房屋被冲离了原来的位置。泥石流汇入白龙江以后，在县城东部的江面上形成堰塞湖，阻挡了白龙江河道，江水溯流而上形成3公里长的回水区，淹没了舟曲县城的瓦厂村、南门、南街、广坝、河南村、南桥村等地，洪水又给舟曲县城造成第二次毁灭性打击。这次泥石流灾害共造成1434人遇难，失踪331人，累计门诊人数2062人，受灾人数达4.7万人，6万多间房屋损毁。虽然舟曲县城就是由泥石流多次冲刷和堆积后形成的，可以说“成也泥石流，败也泥石流”，但是“8·7”泥石流是舟曲县有史以来规模最大的一次，给人们造成的伤害也最大④。

---

① 陈乐道等：《历史上舟曲县遭受泥石流灾害及其应对措施》，《发展》2010年第10期，第24页。

② 舟曲县志编纂委员会编《舟曲县志》，生活·读书·新知三联书店，1996，第124页。

③ 陈乐道等：《历史上舟曲县遭受泥石流灾害及其应对措施》，《发展》2010年第10期，第24页。

④ 根据我们的田野调查资料整理而成。

二 与泥石流灾害相适应的生存经验

长期在山洪泥石流灾害横行的危险地域内生活，舟曲藏汉民众也在对抗山洪泥石流灾害的过程中积累和总结出一套具有本土特色的生存经验，主要以提前正确避让自然灾害为主，一般通过家庭形式进行民间传承。

（一）观看天象，查时辨天

俗语道："山里的天，孩子的脸，说变就变。"舟曲县城处在万山千仞之中，天气变化无常。舟曲县城中的舟曲一中高中部、寨子中学分别地处寨子沟的东面和西面，一遇暴雨，寨子沟就会暴发山洪泥石流，威胁孩子的生命安全，这让学生家长颇为担心。于是家长们就将自己从长辈处学到的关于天气的经验教给孩子，让他们提高生存技巧，确保他们的人身安全。形成了具有地方特色的气象歌谣：

早看东，晚看西；云跑东，晒得凶；云跑西，下得稀；云跑南，下一潭；云跑北，晒成灰。

南山不戴帽，北山由它闹；南山戴帽，北山浇尿。

满天乱飞云，雨雪下不停；天上乌云盖，大雨来得快；有雨天边亮，无雨顶上光。

喜鹊枝头叫，出门晴天报；蚊子咬得怪，天气要变坏。[①]

老一辈人也会在带孙辈的过程中给孩子们教授辨别自然灾害的儿歌，喜欢在山地里乱跑的小男孩们随口就能唱出一段天气歌谣：曲蟮[②]路上爬，雨水乱如麻；锤锤将将[③]唱歌，天气晴和；长虫过道，下雨之兆；蛤蟆哇哇叫，大雨就要到；头发响，风一场；老牛抬头朝天闻，雨临头；马嘴朝

① 根据当地流传的口碑资料整理而成。

② 舟曲人对蚯蚓的称呼。

③ 舟曲人对蟋蟀的称呼。

天，大雨在前[①]。

这些歌谣是舟曲藏汉民众在长期与自然灾害做斗争的过程中积累起来的本土性生态文化知识的口头表达，教导孩子们通过各种动物异于平时的反常表现来判断天气的变化，据此采取正确的行动。这种民间教育模式具有很强的群体性特征，通过口耳相传的形式在民众中代代相传，体现了舟曲藏汉民众的智慧，对保证孩子的安全意义重大。

（二）查看山路，行走有方

因为舟曲县城沟壑纵横，经常走山路就成为藏汉民众不可避免的日常行为，由此演化出了一套独特的走路方法，人们走山路时一般不在平坦易行的山沟里面走，而是在山梁上行走，特别在夏季，尽管山沟里凉快，而山梁上炙热，但是人们走路时尽量在高处走，不在低处走。每当要横穿泄洪沟时，人们就会先抬头看天，主要看泄洪沟上游的山上有没有乌云，然后听沟里有没有响动，确保没有异常后就快速通过，就像城市里的人过马路走斑马线一样。

（三）判断山洪，及早避险

舟曲民众在判断山洪泥石流方面也总结出了行之有效的经验，除了观看天象外，自身的体验也是非常重要的，白龙江流经沙川村时河流放缓，河滩较为宽阔，人们经常在这里钓鱼，但是夏季每当山洪来袭，白龙江上涨时却非常危险，对此，人们却有着自己的一套应对策略，看见白龙江上游有乌云，听到雷电声时就要提高警惕了，因为上游有山洪来袭时也是鱼最多的时间，所以人们总是要坚持到最后一刻，当看到上游江面上出现白线时就得赶快撤退了，因为这条白线就是洪水的峰头。

一般遇到洪水时还有生还的可能，要是遇到泥石流就麻烦了，所以人们总是对泥石流灾害采取退避三舍的应对策略。我们在舟曲上河大峪沟调查时，乘坐的汽车经过一道河滩时，暴发了山洪泥石流，黄色的洪水夹杂着小石头流淌过来，司机 HMP 当机立断，加大油门冲了过去，等我们跑

① 根据我们对二郎山积水塘中游泳的 4 个 9~10 岁的小男孩的访谈资料整理而成。

了一阵子回过头看时，发现后面已经是滚滚洪流了，篮球大小的石头顺着泥汤汤冲了下去。HMP 解释说我们最早看到的洪水只是前奏，距离真正的泥石流还有一段时间，这时是最佳的避险时间，错过这段时间，基本上没有人能够活下来[①]。

因为舟曲县城自古为陇右西陲，一线通路，三面临番，居洮岷阶文之间，为左控右犄之地，是通陕川之要冲，为兵家必争之地。根据《明实录》和《清实录》的文献记载，西固（今舟曲）番族在明朝时曾经发动过 15 次大的叛乱、在清朝时曾经发动了 11 次大的叛乱来挑战国家权力[②]。所以当地人养成了重视男丁的风俗，形成了“男娃放养、女娃家养”的育儿传统，注意培养男孩的勇猛之气。上面所述歌谣和行路方式就是舟曲藏汉民众为了使“放养”的男孩能够判断山洪泥石流的险情、及时脱险而总结出来的。舟曲藏汉民众的祖先长期在泥石流肆虐的危险环境中生存，人员伤亡和财产损失在所难免，他们善于对泥石流灾害的过程和后果进行总结，逐渐摸索出了一套行之有效的避险知识，汇聚成当地人的集体记忆，每次遇到泥石流灾害，这些记忆就会被唤醒，并不断以口头讲述的形式进行强化，最终传承至今。

三　舟曲“8·7”特大泥石流灾害的口头传说

灾害发生的时候，首先需要的是救助人命等紧急支援。一旦这一工作告一段落，下一阶段就是生活各方面的复兴与重建[③]。在这个过程中，能否对灾害进行合理的解释，消除人们的疑惑，稳定灾民的情绪至关重要，与政府做出的科学解释不同，灾民更愿意接受从传统生态文化知识的角度给出的解释，所以，民间的口头表达发挥了重要作用。在舟曲人的口头传承里，也产生了解释泥石流灾害原因的传说，这些传说往往是与当地世代相传的口头传说相联系，表现出一脉相承的特点。民间传说是人们对现实

① 根据对 HMP 的访谈资料整理而成。

② 马宁：《藏汉接合部多元宗教共存与对话研究》，民族出版社，2014，第 53 页。

③ 〔日〕樱井龙彦：《灾害民俗学的提倡》，陈爱国译，《民间文化论坛》2005 年第 6 期，第 65 页。

世界的解释，“在此之上，生态和宗教通过活动结合在一起，形成人类活动体系的整体”。[①] 舟曲多种宗教共存，主要有苯教、藏传佛教、基督教和民间信仰，藏传佛教与婆婆神信仰作为舟曲的主体宗教各占半壁江山，分别为当地藏族与汉族信仰，苯教依附藏传佛教存在，基督教在两者的夹缝里生存，形成了舟曲相互制衡的宗教景观[②]。在如此丰富的宗教场域中生活，舟曲藏汉民众都善于运用各自信仰的宗教对各种事物进行解释，由此产生的各种神话传说流传至今，成为舟曲民众认识世界的一种传统方式。正如杨庆堃所说：中国普通民众所拥有的宗教常识，有相当大一部分是通过聆听和阅读具有神话色彩的民间故事或文学作品而获得的[③]。“8・7”泥石流灾害发生后，舟曲民众也理所当然地运用所掌握的宗教知识对其进行了各种解释，得到了全县藏汉民众的普遍认同。

（一）毁坏风水的传说

舟曲县城北面的翠峰山海拔 2160 米，被称为“陇上名山”，传说宋朝时有一年西固城[④]中青年男子不断夭折，人心惶惶，有个僧人云游到西固城，看了地形后对众人说翠峰山傲然独立，大有来头，是二郎神在鞭赶众山过程中丢失的一面令旗，但如今山上有蛇妖之气，定是此妖在作祟。众人请和尚出面捉妖，他说蛇妖会在月圆之夜到白龙江中饮水，此时就会吸取青年男子的阳气，就定在下月十五除妖，要人们在白龙江边准备了九九八十一桶雄黄酒，又在蛇妖必经之路刀尖朝上竖着埋下利刃百把，在三眼峪准备大量柴火。到了十五那天晚上，蛇妖化为美艳妇人，腾云驾雾到白龙江边饮水，和尚命人往江中倒入雄黄酒，蛇妖一阵畅饮后，现了巨蟒原形，无法驾云，只能往翠峰山爬去，到了山脚下时被利刃开膛破肚，无法前进，就负痛往三眼峪爬去，要从峪门进入。和尚命人点燃柴火，熊熊大

---

① 〔日〕秋道智弥、市川光雄、大塚柳太郎：《生态人类学》，范广融、尹绍亭译，云南大学出版社，2006，第 90 页。

② 马宁：《论舟曲泥石流灾害中的宗教救助》，《湖北民族学院学报》2014 年第 3 期，第 40~42 页。

③ 〔美〕杨庆堃：《中国社会中的宗教——宗教的现代社会功能与其历史因素之研究》，范丽珠等译，世纪出版集团，2007，第 258 期。

④ 舟曲县在新中国成立前称为“西固”。

火将巨蟒烧死，化为一座蛇山，从翠峰山一直延伸到城北后。为镇压蛇妖，乡绅出资在翠峰山上修了翠云寺，请和尚在此修行，和尚又在巨蟒山上修了一座二郎神庙镇压，将此山命名为“二郎山”。和尚在圆寂时留言：若巨蟒山头进城，则青年男子遭难；若山天相连，则雷骨山大水淹城。中华民国时期，二郎山滑坡进入县衙，当年青年男子死难者数十人。县太爷命人将滑坡清除，组织人员将二郎山蛇形山头斩去，复归平安。

翠峰山在“文化大革命”中被毁，1992 年由县政府出资，民间赞助，恢复重建，2005 年之后又陆续进行了修缮，使其颇具规模。近几年，为发展旅游，方便游客，在翠峰山东面绝壁处从高到低修建台阶数百级，延伸至北风口。舟曲的阴阳先生认为正是此举破坏了风水，将两山相连，从城中望去，形似山天相连，所以雷鼓山发了洪水，淹没县城。

在舟曲藏汉民众看来，当地的每一座山、每一条河都有生命，人们习惯于借助本地宗教文化知识对其进行口头解释，赋予山川河流的现状以合理性，其目的在于使人们对山川河流心生畏惧，不要因为人们的盲目行为而改变其原貌，引发自然灾害。这一解释的话语权掌握在舟曲县城中的阴阳先生手中，作为道教的代言人，他们在舟曲人修房盖屋、婚丧嫁娶、民俗节庆的过程中扮演着重要角色，认为堪舆之术博大精深，不容怀疑，他们在灾后频繁举行丧葬仪式的过程中，用自己的特殊身份不断强化着这一解释框架，使其被全县民众接受。

（二）婆婆神庙幸免于难传说

舟曲泥石流灾害发生后，舟曲县城的房屋遭受重创，但是县城各处的婆婆神庙却幸免于难，没有一座被冲毁，这着实让人们惊奇了一番，幸存者传说是因为婆婆神是舟曲至高无上的佛神，掌管县域的一切，所以才能保证庙宇的安全。坝里的太阳寺寺址位于翠峰山侧缝半山腰的石洞里，附近岩石呈现出火烧后的浅黄色，而且遍布石洞，人们传说这是婆婆神三姐妹斗法后获胜的老三在此修炼的宝地，在西寨沟口还有一块巨石，就是她为显示高强的法力而专门扣下来的[①]。因为婆婆神拥有如此高的法力，所

① 马宁：《藏汉接合部多元宗教共存与对话研究》，民族出版社，2014，第 271 页。

以能轻易化解泥石流的冲击，冲刷下来的巨石也不能对婆婆神构成威胁，所以婆婆神庙才会毫发无损。在舟曲民众眼中，泥石流这一灾难反而为婆婆神增添了不少灵异色彩，使人们更加坚信对她的信仰。

根据我们的调查，因为婆婆神庙都修建在半山腰，距离村庄有一定距离，泥石流没有到达半山腰，加上寺庙是依山而建，其寺庙地势与山势一致，所以能够依靠山体阻挡泥石流的冲击力。例如月圆村的龙山寺就修建在鳌山西侧的山坡上，鳌山山体向西弯曲，有一处突起，正好位于龙山寺的北部，当泥石流从北向南呼啸而下时，这一处山体刚好有效地阻挡了泥石流的冲击力，使其未能到达龙山寺所在位置。天寿寺婆婆庙和隆兴寺婆婆庙都位于二郎山上，距离泥石流发生地尚有一段距离。净胜院婆婆庙位于皇庙山脚西侧的山坳里，有皇庙山的阻挡，泥石流未能到达这里。宝峰阁婆婆神庙位于寺门嘴的山坡上，罗家峪和三眼峪的泥石流分别从该寺的东西两面冲过，洪峰也未能到达这里。但是这种科学的解释在强大的地方性宗教解释体系面前显得苍白无力，因为舟曲藏汉民众都是婆婆神信仰的忠实信徒，所以他们会很自然地对泥石流期间发生的各种事情进行甄别和过滤，只保留有利于神祇的部分，剔除无助于神祇显灵的部分，从而彰显神祇的法力，维护其在信徒中的神圣地位。即使有人提出异议，也会被强大的宗教舆论所湮没。这样一来，最终能流传后世的传说就只能是信徒们普遍认可的说法。

（三）婆婆神灯示警传说

婆婆神是舟曲宗教界至高无上的大神，民间传说她出现的地方都会有一对红灯笼出现，历史上她的寺庙选址也多和红灯笼相连，例如西关的西胜寺之所以会修建在城背后的山脚下，就是有信众看见一对红灯笼在城背后的菜地中漂浮，时隐时现，于是一路跟随到山脚下的高台上，红灯笼消失，后来人们在选择婆婆庙地址时就将庙址选在了这里。虽然对外地人来说，这个传说显得荒诞，但舟曲民众却对此深信不疑。

舟曲泥石流灾害发生那天，天气格外炎热，夜幕刚刚降临时，在外乘凉的人们看见一对红灯笼在三眼峪上空不断浮现，一直漂浮到二郎山上后消失，还有人看见一对红灯笼在河南村上空浮现，并漂浮到南山上。这两个地方都是泥石流的重灾区，而红灯笼消失的二郎山和南山也是灾后人们躲避泥石流的主要高地。

我们认为，舟曲泥石流灾害这一巨大灾难对婆婆神在舟曲宗教体系中的神圣地位构成了前所未有的威胁，既有损其吉祥女神的神格，也与其作为生育神、众泉之母、民众救星、医药之神的崇高地位不相符，会动摇她在舟曲宗教体系中的地位，这是广大信徒所不愿意看到的。大灾之后，人们比以往任何时候都需要本土宗教来安抚情绪、净化心灵，在这种情况下，信徒就在婆婆神出游挂灯传说的基础上，衍生出示警传说来进行解释，形象地说明了婆婆神在泥石流灾害前给民众预警的过程，如此一来，人们不但不会再责怪婆婆神，反而会将原因归结到自己身上，认为是众人没有尽早领悟婆婆神的示警才造成了重大人员伤亡。

（四）救灾过程中“善恶各有报”的灵异传说

泥石流灾害发生后，舟曲民众感叹世事无常，对生命、金钱、家庭、事业等有了全新的理解和诠释。特别是在救灾过程中，舟曲民众口耳相传很多“善有善报，恶有恶报”的传说，教导人们要人心向善，不可胡作非为，否则必遭天谴。

个案1：人为财死

舟曲民众传说救灾部队进来后，就在当地工作人员的带领下先去救人，但是很多人被挖出来后，尸体还保持着怀抱大量现金和金银首饰的姿势，这些人本来是有机会逃生的，但是为了抢救钱财而丢掉了性命，让人看后唏嘘不已，不由得想起古人说的“人为财死，鸟为食亡”这句名言。

个案2：偷拉财物丧命

泥石流灾害发生后，在救灾过程中，救灾部队使用挖掘机在前面挖，一些人就打起了遇难者财物的主意，跟在后面收拾绝户遇难者的财物。舟曲大川镇一个人开着三轮车偷运一处绝户遇难者遗留下来的财物，但是置遇难者尸体于不顾，当他顺利拉了两车财物回家，在第三次拉回财物时却因遭遇车祸而丧生了。

这一传说是舟曲藏汉民众针对泥石流灾害发生后，当地出现的趁火打劫的不道德行为进行抨击的解释，目的在于警示有类似行为的人，使其迷途知返，不要再干缺德之事，发挥劝善惩恶、安定人心的作用。

个案3：掩埋尸体得巨资

在救灾过程中，舟曲一些青年志愿者组成了多支义务工作队，活跃在救灾战线上，挖掘机把泥浆和杂物装在卡车里，倒到西寨的山沟里，有三名年轻人在倾倒地点帮忙，下午5点多快休息时，又有一车杂物倒了下来，三个人在平整时发现里面有遇难者遗骸，两个年轻人觉得害怕，就先走了，第三个年轻人于心不忍，独自挖了个坑把遇难者遗骸掩埋了。当他离开时，脚下被绊了一下，摔倒在地，爬起来用铁锹拨开泥浆仔细一看，发现一个硬邦邦的大塑料袋，打开一看，里面装着崭新的十万元钱。人们都说是死者在感谢他的埋葬之恩呢。

舟曲泥石流灾害发生后，如何尽快处理遇难者的尸体、防止出现大的疫情是最迫切的问题。当时为保证遇难者尸体的完整，亲朋好友都从乡下赶来手工挖掘，如果家里人力不足，武警战士就运用挖掘机进行机械化作业，挖出尸体供亲属认领，无人认领的尸体会被集中掩埋。当时确实需要青壮年伸出援手，帮助政府和部队掩埋遇难者尸体，于是舟曲藏汉民众又利用其本土宗教体系宣扬主动掩埋尸体的义举，以口头传说的形式给出合理的解释，引起人们效仿，发挥了积极作用。

个案4：清理泥石流灾害现场得报酬

在救灾后期，县城中到处都是废弃的物件，为了变废为宝，舟曲县城周围村寨的中年妇女纷纷加入到清理现场杂物的工作中去，收集钢筋、木材，还能使用的生活用品等。有人挖出来首饰盒，打开后发现里面全是金银首饰，还有人翻出来私人保险箱、找到各种家具家电、煤气罐，甚至挖出装满清油的缸，因为这些地方的人都死绝户了，这些东西就都归发现者所有了。①

① 根据我们的调查资料整理而成。

从以上叙述中可以看出，舟曲民众对泥石流灾害有着自己的解释，这与我们常说的科学的解释不同，是当地人运用传承下来的本土宗教知识做出的符合人们思维习惯的巧妙解答，透露出当地人对真善美的追求和对假恶丑的抨击，在一定程度上反映出舟曲民众在救灾过程中不认输的坚韧精神。相比官方的科学解释，这种带有本土气息的解释更能被普通民众所接收。它用民众喜闻乐见的口头传说形式讲述着一个个惩恶扬善的经典案例，在救灾和灾后重建过程中发挥着引导人们的思想、规范人们的言行、弘扬正义的作用，与主流媒体所宣扬的时代主旋律互为补充，相得益彰。

结　语

“在处理环境问题时，关键是从地区住民的日常生活行为中找出对自然保护与可持续利用相关的因素，这样才能从当地人们的生活与文化的研究中探索人类学对环境问题所起的作用。”① 舟曲藏汉民众的生存经验和建立在宗教体系之上的口头传说从身体实践和语言表达两个层面出发，共同构筑起当地人对包括泥石流灾害在内的自然灾害的知识系统，发挥着平衡人与自然关系的作用。通过上面案例的分析，我们看到舟曲藏汉民众在与自然灾害的斗争过程中形成的生存经验确实发挥了避险求生的作用，将人员伤亡降到了最低，为当地藏汉民众的繁衍生息提供了保障。而建立在当地宗教基础上的各种传说又给人们提供了关于自然灾害的合理解释，“为一部分人提供安抚心灵痛苦的镇静剂和镇痛剂”。② 发挥了规范人们灾后行为的功能，值得我们深思。

① 〔日〕秋道智弥、市川光雄、大塚柳太郎：《生态人类学》，范广融、尹绍亭译，云南大学出版社，2006，第107期。

② 陈麟书、陈霞：《宗教学原理》，宗教文化出版社，1999，第118期。

山地生态文化传承状况与应用价值*

——以内蒙古巴林蒙古族为例

孟和乌力吉（内蒙古大学）

摘　要：本文运用人文地理学、生态人类学和历史社会学研究方法，主要讨论内蒙古巴林地区山地自然环境的概况、特点，解读人文环境与民俗传统的地域动态特性，分析当地生活环境的塑造与保护行为，考察山地居民生态文化与环境智慧的传承应用状况，进而反思现代化、工业化进程中面临的一系列地域发展难题，探索了一种更为包容多维的发展思路和以社区为本位的民族地区环境保护设想。

关键词：山地环境；生态文化；传承状况；应用价值

一　以山地为主体的多样性生态环境

“内蒙古地貌类型较多，明显的带状结构最为突出。总的看来，起伏不大的高原面积最大，在其上还叠加有众多的熔岩台地以及风蚀风积地貌的广泛发育。高原约占全区土地总面积42%，山地占20.9%，丘陵占16.38%，平原和滩地占8.5%。这些不同地貌类型，为开展林牧为主，多种经营，提供了良好的条件。”① 在内蒙古山地和丘陵地带，巴林（Bagarin）是集丘陵、低山、中山、滩川和沙地于一体的较为典型地区之一。巴林山地草原是蒙古族游牧生态知识丰富，传承得较为完整，民间日常应用率较高，文化生活较为活跃的地区。该地区以文人众多著称，就像

---

* 本论文系教育部人文社科规划基金项目“资源节约型社会建设与蒙古族游牧生态知识的传承保护”（批准号：14YJA850008）阶段性成果之一。

① 石蕴琮等：《内蒙古自治区地理》，内蒙古人民出版社，1989。

民间所说的“两个巴林人，就有一个是歌手”，“三个巴林人，就有一个是言语高手”。在此，笔者主要关注巴林地区自然生态环境、人文地理特点与社会环境、历史文化传统的交叉性议题，即讨论巴林地区蒙古族生态智慧的内涵、特点和发展变迁，因此将从环境与文化整体性（Holistic）出发，对之进行全面而多层次分析，探讨巴林蒙古文化的生态价值与知识内涵。“人文地理学是以研究人地关系的地域系统为核心，研究地表人文现象的分布演变和传播及其空间结构的形成特点并预测其发展变化规律的科学。”[①] 本文主要运用人文地理学和生态人类学的研究方法，对巴林（以巴林右旗为主）地域生态环境与社会文化形态进行外部研究，围绕环境因素对游牧文化的决定性影响及自然与人文融为一体的传统生态知识动力机制进行了理论分析和讨论。

（一）巴林自然环境与地理位置——地表空间和资源环境格局较为平衡

目前的巴林地区位于北纬43°12′~44°27′，东经118°15′~120°05′，属于北半球温带大陆性气候。年均气温4~6℃，降水量达350~400毫米，海拔390~1958米。行政上属于左右两个半牧半农牧业旗。巴林右旗面积达10256.36平方公里，巴林左旗面积达6713平方公里。“巴林右旗年日照3261小时，无霜期124天。年降水量358毫米。巴林左旗年日照2500至2950小时，无霜期124至135天。年平均降水量350至380毫米。”[②] 大部分蒙古族主要聚居在巴林右旗。广义上的巴林地区还包括查干木伦河以西的林西县。巴林地区位于内蒙古东部大兴安岭和燕山山脉中间地带，是东北平原西南边缘低山、大兴安岭山区南麓及边缘丘陵，也是燕山以北西辽河地带的农牧业交错区域。在宏观地貌环境上，是内蒙古高原和东北平原这两大块有较大区别的自然地理形态的交接地带，遂形成气候和地貌的多样性特征，即兼具山地、河谷、草原、平原的多样性特点。该地区是契丹人发家并南下的重要基地，处于辽朝农牧业结合经营区域核心地带。蒙元时期则是重要的兴安岭南地区组成部分，元末明初许多大规模战争起点均

① 陈慧琳主编《人文地理学》，科学出版社，2003。

② 《内蒙古自治区地图集》，内蒙古自治区测绘局，1987。

在于北部庆州白塔一带。清朝时期的北方主要驿站路线，譬如，喜峰口（Bayashulang Hadatu Hagalga）、古北口（Moltushi Hagalga）等直通巴林或通过其附近地区。由此看出，包括清朝在内的历代政权对拥有自然地理和生态环境优势的巴林地区的足够重视。

（二）地貌呈现多样性特征和“小气候”现象

“地貌部位与小气候，同样可以引起地表环境的空间分异。山顶与山坡、谷底与谷坡、阳坡与阴坡、阶地与漫滩、洞内与洞外、扇顶与扇缘不同的地貌部位具有不同的水分与热量条件，因而形成了不同的环境与景观。在同一地貌部位，由于岩性、土质、排水条件的不同，也会引起地表环境的分异，只不过这是更小尺度的地域分异。”① 巴林左右两旗近 17000 平方公里土地分布着山岭、草原、河谷和沙地地貌环境，即由山岭、丘陵、河流、湖泊、谷地、杭盖、锡勒、平原、平川、原野、沙地、昭地、森林、湿地等多样性地貌组成，其小气候特点明显。以巴林右旗为例，“北部中山山地，面积为 3800 多平方公里，占全旗总面积的 37%；中部低山丘陵，面积为 3200 平方公里，占全旗总面积的 32%；南部东南部倾斜冲积平原，面积为 3100 平方公里，占全旗总面积的 31%”。山地、丘陵面积达到土地总面积的 70%。该比例高于内蒙古同类比例，达到中国山地面积比例。“旗内沙带分布了西拉木伦河北岸，与克什克腾旗西部沙地及西辽河两岸沙地相连，属于科尔沁沙地‘八百里瀚海’的延伸部分。长 190 华里，跨旗内巴彦尔登、巴彦汉、查干诺尔、益和诺尔、西拉木伦五个苏木。沙带面积 183 万亩。”② 以上数据说明，巴林地区是内蒙古高原一带少有的以山地丘陵为主体的地域多样性环境单元。

首先，从地形的立体角度分析。北部大兴安岭地带的赛汉罕山、乌兰达巴山等海拔高度近 2000 米，南部高平原地带海拔只有 350~400 米，高差可达 1500 米以上。北部相对高可达 900~1000 米。这是巴林自然地理环境中明显的垂直变化现象。除阿拉善盟贺兰山西麓地带以外，内蒙古地区很少有一个旗县的海拔高差能达 1500 米以上。这就说明，受海拔高度变化

① 王建：《现代自然地理学》，高等教育出版社，2001。

② 《巴林右旗志》，内蒙古人民出版社，1990。

影响的气候与植被多样性特征在巴林地区较为显著。北部罕山地区有草甸草原和苔加林草原；南部沙地则有低平冲积平原及温带阔叶林，是集牧、林、农、渔各种传统产业于一体的富饶区域，是巴林右旗远近闻名的草原"小江南"。从地表的平面角度分析，巴林各中、低山和丘陵地带中有许多较开阔的水草丰美的草原。而且许多河流都发源于中山森林地带并流过宽阔的草原和谷地。譬如，敖尔盖河源头是赛汉罕山南麓，它沿着中山丘陵流向东南，促使形成较为开阔的河谷。山峦、草原、河谷和沙地四种自然环境地表形态纵横交错，神秘结合，融为一体，独具风格。人和自然的和谐共存现象及特征在巴林地区尤为突出。巴林右旗的赛汉罕山（Saihan Han Agula，1928~1951米）、古勒斯台山（Guilesutai Agula，1731米）、阿巴达仁台山（Abdarantai Agula，1465.9米）、巴彦汗山（Bayanhan Agula，1290米）、阿力门乌拉山（Aliman Agula，1280.1米）、翁根山（Onggon Agula，962.5米）、葛根绍荣峰（Gegen Shorong，804.6米）、哈拉金乌拉山（又名巴林海金山，Bagarin Haljan Agula，670.2米）以及查干木伦河、阿尔山河、古日古勒台河、敖尔盖河；巴林左旗的白音乌拉山（Bayanagula，1724米）、平顶山（1621米）、僧根达坝山（1540米）、小罕山、阿鲁召山及乌力吉木伦河、浩尔图河等均为有名的山水。山峦和河流是大自然恩赐人间的神秘而实用的资源财富。"山得水而活，水依山而幽。"其审美意义、定位功能、物质基础和资源价值是无法计算的。宏观上可以说，蒙古族发源地由两座山脉和两条河流构成，即西部的阿尔泰山、额尔齐斯河和东部的大兴安岭、额尔古纳河。其间庞大的梯形地带就是辽阔蒙古高原上的多样带状草原。蒙古族现代大作家达·纳楚克道尔吉曾在他成名诗《我的故乡》中以恢宏诗笔和豪放心情歌颂故乡壮丽的山川。

其次，从人文地理角度分析地域文学传播现象。"文学地理学是融合文学与地理学研究、以文学为本位、以文学空间研究为中心的新兴交叉学科或跨学科研究方法，这样不仅可以使我们更真切地了解文学家的生态环境，复原经过文学家重构的场景，揭示隐含于文学家意识深层次的心灵图景。"① 蒙古人崇尚大自然，推崇苍天父亲和大地母亲高于一切。蒙古民间文学和作

① 梅新林：《中国文学地理学导论》，《文艺报》2006年6月1日。

家文学作品里不乏升华到精神境界的心灵图景的描写。“蒙古人喜爱歌颂大自然，歌颂那无垠的草原、那滔滔的江河、那天空中飘浮的云彩。但他们也歌颂朝圣、喇嘛的荣耀和英雄们的功绩以及男女之间的爱情。”蒙古国著名文学家策·达木丁苏荣（C. Damdinsureng）的诗《我的家乡》里有一句“戴有白雪帽子，穿有绿树袍子，飘有青水衣摆的是我可爱的巴彦杭爱山”的形容。这种与游牧民族心灵融为一体的美丽富饶的多样性自然环境曾孕育出数以万计的神话、传说、史诗、祝赞词、歌谣、谚语、好来宝、诗词、散文、小说等古今各类文学体裁。其中包括现当代书面语诗歌——乌斯夫宝音的《罕山之颂》，巴·布林贝赫的《耸立的山峰》（民歌与书面诗结合作品）、《请随意行驶吧，我的列车》，敖力玛苏荣的《翁根山之明月》，勒·敖德斯尔的《牧马人之歌》，瓦·其木德的《寄封家信》等富有感染力的环境文学作品。其中《罕山之颂》本身可成为一部翔实的巴林本土生态与环境知识的典范。“人的自然化和自然的自然化或本真化，都是以自然的人化为基础的，是在自然的人化的基础之上才可以成立的。生态美是人的自然化，是在自然人化的基础上人对自然的回归和对自然的归依。”① 巴林独特的山地自然生态美创造了丰富多彩的艺术美与游牧民心灵图景。

（三）形成以自然地理为前提，与社会历史因素相联系的多层封闭式地域文化圈

“山脉作为天然的屏障之一贯穿于大部分人类历史，使文化群体和社会相互隔绝和彼此脱离。在喜马拉雅山分离了印度人和中国人，并让他们各自独立发展。受山脉地形所困的交往障碍往往提供时机，使比较小的群体独立发展自己的文明，而不受较大或更强群体的压制。”② 巴林北部跨大兴安岭中部山脉毗邻锡林郭勒盟西乌珠穆沁旗；南部以西拉木沐伦河为界，与翁牛特旗隔河相望；西部是以农林为主的林西县；东部则是阿鲁科尔沁旗。因此，巴林地区蒙古族自半定居 300 多年以来的自然生活环境处

① 〔丹麦〕亨宁·哈士纶：《蒙古的人和神》，徐孝祥译，新疆人民出版社，1999。

② 黄秉生、袁鼎生：《生态美学探索——全国第三届生态美学学术研讨会论文集》，民族出版社，2005。

于相对封闭状态，遂形成了较单一而别具风格的地域文化圈。值得一提的是，最近几十年巴林地区的生态环境继续恶化，连遭灾害，天灾人祸对环境的破坏颇为严重。同时，随着改革开放的大力推进，尤其在城市化、工业化的全面冲击下，传统社会结构、民俗文化和观念心态也发生了相应的巨大变化。这些主客观动态因素都在深刻地影响着山地巴林现当代许多民间精英、文人作家的社会心理、生态意识与环境态度。

二　人文环境与生态文化

（一）人文环境的社会基础

1. 人口因素与社会心理

人类是在自然与社会之间理性活动的双重属性群体。一方面，人类当然离不开大自然，但是大自然同样也离不开人类。大自然是人类根据自己认识水平和价值取向下定义的生态环境，如果大自然离开人类也就意味着失去了许多自身含义。另一方面，人本身就是自然躯体和文化心理的复合物，是一个微小而庞杂的自然文化系统。在人与人、人与群体、群体与群体之间的合作与竞争中，自然界总是扮演着外部客观参照体的角色，并强有力地推动社会深层结构的历史过程。“从社会行动发展为互动，需要具有一方的社会行动触发另一方的社会行动这样的作用与反作用关系。如果不存在这种相互触发的关系，社会行动就不会发展为互动。并且，互动要得到持续和稳定，也需要出现帕森斯所谓‘期望的互辅性’的状态。”①

人既是生产者，又是消费者。无论如何，人类总是在物质与文化的生产——消费循环模式中摇摆不已，受其制约。可以说，一个国家或地区自然和社会环境中人口数量、素质和结构因素是非常关键的，从某种角度来说它能决定人类社会的全部内容。蒙古族是游牧民族，故人口规模历来较小，其基数一直未能庞大起来。而且近 100 年来，尤其是近 50 年的经济社

① 〔日〕牧口常三郎：《人生地理学》，陈莉等译，复旦大学出版社，2004。

会因素的激烈冲击下，蒙古族语言与文化变迁速度被加快，不少地方的蒙古族已失去语言和有形文化，从而客观上减少了蒙古族主体人口数量。某些前线地区自身在难以维持文化特质的同时，强烈地辐射着附近地带的蒙古族传统聚居区，产生文化多米诺骨牌效应。目前，中国近600万蒙古族人口当中，较熟练掌握母语的已不到300万，且主要集中在内蒙古、新疆、青海、甘肃及东北三省等。除内蒙古南部农区蒙古族外，在河北北部为数不少的察哈尔和喀拉沁蒙古族几乎已丧失有形语言文化。从城乡角度分析，农村、牧区蒙古族语言能力较强，而大中城市蒙古族的母语丧失速度和规模令人担忧。从阶层角度分析，社会中、上层与他族的交流和涵化较为深入，而中、下层相对维持“纯社区”状况。蒙古族语言文化根基和动力仍然在于偏远的农村牧区广大民众日常生产生活中。

另一个问题是，蒙古族（内蒙古）人口地理分布不平衡，东部农区人口占60%以上，西部牧区只占20%~30%。“据2000年全国第五次人口普查统计，全国蒙古族人口为581.3947万人。内蒙古自治区蒙古族399.5349万人，分布在全区5市7盟的106个旗、县、市、区。呼和浩特市204846人，包头市67209人，乌海市13904人，赤峰市830357人，通辽市1373470人，呼伦贝尔盟（市）231276人，兴安盟652385人，锡林郭勒盟284995人，乌兰察布盟（市）60064人，伊克昭盟（鄂尔多斯市）155845人，巴彦淖尔盟（市）76368人，阿拉善盟44630人。”① 巴林两旗历来艺人、文人和民间诗人荟萃，所生产的文艺作品一直在满足社会各层次消费群体的正常需求。巴林右旗有近16万人，蒙古族人口比例颇高，能够形成读者群体并与作家进行精神互动。巴林是蒙古族源远流长、文化底蕴较深厚的传统部族之一。从远古一直到蒙古帝国再到清帝国以及20世纪的中国，其对整个蒙古族文化及文学的影响力没有减弱过，甚至曾几度处于强势地位。一方面，巴林地区是内蒙古为数不多的重要的蒙古族聚居区。巴林右旗蒙古族人口比例即使在外地移民高潮时期也能维持在46%左右（1946年为49.1%，1986年为42.4%），在语言和文化上属于相对“纯真”的民族社区。另一方面，其独特的自然生态环境未曾面临全面恶化，

① 〔日〕青井和夫：《社会学原理》，刘振荣译，华夏出版社，2002。

遂为语言文化的存续提供了自然物质基础。所有这些都在深刻地左右着巴林文人精英的社会行为和文化思维，并在决定巴林地区文化传承现状与发展应用方向。

巴林蒙古族在长期的生产、生活与文化活动中逐步形成了较为独特的社会认同感和地域心理特征。这些认同感特征仍然与生态和历史环境紧密联系在一起，即地理、文化、语言和艺术等综合性因素决定了巴林蒙古人的共同社会心理特征。一般来说，巴林地区给外人的印象是人杰地灵、文化活跃。因此，巴林人具有一定的地域文化优越感。民间文艺主题更多地突出与自然生态环境有关的罕山、江河、草原、湖泊等宏观意义的壮丽山河以及石头、草叶、牛羊、虫鸟等微观层面的自然生命；另外，还包括建构在社会文化层面的敖包、故乡、父母、骏马、友谊、和平、爱情、历史等人文议题。在巴林民间文化里，赞美故土的同时也强调故乡与创作者的高度融合关系。

2. 历史传统与文人精英

巴林一带是商、周、春秋战国时期主要为东胡地。秦汉多为乌桓、鲜卑地。唐宋时为契丹族的发祥地和立国区域，境内设有归诚州，属饶乐都督辖。“916 年，耶律阿保机宣布即皇帝位，建元神册，国号契丹。918 年，在西楼之地，修建皇都（今赤峰市巴林左旗林东镇南博罗和屯古城）。”① 元代属中书省全宁路，为鲁王分地。明初属全宁卫地，后为兀良哈北境，属诺颜卫。16 世纪成为达延汗第六子阿勒楚博罗特喀尔喀五部之一。1634 年，爱新国朝廷划分蒙古诸部牧地，巴林部始定居于现在的兴安岭南麓开阔地带。1648 年建旗并维持至今。巴林部的源流可以上溯到公元 10 世纪。这个时期正是成吉思汗的第十世祖，孛儿只斤氏的创始人孛端察儿的时代。巴林氏族可分四支，即巴阿邻、蔑年巴阿邻、尼出古惕巴阿邻和速客讷惕等。巴林名称最早见于 13 世纪蒙古文巨著《蒙古秘史》。到明初，明人用汉字音写的《蒙古秘史》中译作“巴阿邻”。18 世纪蒙古史学家、巴林人拉喜彭斯克的在其史著中一律作 Bagarin，与现在读法和写法基

① 郝维民：《漫议中国西部大开发与蒙古族的发展——兼评少数族群“去政治化”和“民族共治”》，转引自内蒙古大学蒙古学学院《蒙古学研究文集（3）——蒙古史》，内蒙古人民出版社，2006。

本一致。蒙元时期，巴林部诞生出了部分政界军界文武名将，并产生较大社会影响。

1648年巴林两旗建旗之后对清政权的影响力逐步扩大，并与察哈尔八旗所受到的“官不得世袭，事不得自专”惩罚形成鲜明对照，于是其在内蒙古49个札萨克旗里位置逐渐提升。其中除了政治联姻及上层政治人物之外，近几百年历史变迁中历史文人精英接连不断地出现在巴林整合度较高的社会人文环境及整个蒙古族社会文化舞台，并感染和影响着蒙古族传统文化的主流脉络。这些才子名人包括拉喜彭斯克（Rashipungsug）、阿拉丰嘎（Alfungga）、乌勒辉充嘎（Ulhichungga）、乌斯夫宝音（Oshubuyan）、仁钦卡瓦（Richinkawa）、其木德道尔吉（Chimeddorji）、阿·敖德斯尔（A. Odzar）、苏都毕力格（Sudubilig）、巴·布林贝赫（B. B urinbehi）、敖力玛苏荣（Nulmasureng）等文人以及沙格德尔（Shagdar）等著名民间艺人的民间知识智慧传播影响深远。可以说巴林地区是“契丹人繁衍生息的历史文化源远流长的故土，在漠南蒙古地区，其地理坐标是东西南北连接地带。传承和携带正统蒙古深厚文化的巴林部，在吸收当地契丹文化的同时又接受满洲文化、藏文化和汉文化的先进部分，从而丰富和发展了母族传统文化，并强有力地影响了漠南漠北其他蒙古部，终于形成了独有特点的多元巴林文化”①。

3. 语言教育与民间文艺

一方面，蒙古族的早期游牧活动和频繁的社会流动在客观上缩小了各地域群体或部族在方言与风俗上的差别；另一方面，受自然生态环境和历史文化多种因素影响，巴林方言也具备了一定的独特性。

巴林方言是较为正统、较有代表性的蒙古语方言体系，20世纪70年代末之前“正——巴语音”是中国蒙古语基础方言标准音。巴林方言兼具蒙古高原东西南北诸部方言共同特点。由于它处于东部农区方言与西部牧区方言体系的过渡地带，或者位于卫拉方言和巴尔虎、布里亚特方言中间地带，因此在中国八省区蒙古族聚居区和蒙古国一带（巴林是喀尔喀五部之一）不会遇到社会交流障碍。巴林方言在发音方面较为中间；词汇丰

① 郝维民、齐木德·道尔吉：《内蒙古通史纲要》，人民出版社，2006。

富，与北方传统游牧社会文化有密切联系的基本词汇保存得完好；日常用语中格言、俪语、谚语的使用量较大。同时，农区蒙古族生产生活语言也较多，具有典型的半牧半农区域特点。巴林地区蒙古语文教学体系一直较为完整而独特。“艾勒学塾的教学内容以内蒙古语文和满语文为主。识字阶段学《麻嘎他拉》（颂）、《依热勒》（祝辞）、《家训》和《成吉思汗箴训》等。尔后，学蒙古传统教材。这些教材有《敖云图勒胡尔》《智慧之鉴》《训蒙骈句》《益寿篇》《尼莫根乌斯伯黑》《莫日根葛根训戒》以及《苏布喜地》等。”传统的艾勒学塾到1910年建立的大板普励学校、伪国民学校，再到1947年以后建立起来的完整的民族语文授课教育体系，有效推动了母语社会环境的维持与维护。语文普及率高，文盲与半文盲比例较低等都在客观上决定着巴林蒙古族母语能力的相对强势。巴林蒙古语文生存环境和氛围强于其他地区。只有以活化的母语为载体，才可能使民间环境知识保存、传承、应用和发扬光大。

历代巴林地区口耳相传的民间文艺较为活跃。内蒙古东部半农半牧地区的许多民间文学形式都可以在巴林两旗找到。民歌（《将军王爷》《耸立的山峰》《江沐沦》《母鹿和鹿羔》）山水敖包祝颂词、好来宝（Holbuga词根为Holbu——最早的蒙古诗歌形式）、蒙古语说唱文学（Hugur un Uliger）、《贷日拉查嘎》（Dagarilchaga，强比语言才华的艺术）等文类均全。其中巴林格萨尔故事独具风格，并在蒙古格萨尔研究资料中具有举足轻重的位置。巴林地区号称“山有故事，水有传说”。巴林的壮丽山河与格萨尔传说故事息息相关，尤其在沙布尔台苏木、查干木伦苏木一带广为流传。在这些地方，努图克文人（Nutug un Erdemten）较多，诗人作家相对更为集中。由此看出，民间文学与传统文化对巴林地区的民间生态知识的生产、传播、传承和发扬产生了长远深刻的影响。只有在有浓厚底蕴的文化土壤上才会产生丰富多彩的民间知识和地域生态智慧。

（二）地域环境意识

1. 生态文化的传承

生态文化，“从狭义理解是，以生态价值观为指导的社会意识形态、人类精神和社会制度；广义理解是，人类新的生存方式，即人与自然和谐发展的生存方式"[①]。人类在长期的生存和繁衍实践中形成了与大自然的良性互动关系，即人地和谐互尊关系。在地球多样性生态环境中形成了多元民族文化，蒙古族传统游牧文化是其中独特的文化模式。蒙古高原是游牧人的社会历史大舞台，更是蒙古族优秀文人热爱的故乡，人生的起点，心灵的归宿和意义的象征。游牧文化产生的原动力是蒙古高原相对单一的自然生态环境，而其传播和稳态延续的关键因素则是蒙古人同草原生态环境理性建构起来的良性互动与和谐关系。在生态环境与社会制度互动交叉关系中，蒙古族形成了更高层面的环境观念意识，即顺应大自然、理解大自然、敬畏大自然的深层意识及相应的行为方式。这种生态文化既有浓厚的传统民族和地域特点，也有现代化条件下发扬和建构的现实意义。蒙古族生态文化在草原环境与游牧精神的外化艺术形式——民族文艺作品中得到了充分的体现。

巴林草原位于蒙古高原到西辽河平原的过渡地带，是生态环境和自然地貌相对多样化的地域文化单元。巴林蒙古族也像其他地区蒙古族一样对草原环境和自己故乡拥有独特情感和眷恋。从祝赞词到现代诗歌——重视生态环境与人类社会的良性互动的思想一直在主导着巴林地域文学作品。"巴林民歌的主题鲜明。……有的礼赞山川，赞美故乡；母亲的形象，在蒙古人的心目中是极为崇高的，巴林民歌将赞美和颂扬母亲作为重要的主题；骏马，是蒙古族人民的第二生命，巴林民歌对马的赞颂在蒙古民歌中可谓独树一帜；爱情，在巴林民歌中占有突出的地位，反映了蒙古族人民向往自由、向往幸福的情感和执着的追求。"尤其受民歌洗礼的优秀诗人故乡情怀和生态观念是具体而艺术化的。巴林籍著名诗人敖力玛苏荣在其20世纪70年代的诗歌作品《母亲的远影》[②]中把蒙古族对草原故乡的真情实感和环境保护意识融为一体，以形象而感染力极强的诗歌语言淋漓尽致地表达了比现代国家意识更有深厚底蕴的群体与故乡情结。这首诗是情感与意识、感性与理性、现实与理想、生态与人文有机结合体的某种典范。

① 索德纳木拉布坦：《巴林格萨尔故事序》，转引自纳·赛西雅拉图、哈斯巴根《巴林历史文化文献（蒙古文版）》，内蒙古文化出版社，2005。

② 余谋昌：《生态文明论》，中央编译出版社，2010。

2. 日常生活中的本土知识

巴林蒙古族一直在其日常生活中坚持传承和全面应用生态知识和环境智慧，从而积累了丰厚而多样本土生态保护经验。譬如，“贪吃的肥嘴早晚会变成白骨，啃光的草地早晚会长出绿草”“厚雪压不住草，乱石挤不死道”“春天人起得早，秋后马吃得饱”“牛要日饱，马要夜草”等生态谚语在生活环境中运用率都较高。在服饰、饮食、居住、节庆等社会风俗领域里均能看见其与生态环境、气候条件和资源要素之间的有机结合特点。在巴林地区，山地和草地、生产与生活、社会与文化、传承与应用总是结合在一起，并加以发挥自然—社会整合功能。巴林牧民无论从日常的牧活、泥活和农活到特殊的迁徙和转场，还是从普通的乳酪制作、作衣刺绣到工作量巨大的盖房、搭盖棚圈和祭祀仪式，都在体现着资源节约与植被保护的朴素伦理和熟练技能。北部山区有句谚语“山地日出为晚，日入为早”，以此说明山地自然地理环境和日常生活习俗具自己地域特点，当地居民遵循此规律而安排日常生产生活活动。以东南部丘陵沙区为例，当地牧民对塔马哈沙地（Tamaha in Mangha）的经营管理别具一格，自成体系。首先，对沙地地理环境和植被资源总量形成了丰富的传统科学知识；其次，对远山丘陵的利用和季节性放牧具有地域性实践和经验；再次，基本上传承民俗与传统生活方式，坚持放牧方式，认为放牧是最为适合于当地自然生态与资源环境，因此20世纪90年代的沙区开垦相对未能产生破坏性影响；最后，通过敖包祭祀等相关社区仪式活动有效进行了环境教育，从而阻止破坏行为，保护了沙地环境的整体性和系统性。因此可以认为，它是一种以社区和聚落为中心的，群体创造、集体活用和灵活继承的本土环境智慧系统。以敖包祭祀为例，“在巴林地区有祭祀的敖包曾达一百多座。有些敖包一直祭祀到现在。初期堆砌的旗敖包包括巴林右旗第八代亲王巴图所建立的巴尔达木哈日山（Bardam Hara Agula）敖包。之前，左右两个巴林共同祭祀的有赛汉罕山（Saihan Han Agula）敖包……而且将有敖包的山岭视为神圣地，派遣专员保护森林和野生动物。如果有人随意侵入山水禁区，或者搬动树木和石头，猎杀飞禽走兽，视其犯错情节的轻重，罚小畜或大畜。这些惩罚所收到的物品，不是送给旗府衙门和看守专员，而是纳入敖包祭祀事宜，从而做到贡献于民众事业”[①]。在“赛汗罕山敖包”祭祀祝词里有如下描写：“美丽的罕山，山后有温泉。十三层险峻的山峰；招引十方前来祭奠。拯救生灵的三件宝物，佛祖、喇嘛和藏经；至高无上的天神和山神，是祖宗遗给的神明。遇旱恩降甘霖，遇灾施展法力，庇佑巴林地方，年年岁岁平安——山神保佑 风调雨顺 牲畜兴旺 大吉大利。”山神是自然的力量，也是资源和空间的代表者，它实际上是一种人化的大自然。该祝词所反映的是人与自然之间的和谐互动关系，也是一种蕴含生态智慧的社会行为和象征仪式的体现。

环境意识是一个哲学层面上的复合型概念。即人们对环境状况和环境保护的某种认识水平和自觉程度，并借助较高的环境认知，不断调适相关经济活动和社会行为，从而实现人与自然关系的持久和睦共处。环境意识通常强调态度、知识与行为的全方位互动，关注其整体性、实践性和社会性。生态文化是环境意识建构的基础要素之一，其传承和应用程度的高低直接关系到现代环境意识的提高或降低。蒙古族传统环境意识同样强调态度、知识与行为的互为因果关系与整体互渗性，并注重日常生活中的传承和应用，由此最大限度地保护了高原和山地生态环境，为子孙后代留下了壮美山河和经验知识。

三 巴林游牧文化蕴含的蒙古族生态智慧

日本现代人文地理学家牧口常三郎（まきぐちつねさぶろう）曾认为，“在游牧地区人与陆地之间的脆弱关系不可能形成稳定的社会，在这样的状况下社会发展的唯一基础是血缘关系，使社会分成很多家庭或部落，而且彼此之间经常发生战争。这或许就是为什么住在高地的人们，总是急于采取暴力手段而不愿依靠智力的方式来处理问题”。

牧口在缺乏实地调查和深层解读的情况下做出的如此结论显然有其问题和不足。以下是笔者在巴林案例基础上总结的关于蒙古高原生态环境和传统游牧文化关系的看法。

① 《敖力玛苏荣诗选（蒙古文版）》，内蒙古人民出版社，1985。

（一）地理环境的静态性要素

“高原指海拔500m以上，面积较大，地面起伏和缓，四周被陡坡围绕的高地。它是准平原受地壳强烈抬升而成。由于各地高原的发育史和切割度不同，所以地面的起伏差异很大。例如，蒙古高原是起伏和缓的高原；青藏高原内部夹杂着数条高大的山脉；云贵高原内有山脉，也被多条河谷所切割，成为山地与高原并存的山原形态。”①

位于亚洲腹地的蒙古高原的地理空间特征在于地表的平面性、地貌单位的相对独立性以及活动空间的拓展性。蒙古高原广阔结构化的生存空间孕育产生北方民族游牧文化艺术的系列特质。该特质同样对生态环境具有制度和精神上的保护功能。蒙古族游牧文化是地理静态空间中形成的动态横向文化。

（二）经济社会的结构性要素

“从生态哲学视界审视，游牧经济包含着丰富的科学内涵和深厚的生态意蕴，游牧民族的生存、生活和生产具有明显的简约循环化特点和凸显的绿色生态化特征。”② 与农业社会主要强调人与人之间的和谐共存关系所不同，游牧社会主要强调人与自然之间的共生共融关系。农业社会更为强调人伦，而游牧社会则更为重视天伦。对农业文化群体来说土地只不过是普通的生产资料，并相信“人定胜天”公式；对游牧民族来说牧场是其生命根基，精神源泉，并相信“人定属地”理念。农业民族生存环境相对优越而封闭，因此不太重视实力性扩张；游牧民族则与其相反，需要许多补充性的扩张。“美国人类学家 Thomas J. Barfield 还创建了一个解释中国历史上北方民族与中原王朝复杂关系的公式。根据这个公式，每当中国境内出现统一和强盛的王朝时，北方草原上也会随即诞生一个强大的游牧帝国，因为游牧民族需要统一在同一个强大的政权体系内，才能够有效地与南方

① 布和朝格图：《巴林人的敖包祭祀》，转引自穆松《巴林风俗（蒙古文版）》，内蒙古文化出版社，1994。

② 刘南威：《自然地理学》，科学出版社，2000。

同样强大而统一的王朝进行对抗，从而保证获得游牧经济所必需的农业物资。”① 人地关系是游牧经济社会十分重视的根本性问题。从历史角度看，在蒙古高原广袤平坦的牧场上很长一段时期内始终生活着200万左右人口的游牧部族，从而保持了经济生产和社会存续。另一方面，在特殊的地理环境中形成的灵活的游牧经济生产和动态的社会组织系统淡化血缘关系的同时促使蒙古族各群体在更高层次的分裂与组合，从而加强诸部族之间的地缘关系，增强游牧经济组织的张力，促进其内部动力的更新，终于实现了牧人和草场持久的良性互动与经济生产的适应性循环。早在辽代，“斡鲁朵、部族、官牧场是其基本游牧组织，与历史上其他游牧民族一样，契丹人的各游牧组织均占有一定的游牧空间，并保持相应的游牧规模”。北元达延汗时期的鄂托克（Otog）、图绵（Tumen）等正式社会组织、领地分封制以及爱玛克、艾勒（后来的Ail Aimag）等非正式社会组织在以上条件下产生。“这些部落有彼此相邻的禹儿惕（游牧营地）和地区，并明确规定，各部落的禹儿惕从哪里到哪里。”这种划定牧界与“川量谷计”做法相反。

（三）历史环境的动态性要素

蒙古族诸部落历史演变是频繁、复杂、持续的社会与地理互动过程。德阿·托隆认为，“草原上的秘密是突厥——蒙古各部落为争夺肥沃牧场，彼此吞并，这些部落受牧群的需要所驱使，从一个牧场到另一个牧场进行无休止的迁徙。在某些情况下，由于迁徙路途非常遥远，往返迁徙一次需要几个世纪才能完成，这些游牧民的种种条件，即身体状况和生活方式，都已变得适应了这种迁徙。”各氏族、部落及地域群体在经济文化来往和实力对抗当中此消彼长，趋于整合，最终形成统一的蒙古民族。在这种全面而多层互动过程中蒙古族民众创造和积累出和谐而合理的生态理念和民俗文化。它对蒙古高原游牧社会与自然环境的长期平衡发挥关键作用。蒙古族诸游牧部落一直在时间和空间的立体交错网络中从事于生命和文化的绿色生产。游牧文化是动态文化，其生命力在于“动”。通过“动”，逐步

① 乌峰、包庆德：《蒙古族生态智慧论——内蒙古草原生态恢复与重建研究》，辽宁民族出版社，2009。

解决血缘上的、地缘上的和生产上的许多问题。而“动力”永远来自草原地理环境和游牧经济生产方式。与此同时，蒙古族季节性的游牧生产活动和开放的文化心理互动强有力地打破地域封闭性，促进相互交流，减少差异性，增加同质性，保存凝聚力。这很可能是曾经在蒙古高原上繁衍生息的众多游牧民族，最后被蒙古部落融合成统一的民族共同体，并维持至今的重要原因之一。天（超自然力量、世界内部秩序和环境外在威力）、地（草场空间、资源环境）、人（个体与群体多层互动关系）三个要素有机结合，共生共融是其核心生态理念所在。

（四）环境保护的经验性要素

内蒙古地区自古以来以平坦高原地貌著称，高原面积超过40%。但同时分布着较大面积的山地、盆地和沙漠地带。山地面积达到21%，如果包括丘陵地区，面积超过37%，是不可忽视的地理地貌单元。在内蒙古地区，山地是与沙地、湿地和戈壁等地貌生态单元并列互动的文化自然环境。山地既是生态环境，又是生活空间，是集自然、经济、社会和文化于一体的复合动态环境。巴林是山地、丘陵广泛分布的半牧半农地区，也是以蒙古族为主体和以游牧文化为主体的相对传统的东部畜牧业经营区域。历史上，“辽金时期人们在西辽河流域所从事的农牧业活动，虽然不能与后代相比，但在局部地区也足以造成环境压力，西辽河流域地处生态敏感地带，畜群过载会引起沙化，大片农田开垦，地面失去自然植被保护，则会造成水土流失，而这一时期正逢气候转向冷干气候变迁加大了风沙活动的力度，两者叠加在一起，不仅增加了水土流失量，而且也加速了河流干流以及河口地带泥沙的堆积”①。虽说蒙元时期当地环境有所好转，然而自清末开始单一农垦化趋势明显，大面积优良牧场开辟为农田，大量移民涌入山区，生态环境面临巨大压力。与此相反，巴林地区当地蒙古族自建旗300多年以来，与其周围其他自然地貌环境中的生活者密切互动，运用文化杠杆，传承生态智慧，适应山地自然环境，塑造河谷和滩川生活环境，理性保护和适度扩大山地生态空间，减轻农垦带来的超载压力，为草原牧

---

① 韩茂丽：《草原与田园——辽金时期西辽河流域农牧业与环境》，生活·读书·新知三联书店，2006。

区资源环境的可持续发展做出自己的一份贡献。在巴林山地草原上，较广泛地分布着具有300多年历史、曾经有着多民族融合背景，并以多元多层次的山地地域信仰民俗世界为环境认同基础的“珠腊沁村”式蒙古族聚居浩特。

自然环境问题很大程度上是社会问题，同样，社会问题在一定意义上也能够演变成自然环境问题，两者是密不可分的。历史上的许多社会问题均与自然环境恶化、灾荒或资源的枯竭有着紧密联系，反之亦然。德国社会学家贝克（Ulrich Beck）认为，“世界风险社会所指的是这样一个世界：它的特点在于自然与文化之间不再有明显的界限。今天当我们谈论自然时，我们所谈的就是文化。同样地，当我们谈论文化时，我们谈的也就是自然。那种顽固地将世界区分为自然和文化/社会的观念仍然囿于现代化思潮之中，它已经无法认识我们正在建立、活动并生活于其中的人为建构的文明世界，因为这个世界的特点已经超越了前述的那些区分。这些领域间界限的消失不仅是由自然与文化的工业化所导致，也是由那些危及人类、动物和植物等的危险所导致的”①。笔者也认为，传统文化的破坏其实就是生态环境的破坏；反之亦然。就人类长远利益来说首先应考虑怎样与自然环境和谐沟通，互补互动，共生共存。人类的理性和能力是有限的，且人类本身只不过是地球大环境的物种组成部分之一，所以人类社会虽然正在大规模开发地球表层，但是这种开发一旦突破地球环境承载力，其结果是无法挽回的损失和结构性代价。在环境保护问题上北方游牧民族的传统生存经验非常值得总结和借鉴。游牧民族生存理念的核心是崇拜大自然，理解大自然，融入大自然，或“从大自然中来，到大自然中去”。即行为性环保经验“Neguhu Bahuhu”（迁徙转场）；意识性环保经验“Johichagulhu”（主动适应）融为一体的长时段生态保护历史实践。法国著名历史社会学家布罗代尔（Braudel，Fernand）“在《地中海》一书的导言中提出时间以不同的速度运行，这是关于社会学家所说的‘社会时间’的经典探讨之一。他阐述了长期阶段与短期阶段之间的常识对比，将姿态鲜明的事件时间与制度时间和更加缓慢、几乎感觉不到的环境变迁时间区

① 杨庭硕等：《生态人类学导论》，民族出版社，2007。

别开来”。[①] 包括巴林蒙古族在内的民族地区传统本土生态智慧与环境实践研究也可从长时段的环境变迁视角入手，探讨其结构化特征和日常生活中建构的稳态轨迹，从而发掘本土知识的深层复合内涵。

结论与反思

从巴林地区传统文化与生态智慧可以看出，作为北方少数民族重要一员，蒙古族传统游牧文化体系蕴含着许多生态特质和合理的环保行为模式。可谓巴林地区蒙古族与当地自然地理环境良性互动的结果之一即是作为北方边疆山地智慧的综合本土知识体系，其社会历史意义和现实环境价值非同小可。然而，“生态智慧与技能若没有相应社会制度的支持，没有在伦理观念中得到明确的价值定位，在日常生活中没有相应的传统习俗，架空了的生态智慧与技能就不可能发挥其生态实效”。从社会变迁和环境问题角度看，内蒙古地区早在“‘大跃进’和‘文革’期间，一些防护林建设遭到破坏，沙区沙化速度远远大于绿化速度，水土流失面积扩大，各种自然灾害严重地影响着广大农牧民群众的生产和生活”。目前，现代化、工业化和城市化的大力推进正在与生态环境的大范围破坏和民族社区文化的剧烈断层成正比，与草原环境的合理保护和文化生态的全面改善则是成反比。“环境问题源于人类经济社会活动对环境的压力，这种压力主要表现为污染物排放，污染物排放影响环境质量和生态状况，最终影响人群健康。”[②]

在巴林地区，南部西拉木伦河流域沙地开垦严重超载，沙化、土地盐碱化和水资源短缺及污染问题日益突出。其中“巴彦汉苏木乌讷格图嘎查西部地带共有98000亩河滩草场中4000亩由于各种原因被外地人承租并开荒种地，由此导致茂密生长的艾菊、灌丛等牧草大面积消逝，随处可见的野兔、野鸡受到生态系统的连锁影响，迅速绝迹。曾经号称‘弓箭手之家’的，富饶的牧民集体猎场草地没过几年就成了当地沙尘暴发源地之一。由于当地处于西拉木伦河沙滩地带，因此土壤表层下面全都是细沙和

① 王金南，邹首民等：《中国环境政策（第五卷）》，中国环境科学出版社，2009。

② 引自当地老牧民 CH 的访谈资料。

黏沙，只要上面的植被被破坏，在春季大风的催动下便成为漫天黄沙之地。开荒的结果，不但颗粒无收，反而促成连整片草场都沙化了，2000～2001年的大沙尘暴曾经多日袭扰当地，给牧民造成巨大的资源环境和经济财产损失”①。东部召庙文化旅游由于缺乏科学规划和过度开发，导致了环境污染和牧民土地纠纷；中部地区查干木伦河流域河滩沙化导致了连绵沙山的形成，并诱发频繁的洪涝灾害问题；西北山地部分地区由于市价飙升和物欲泛滥，无序过度开采巴林石矿产，由此产生生态破坏、资源枯竭和环境污染的连锁负面效应，对当地村落社会阶层关系与族际关系的稳态延续造成难以估量的损失。这些环境问题正在影响巴林地区蒙古族社区秩序和文化习俗的有效稳定传承。“尽管资源开发明显是破坏小规模社会的人口及其文化的基本原因，但是看到隐藏其下的种族中心主义态度也很重要，因为它常被用来证明这些开发政策合理。”此主义认为，自己的文化比别人优越，并有将自己标准强加给其他文化倾向。在这些矛盾和问题背后有一种社会族群与文化的差异性和不公平性在支撑，而“我们记得：作为公平的正义的一般观念要求平等地分配所有的基本善，除非一种不平等的分配将有利于每一个人”②。

美国社会学家查尔斯·哈珀（Charles Harper）指出，一个可持续发展社会的基本要求是避免那些会破坏社会自身的生态和组织危机，“可持续性（sustainability）作为即将到来的第三次革命的一部分是可能的，但也只是一个希望。正在深化的环境危机、我们的清醒认识、理性决策能力都会使之成为为可能”③。在工业化、现代化和城市化大背景下，西部山地环境整体结构面临解体，尤其在工矿开发和主流旅游话语攻势下山地话语权越显微弱，并伴随日益严重的生态与环境问题。从现实中的一系列环境问题和中长期发展战略角度看，经济、城乡与环境的可持续性协调互动是无法绕开的，生态经济尤为重中之重。“将我们的经济转变为一种生态经济，是一项艰巨而伟大的工作。要将一种以市场力量为导向的经济转变成一种

① 〔美〕约翰·博德利（Bodley，J.）：《发展的受害者》，何小荣等译，北京大学出版社，2011。

② 〔美〕约翰·罗尔斯：《正义论》，何怀宏译，中国社会科学出版社，1988。

③ 〔美〕查尔斯·哈珀（Charles Harper）：《环境与社会——环境问题的人文视野》，肖晨阳等译，天津人民出版社，1998。

以生态法则为导向的经济，是没有任何先例可循的。”[①] 但实际上，发达国家已经积累较丰富的生态与循环经济经验，对中国经济社会转型而言也可作前车之鉴。在此转型过程中，中央部门的顶层设计和各层各级部门的理性决策能力及其执行十分重要，其中与地方知识和民族特色相结合的“因地制宜”“因势利导”理念及其相应实践尤为必要。早在20世纪五六十年代，乌兰夫曾强调“听取牧民的反映，学习其经验，从旧的管理方法中研究出新的管理方法”[②]，“坚决贯彻执行在牧区必须‘以牧为主’来发展生产的方针”[③]。即从官方和决策者立场注重和肯定了牧区区域环境独特性和牧民传统经验知识的传承与应用价值。

“绿色化”[④] 是在中国经济社会全面转型条件下的一种新型生态文明概念和常态发展理念，将成为中国生态治理大方向的主导话语。在之后的“创新、协调、绿色、开放、共享”五大发展理念里，中央把生态文明建设放到更突出的位置，指明了未来协调发展方向。在全球可持续发展大环境和中国生态文明建设大背景之下，怎样解读本土社区土著蒙古族游牧生态文化的传承重构与历史环保经验，并从中受到崭新启发，进而建构草原牧区自然与社会之间的多层复合共存关系和北方绿色生态屏障模式是当前应予以关注的重大课题和新颖议题。

① 〔美〕莱斯特·R. 布朗：《生态经济——有利于地球的经济构想》，林自新等译，东方出版社，2002。

② 《乌兰夫文选》（上册），中央文献出版社，1999。

③ 《乌兰夫文选》（下册），中央文献出版社，1999。

④ 《政治局会议首提“绿色化”：“四化”变“五化”》，中国青年网 2015-03-25，http://www.youth.cn。

会议简讯

2016年首届生态民族学论坛综述*

祁进玉　张祖群

一　会议基本情况

2016年12月10～11日，中央民族大学民族学与社会学学院主办的“2016年首届生态民族学论坛”在北京成功举行。

2016年“首届生态民族学论坛”是由从事环境保护与生物多样性研究、生态移民与气候变化、草地和林地保护、环境监测等方面的专家学者和相应的企事业单位以及各界人士自愿结成的学术共同体，主要从事全球变暖与气候变化、生物多样性与生态环境保护、监测、生态移民与生计方式变迁等相关领域的调查研究和多学科学术交流。

本次论坛的主题是：生态文明及其内涵、生物多样性与环境保护、文化多样性与社会变迁、全球变暖、气候变化与雾霾、生态移民研究、草地和林地保护、环境保护的地方性知识、景观、圣地与朝圣等。

首届生态民族学论坛开幕式由中国民族学学会常务副秘书长、中央民族大学民族学与社会学学院民族学系主任祁进玉教授主持，中央民族大学教务处处长冯金朝教授、中央民族大学民族学与社会学学院院长麻国庆教授等出席开幕式并致辞。

中国藏学研究中心原副总干事长洛桑灵智多杰先生，中国社会科学院

* 张祖群根据2016首届生态民族学论坛会议笔记整理初稿，祁进玉教授定稿。祁进玉（1970-），男（土族），青海互助人，中央民族大学民族学与社会学学院教授、博士生导师。张祖群（1980.06-　），博士后，原首都经济贸易大学工商管理学院旅游管理系副主任，现北京理工大学设计与艺术学院文化遗产系副教授、硕士生导师，学科带头人，主要研究方向：遗产旅游与文化产业。联系方式：13520902735　zhangzuqun@126.com。

降边嘉措研究员、色音研究员和艾菊红研究员，内蒙古大学孟和乌力吉教授，吉首大学罗康隆教授，中央民族大学生环学院首席科学家薛达元教授、民族学与社会学学院祁进玉教授，广西民族问题研究中心付广华副研究员等二十余位学者就“格萨尔与青藏高原的生态环境保护”“生态民族学视域中的牧区水资源危机及其管理：以内蒙古额济纳旗为例”“宗教信仰与生物多样”“山地生态文化传承状况与应用价值：以内蒙古巴林蒙古族为例”“生态文明视野下的生态补偿市场化机制研究：以武陵山生态功能区为例”“生态民族学浅议”“云南藏族神山信仰生态文化与全球气候变化：以云南省德钦县红坡村为例”“德保苏铁的故事：反思生物多样性保护的政治”等议题进行专题发言和研讨。中央民族大学苏发祥教授、中央民族大学任国英教授等学者做本次论坛的专题主持，吉首大学罗康隆教授、全球环境研究所（GEI）彭奎等学者对发言话题进行了讨论和点评。

进入21世纪，在全球变暖的趋势下，有关环境保护与生态文明建设的相关议题成为国际社会关注的重点和焦点，学术界也开始重视和更加关注全球化背景下的政治、经济、文化、生态等热点问题。今后，环境与生态文明的相关研究必将成为我国自然科学界与社会科学界尝试进行跨学科、交叉与融合研究的热点领域。

本次学术论坛从不同学术领域、不同年龄层、不同地域的视角，对“生态民族学”主题进行学术讨论，本次学术研讨会为我国生态与民族学的有机结合提供原则与方案，为解决生态问题提供理论与实践相结合的建议与措施。

二　典型学者观点

（一）专题发言第一环节

中央民族大学祁进玉教授分享了《生态民族学浅议》。作者梳理了生态民族学的概念及其发展，侧重分析了近30年来我国的生态民族学研究所取得的成果及其发展趋势。生态民族学研究在我国发展还不成熟，因而在学科规范的问题上较为突出。作者呼吁：①必须进一步加强学科规范建设，在广泛吸取国外生态民族学理论成果并深入开展本土研究的基础上，形成中国特色的生态民族学理论框架和典型个案，从术语、概念到方法和学科史形成一个基本的共识，如此，既利于学术对话和比较研究的进行，也能使生态民族学的中国化有一个理论平台，不断深入。②借首届生态民族学论坛召开之机，作者高屋建瓴指出：生态民族学要关注时代的重大问题，回应现实的需要，把研究视野拓展至中国社会的各个基本层面。注重反思国家建构和经济发展过程中，本土民族文化生存的重要性与当地民族主体性地位忽略的问题，摒弃生态中心主义与人类中心主义的陈腐观念，虑及我国多民族国家文化多样性和生态多样性的特点，充分关注我国民族文化与其生态环境之间存在的文化适应性，从而以当地民族主体性为出发点，探讨生态、经济与文化协调的可持续发展之路，这可能也是今后我国生态民族学发展的趋势。

四川大学徐君老师分享《生态环境保护地方实践透视——以长江第一大峡谷烟瘴挂为例》。该文以青海玉树州治多县索加乡、曲麻莱县曲麻河乡的烟瘴挂为案例，针对生态移民、发挥原住民与环境适应的能动性等问题，深入讨论生态环境保护地方实践。外界力量的介入、政府的提倡和政策引导、项目的支持，各种非政府组织的倡导和民间力量的投入，结合传统宗教信仰对自然环境尊重与保护意识的强化。从现代的环保理念到传统的宗教信仰以及习俗的影响，当地人对待环境的态度，有一个“从自觉到被组织→合力的结果→典型的人与自然的和谐共生”过程。政府的鼓励与支持及各种社会力量的介入，本土“环保”力量的觉醒，本土“环保”的力量成长与传承，宗教力量在“环保”中的积极推动与引领。即使是外界很小一点副作用力，甚或是被广泛推崇的所谓生态旅游，也是该区域所不能承受之重，都有可能导致该区域陷入环境崩溃的境地，从而沦为全球环境渐趋毁坏的另一个典型。

中国社会科学院民族学与人类学研究所色音研究员分享了《生态民族学视域中的牧区水资源危机及其管理——以内蒙古额济纳旗为例》。色音研究员根植于黑河流域（额济纳旗）生态危机的人类学考察，进行了水资源状况、水资源与经济发展、水资源与生态环境三个方面的田野实践。关于水资源紧张的第一位主要原因，上游地区受访者认为是“水利设施不足”，而中游地区和下游地区受访者认为是“水资源不足”。关于水资源紧张的第二位主要原因，上游地区受访者认为是“放牧增多”，中游地区受访者认为是“水利设施不足”，而下游地区受访者认为是“水资源分配不当”。必须保证一定数量的河水流量来维持额济纳河流域的良性生态平衡。必须采取以下硬性措施：确保每年有 8 亿～10 亿 m^3 的水进入额济纳河流域；建立额济纳胡杨林自然保护区；建立多效益的绿洲生态防护系统。

云南省社会科学院尹仑研究员分享《云南藏族神山信仰生态文化与全球气候变化——以云南省德钦县红坡村为例》。传统民族社会对气候变化及其影响的地方认知和知识开始逐渐被人们所关注。该文以云南省德钦县的红坡村为案例，研究当地藏民族在传统神山信仰生态文化的基础上，对气候变化及其影响的观念进行认识和分类（“惩罚型”和“恩惠型”气候变化），以及神山信仰生态文化对气候变化的“应对”。传统文化不是一个静态和封闭的体系，更像是一个动态和开放的变迁过程，西方文化和非西方族群文化不是对立的。与科学所持的客观和局外的角度相反，传统的地方认知和知识对理解气候等环境变化的结果极其重要。他们可以融合、补充现代自然科学知识，可以为气候变化这一全球现象提供另外一种完全不同的视角。

（二）专题发言第二环节

吉首大学罗康隆教授分享《生态文明视野下的生态补偿市场化机制研究：以武陵山生态功能区为例》。该文选取武陵山区生态功能区展开有关推动生态补偿市场化的具体研究，把文化置于生态之中，侧重研究文化演变与生态的其他部分的关系并以此解释文化变迁的生态学研究。在中国学者中，由于个人的经历、学养的差异以及受社会氛围的左右，同样会对“生态文明”实质的认识存在着明显的差异。该文意在为实现真正意义上的生态补偿市场化运行奠定基础，提供必要的对策。

广西民族问题研究中心付广华副研究员分享《德保苏铁的故事——反思生物多样性保护的政治》。作为全球生物多样性的组成部分，壮族地区有着自身独特的生境和物种，德保苏铁、白头叶猴等更是全球范围内独有的珍稀物种。文章以在 S 屯进行的田野调查为主要资料来源，回顾德保苏铁发现、濒危与保护的历程，揭示德保苏铁保护过程中复杂的权利关系，并试图反思镶嵌在生物多样性保护中的政治属性，为学术界认识生物多样性保护提供一种新的视角。他指出：在德保苏铁保护的问题上，分两个层面：①从法理上讲，我们没有权力要求 S 屯的民众们远离“郎卡玛”，也没有权力阻止他们去山上从事砍柴、放牧等生产活动，除非我们已经给予了他们适当的补偿。即或如此，得到他们的支持和参与仍然是非常重要的。②从道义上讲，我们没有资格要求那些吃不饱、穿不暖的民众为生物多样性买单。如果我们需要他们配合生物多样性保护，我们就必须让他们参与，给他们解决实际的困难，让他们从心理上认同、从行动上支持生物多样性保护。

中国社会科学院民族学与人类学研究所艾菊红分享《宗教信仰与生物多样性》。她的分享主要围绕宗教信仰与生物多样性的关系、宗教信仰中的生态观念、仪式与生物多样性、宗教仪式中使用的生物物种、宗教圣境与生物多样性、宗教信仰与生物多样性的可持续开发利用六个方面展开。她列举的凉山彝族和祭祀神树的宗教仪式案例，实际上强化了宗教信仰中平等的生态观念；宗教仪式中使用的生物物种起到了保护生物多样性的作用；山林自然圣境（傣族、彝族、佤族、藏族等）庙祠圣境、名山水体圣境等方面都体现了生物多样性。从上述案例中可以看出，人们对神灵的敬畏实际上规范着人们的行为，利用圣境有利于整个区域的生态环境的恢复，更为有效地保护地区的生物多样性。

（三）专题发言第三环节

西藏民族大学马宁副教授分享了《灾害人类学视野下的地方经验及口头传说——以舟曲“8・7”特大泥石流灾害为例》。马宁谈到，舟曲藏汉民众世代在泥石流灾害频发地区生活，总结出一套地方性生存经验，发挥了提前规避自然灾害、保全生命的作用。灾后广泛流传的传说故事则从多元宗教的角度，对“8・7”特大泥石流灾害进行了全方位的口头解释，在救灾和灾后重建过程中发挥着引导人们的思想、规范人们的言行、弘扬正义的作用，为灾后重建提供了强大精神动力。

同时，马宁老师为我们分享了与泥石流灾害相抗衡的生存经验，舟曲藏汉民众的生存经验和建立在宗教体系之上的口头传说从身体实践和语言表达两个层面出发，共同构筑起当地人对包括泥石流灾害在内的自然灾害的知识系统，发挥着平衡人与自然关系的作用。通过上面案例的分析，我们看到舟曲藏汉民众在与自然灾害的斗争过程中形成的生存经验确实发挥了避险求生的作用，将人员伤亡降到了最低，为当地藏汉民众的繁衍生息提供了保障。而建立在当地宗教基础上的各种传说又给人们提供了对自然灾害的合理解释，“为一部分人提供了安抚心灵痛苦的镇静剂和镇痛剂”。发挥了规范人们灾后行为的功能，值得我们深思。

中国社会科学院舒瑜副研究员分享了《山水的“命运”——鄂西南清江流域发展中的“双重脱嵌”》。近年来，流域社会作为“水利社会”的一种重要类型受到关注，流域社会研究的意义在于揭示流域如何构建区域性的社会关系体系。第一，是流域社会的形成。从清代到民国，清江干流可分段通航。清江航运的兴起促进了区域性社会组织的发育。成年男性构成类似“兄弟会”的组织，其内部有着明确的劳动分工、行业禁忌、祭祀仪轨，祭祀共同的行业神。第二，从20世纪80年代开始，清江干流梯级开发工程启动，特大型水库蓄水发电站陆续在长阳建成，大坝的修筑开始了从“流域”到“库区”的变化。第三，流域社会的终结：随着船工组织的崩解，联结流域社会的纽带断裂，流域内部变成原子化的村落；从流域到库区的变化，改变了水的形态以及山水的关系。第四，山水的“审美化”，依托大坝建成后高峡出平湖的山水景观，“八百里清江美如画，三百里长阳似画廊”，旅游观光业正在成为长阳的新兴产业。她以“高山蔬菜种植”和“网箱养鱼”为例阐述长阳如何将山水“资源化”。山水的资源化、审美化正是自然被对象化、客观化的典型表现。第五，高山蔬菜种植带来的生态问题、网箱养鱼带来的生态问题、对水生生物多样性的影响。最后，舒瑜女士讨论了社会和自然、脱域体系与区域社会的双重“脱嵌”。

台湾政治大学张骏逸、刘少君分享了《以侗族为师·与自然共舞》。该文指出，侗族的整体生态观是追求和谐，在人与人方面的实践，可说是中国古代史中所描绘的理想世界。对于造林的重视，对于原住民来说，森林不仅仅是木料的来源而已，为了强化传统或习俗的当然性、必然性，甚至是强迫性，以传统为核心的外围，通常会加上例如神话传说、祖训禁忌、伦理道德等层层不同的包装。侗族是一个尊重自然、顺应自然的民族；侗族地区森林的特高覆盖率以及蕴含高度智能的稻鱼共生系统，都给今日的主流社会带来了一定的启发。侗族生产与生活所保存的传统、内涵有可能是未来解决生态问题的一把钥匙，等待着主流社会去发现。

云南大学杜鲜副教授分享了《东巴文化的当代生态变迁》。杜鲜女士借用文化生态学的观点，将文化和自然规律相结合。随着在越来越多地卷入全球化市场、成为外部市场资源性商品供应地的过程中，社会内部原本扭结在一起的纽带松散化，使得卷入全球化市场体系的村落和家户与市场体系之间的抽象性联系反而要远远大于它们与本区域其他村落和家户之间的具体性联系。

全球环境研究所（GEI）彭奎分享《青海和内蒙古草原管理政策的牧户认识》。彭奎指出，在对青海三江源的果洛州久治县、班玛县以及内蒙古的锡林郭勒盟阿巴嘎旗，对牧民人口、家庭、教育、放牧方式、草原管理、牧业经营、草场退化、政策法律和经济行为进行了参与式访谈，了解牧民及地方官员对目前草原管理政策的看法和意见。结合以往的调查研究，对有效样本进行了初步分析。结果显示：两个地区的人口和畜牧结构差异很大，且牲畜养殖向单一化发展的趋势明显，这也部分导致草原生物多样性降低和草原退化；三江源以冬夏转场的半游牧方式为主，夏草场相对较好，冬草场退化较为严重，锡盟主要是定居放牧，草场质量相对均衡，但草场整体质量处于一般和较差的状态；三江源牧民联户放牧是一种普遍的合作经营形式，入牧民合作社也被三江源牧民视为团结发展和保护环境的重要手段；而锡盟牧民基本上都是单户放牧和经营，多数牧民需要独立面对自然和市场的风险。联户放牧和合作社放牧能在一定程度上缓解草场退化，可以作为今后的主要放牧形式进行推广，以实现畜牧业的良性循环与农牧民生计的可持续发展。两地牧民均愿意采取措施恢复草原。

四川农业大学窦存芳博士分享了《牧区草原生态保护的地方性知识与实践：基于黄河首曲的考察》。窦存芳女士作为一名土族女学者，十多年无数次出入藏区，基于她对家乡和青藏高原的热爱，其研究方向聚焦于黄河首曲牧区的地方性知识解读。她提出黄河首曲传统的部落制度对草原的管理、生态的保护方面曾经起过重要的作用。部落管理制度有“格日岗奥”和“土官”，这两种制度除了管理一切重大的事情外，另外一个重大的职责就是管理草场，他们在群众中有威望，并且熟知部落习惯和游牧生产，懂得草原知识和管理方法，这样的知识和管理体系对我们目前牧区生态保护有着积极的借鉴作用和执行效果。同时，牧民对草原的认识源于游牧长期的生产活动和经验的积累，比如一块草地有200种草，就认为是好草场，传统的天气预测知识、草场修复知识、牛羊护理经验等。在世世代代与草原休戚与共的生活中，祖祖辈辈的口耳相传下，牧区民间积累了一套丰富的管理爱护草原的地方性知识体系，有些知识和经验仍然在黄河首曲的草原上发挥着作用。在她的眼中大时代的文化变迁与牧民世代依赖的草原生态互为交织，她呼吁在草原生态的保护中，现代科学技术一定要和草原上千年积累的本土经验进行深度沟通。窦博士的发言直面危机，发人深思，她考察的这个个案也是整个中国青藏高原牧区手要面对的共性问题。

四川省社会科学研究院李晟之研究员分享了《民族地区生态保护与社区公共性建设：机遇、挑战与实现路径》。他基于人类规范，以西南隐去姓名地点的成功造林项目为案例，发现荒地与现代人美学审视的矛盾焦点：不同利益主体看待荒地造林会有多重认识，谁才是荒地的真正主人？基于生态知识与林木的冲突，社区精英的主意，如何充分动员社区力量等？如何总结生态服务型经济模式以及生态技能控训等？作者基于第一手调查与微观个案研究，发现诸多田野事实，书写成生态民族学的“田野秘密”。最后，作者反思：外来干预者不能忽略项目与社区公共性的关系，否则就停留于形式；民族地区社区公共事务管理较强，或是生物多样性得以保存的重要原因，但也面临诸多问题；一定要注意加强社区公共指导。

北京林业大学栾晓峰教授分享了《基于时空尺度的濒危物种黑嘴松鸡保护研究》。在栾教授之前，大多数生态学者聚焦于人或人与动物或人与生态之间的关系，而栾教授则聚焦于一个濒危动物物种——黑嘴松鸡，视角独特。黑嘴松鸡的分布对于全球尺度地理景观变化具有相对非敏感性，而对地方尺度地理景观变化具有相对敏感性。栾教授用现代GIS迭代方式构建了黑嘴松鸡地理分布变化的计算模型，基于历史分布数据建模计算在40年时间尺度上该物种的消失过程，顺势进行精确新典型时间断面的复原，对该物种未来变化趋势进行了推测。这种理科分析范式值得人文范式学者重点借鉴与学习。

（四）专题发言第四环节

内蒙古大学孟和乌力吉教授分享了《游牧知识视域下“山—原”复合理解范式的应用思考：基于内蒙古相关田野调查》。作者运用人文地理学、生态人类学和历史社会学研究方法，主要讨论内蒙古巴林地区山地自然环境的概况、特点，解读人文环境与民俗传统的地域动态特性，分析当地生活环境的塑造与保护行为，考察山地居民生态文化与环境智慧的传承应用状况。在地方民族看来，山有山顶、山地、高山、森林等不同区分，民众的本土智慧表达尤为重要。“高一丈，不一泽”“阴阳坡，差得多”“玉山水，四分田”等民谚都充满了地方生态智慧。当草原文明与山地文明对峙的时候，需要充分考虑地理环境的静态性要素（例如沙、山、原、地、壁五种结构）、经济社会的结构性要素、历史环境的动态性要素、环境保护的经验性要素，将现代地理科学知识与本土知识的高度融合，建构草原牧区自然与社会之间的多层复合共存关系和北方绿色生态屏障模式。作者反思现代化、工业化进程中面临的一系列地域发展难题，探索了一种更为包容多维的发展思路和以社区为本位的民族地区环境保护设想。

西北政法大学才让卓玛分享《选择与融入：对那嘎村沼气项目实施过程的一次民族学调查》。该文旨在从民族学的角度关注西藏农村沼气工程在西藏的实施过程，可以更好地了解现代化背景下正在变化的西藏社会，并为探究一些因地制宜的政策提供了思考和启发。她的田野点选择是：隶属于拉萨市辖区七县之一的堆龙德庆县古荣乡那嘎村，村委下辖九个村民小组，其中农业组 6 个，牧业组 3 个，共 297 户，牧民 82 户，农民 215 户，总人口 1514 人，牧民 474 人。沼气一直面临着“科学”与“迷信”的博弈，它挑战着“杀生”“灶神”“洁净观”等禁忌。当地村民从来不用杀蚊剂。蚊子实在太叮咬不要拍死在墙上，那也是生命，赶走就行了。当地村民不养猪与鸡，认为他们是杂食动物，以其粪便作沼气，会亵渎火土神。农牧局先后组织了三批村组内部人员去曲水、林芝、达孜等地参观学习，接着挨家挨户地动员与开会，搞试点。在政府、施工队与村民的合作下，又加之政府补贴，蔬菜大棚才得以盖起来了。蔬菜大棚带来的良好效益也促使很多未建沼气的村民在来年选择建沼气。实际上藏民沼气的使用率很低，替代作用不明显。从2008年开始援建的那嘎村的沼气工程，在2014年几乎全部报废，极具讽刺性的是：原本属于沼气地附属项目的荒地大棚项目却还在使用。因为村民从中获取了雪域高原难得的绿色蔬菜。在现代化的进程中，传统的观念和生计方式正面临挑战，这些冲突与博弈，体现在老年人的固守、中年人的压力、年轻人的热情与迷茫中。那嘎村面临的选择，是当下许多民族地区的农牧民群众正在面临和经历的问题。行文最后，才让卓玛感叹：藏族并非天生的环保者，每一个个体都会在自身的文化背景下做一个既符合本民族传统文化的评判标准，又能在此社会内部得到自身利益的经济人。最后，她发出“忧郁”的人类学诘问：当一味用经济发展作为衡量指标时，可否想象未来青藏高原会变成什么样子？而最终的受害者又会是谁？

中国社科院的蒋慰博士分享了《西部贫困市领先低碳城市之路——一个非技术创新视角解释》。在生态文明建设的框架下，定义了多层次的治理机制和推动绿色发展的评价体系。作者通过引入和扩展MLG模型，以广元、四川省西部地区为例，以德阳和汉阳为例。在实地调查、问卷调查和访谈的基础上，通过比较研究，从多层次治理的角度探讨了中国西部地区的非技术创新体系。

中央民族大学文学与新闻传播学院谢红萍博士分享《生态观念、文化记忆与符号表达——以蒙古族服饰为例》。蒙古族主要居住在亚洲中部的蒙古高原。我国内蒙古自治区所在的内蒙古高原位于蒙古高原东南部的漠南蒙古，平均海拔高度1100米左右，总面积118.3平方米，多高平原，少山地、黄土丘陵和平原，西部多为沙漠。“一方水土养育一方人”，更孕育了独特的地方文化传统，蒙古族的服饰文化正是在逐水草而迁移的游牧经济的生境中逐渐形成的。游牧社会是蒙古的符号记忆，自然是蒙古服饰的形式基础，游牧生计是蒙古服饰的基础，民俗生存的动力是生计需求，顺应自然，就地取材，生态表达。她以蒙古服饰为出发点，展现蒙古服饰文化中折射出的生态哲学观，并在社会变迁的过程中探究蒙古服饰的符号表达及其文化记忆，进而在族群认同的显性标志中对经济全球化浪潮中的文化多样性发展进行观照。蒙古服饰的色彩多样，人与自然交相辉映，形成清白红绿斑斓色彩观念。近现代以来欧洲文化、吐蕃文化、伊斯兰文化对于蒙古服饰产生重要的影响。

云南农业大学张慧讲师分享《生态文化视角下的洱海周边农村生态危机与保护》。生态文化，是指人类在实践活动中保护生态环境、追求生态平衡的一切活动的成果，也包括人们在与自然交往过程中形成的价值观念、思维方式等（余谋昌，2001）[①]。广义的生态文化即物质文明的生态文化，狭义的生态文化主要指精神文明的生态文化；从狭义理解，生态文化是以生态价值观为指导的社会意识形态、人类精神和社会制度。进入21世纪的生态（环境）美学，已经涵盖了对于艺术之外的几乎所有事物的审美重要性的研究。余谋昌认为生态文化就其内容而言，是指人类在实践活动中保护生态环境、追求生态平衡的一切活动的成果，也包括人们在与自然交往过程中形成的价值观念、思维方式等[②]。郇庆治从“绿色文化升华”（新型生态文明的精神建构）和“绿色变革文化”（现存工业文明的精神解构）相统一的维度来把握与界定“生态文化理论”[③]。该文主要以大理洱海及洱海周边的农村为调查点，选取4个村镇：洱海东北边的双廊镇、洱海东部的挖色镇、洱海西边的古生村及银桥镇作为调查点[④]。研究方法主要采用访谈法和资料收集法。她认为从生态文化存在的危机主要表现在四个方面：传统自发式农耕文化的衰落、民间文化在现代文化冲击下的阵痛、“建房热”背后村规民约的破坏、价值观失范下的洱海生态保护危机。她聚焦于价值观规范下填海生态白虎危机，本地人的价值失范，提出生态文化有效推进环境保护的结论、洱海周边生态保护的建议等。

吉首大学吴合显副教授分享了《生态文明语境下的生态扶贫研究》。作者精准把握生态文明的实质，认为生态扶贫的内涵包括生态、文化、生计方式三大要素，三者形成相互关联的整体，展开生态扶贫不仅要对这三者达到精准掌握，还要精准理解它们的关联性。在他的田野案例中，为了

---

① 余谋昌：《生态哲学：可持续发展的哲学诠释》，《中国人口资源与环境》2001年第3期，第1~5页。

② 余谋昌：《生态文化：21世纪人类新文化》，《新视野》2003年第4期，第64~67页。

③ 郇庆治：《绿色变革视角下的生态文化理论及其研究》，《鄱阳湖学刊》2014年第1期，第21~34页。

④ 张慧：《生态文化视角下的洱海周边农村生态危机与保护》，2016年首届生态民族学论坛论文集，第1~16页。

扶贫，先是削尖山头，推广猕猴桃，甚至从四川运回一火车又一火车的土壤进行本地土壤改良。又引种韩国的白萝卜新品种，连当地猪都不吃。吴合显副教授发言图文并茂，幽默诙谐，令人忍俊不禁。从历史的视角审视文化生态变迁与致贫原因的关系；今天的扶贫政策要考虑历史上积淀下来的政策与文化习惯；政策要求往往都是取准于个人对群体的基本底线。他最后尖锐地指出：要使扶贫工作获得可持续能力，关键是在扶贫行动中，必须时刻关注资源利用方式的多层次性、多渠道性、可行性。

图 1　会议现场

图 2　麻国庆院长发言

图 3　降边嘉措教授发言

图 4　冯金朝教授发言

图书在版编目(CIP)数据

生态民族学评论. 第一辑 / 祁进玉主编. -- 北京 : 社会科学文献出版社, 2019.5

ISBN 978-7-5201-4285-4

Ⅰ. ①生… Ⅱ. ①祁… Ⅲ. ①民族生态学-文集 Ⅳ. ①Q988-53

中国版本图书馆 CIP 数据核字(2019)第 028259 号

生态民族学评论(第一辑)

主　　编 / 祁进玉

出 版 人 / 谢寿光
责任编辑 / 周志静　范明礼

出　　版 / 社会科学文献出版社 · 人文分社(010)59367215
地址：北京市北三环中路甲 29 号院华龙大厦　邮编：100029
网址：www. ssap. com. cn
发　　行 / 市场营销中心(010)59367081　59367083
印　　装 / 三河市尚艺印装有限公司

规　　格 / 开 本：787mm × 1092mm　1/16
印 张：20　字 数：312 千字
版　　次 / 2019 年 5 月第 1 版　2019 年 5 月第 1 次印刷
书　　号 / ISBN 978-7-5201-4285-4
定　　价 / 138.00 元

本书如有印装质量问题，请与读者服务中心(010-59367028)联系